Helmut Tschöke
(Hrsg.)

Real Driving Emissions (RDE)

Gesetzgebung, Vorgehensweise, Messtechnik, Motorische Maßnahmen, Abgasnachbehandlung, Auswirkungen

Hrsg.
Helmut Tschöke
Institut für Mobile Systeme
Otto-von-Guericke-Universität
Magdeburg, Deutschland

ATZ/MTZ-Fachbuch
ISBN 978-3-658-21078-6 ISBN 978-3-658-21079-3 (eBook)
https://doi.org/10.1007/978-3-658-21079-3

Die Deutsche Nationalbibliothek verzeichnet diese Publikation in der Deutschen Nationalbibliografie; detaillierte bibliografische Daten sind im Internet über http://dnb.d-nb.de abrufbar.

Springer Vieweg

Verantwortlich im Verlag: Markus Braun

Springer Vieweg ist ein Imprint der eingetragenen Gesellschaft Springer Fachmedien Wiesbaden GmbH und ist ein Teil von Springer Nature.
Die Anschrift der Gesellschaft ist: Abraham-Lincoln-Str. 46, 65189 Wiesbaden, Germany

Grußwort

Dr. Martin Lange, Lars Mönch; Fachgebiet „Schadstoffminderung und Energieeinsparung im Verkehr"; Umweltbundesamt

In den letzten Jahren hat der Klimaschutz im Verkehr oftmals die öffentlichen Debatten dominiert. Wie der Dieselabgasskandal und die Diskussionen um Fahrverbote für Diesel-Pkw zeigen, ist allerdings das Ziel von sauberer Luft gerade in unseren Städten noch lange nicht gelöst. 2017 überschritten noch 44 % der verkehrsnahen Messstellen in Städten den von der Europäischen Union (EU) festgelegten Grenzwert für Stickstoffdioxid im Jahresmittel. Das Umweltbundesamtes (UBA) hat auf diesen unbefriedigenden Zustand der Luftqualität auch schon in der Vergangenheit immer wieder öffentlich hingewiesen und an der Weiterentwicklung der europäischen Abgasgesetzgebung mitgearbeitet.

Die EU hat auf diese Situation bereits zu Beginn des Jahrzehnts reagiert und damit begonnen ein Verfahren zur Messung der Emissionen im praktischen Betrieb (RDE) zu entwickeln. Die RDE-Messungen sollen ein realistischeres Bild von den im Fahrbetrieb auf der Straße gemessenen Emissionen vermitteln. Gleichzeitig sollte es dafür sorgen, dass die Fahrzeughersteller Abgasnachbehandlungssysteme einsetzen, die die Luftschadstoffemissionen über nahezu alle Betriebszustände im realen Fahrbetrieb wirksam verringern. Als UBA haben wir die Einführung von RDE von Anfang an unterstützt. In Anbetracht eingeführter und möglicher weiterer Fahrverbote zur Einhaltung der Luftqualitätsgrenzwerte für Stickstoffdioxid und der damit einhergehenden Verunsicherung bei den Käufern, werden die Pkw der zukünftigen Emissionsnormen Euro 6d-TEMP und Euro 6d wichtig sein. Sie können Käuferinnen und Käufern Orientierung bei der Fahrzeugauswahl geben. Weiterhin können Sie durch das zu erwartende geringere Emissionsniveau der Neufahrzeuge als ein Baustein in Verbindung mit weiteren Maßnahmen dazu beitragen, die Luftqualität in Städten zukünftig zu verbessern.

Aus unserer Sicht war es allerdings wichtig, dass bei der Entwicklung des RDE-Verfahrens und der Umsetzung in den EU-Verordnungen auch die Partikelanzahl und der Kaltstart im dritten RDE-Paket berücksichtigt und auch die Kontrolle der Übereinstimmung in Betrieb befindlichen Pkw im vierten RDE-Paket rechtlich geregelt wurde. Nur durch anspruchsvolle und verbindliche Regelungen kann sichergestellt werden, dass die Abgasemissionen auch wirklich im realen Fahrbetrieb gesenkt werden.

Die frühzeitige Berücksichtigung der Partikelanzahlemissionen schon mit der Abgasnorm Euro 6c und die damit um ein Jahr gegenüber Euro 6d-TEMP vorgezogene rechtliche Verbindlichkeit für Neuzulassungen sowie die sofortige Anwendung finaler Übereinstimmungsfaktoren können dafür sorgen, dass notwendige Partikel-Minderungssysteme frühzeitig in der notwendigen Breite im Markt zum Einsatz kommen werden.

Die Breite möglicher Betriebszustände im Rahmen der RDE-Tests ist ein großer Fortschritt gegenüber der früher durchzuführenden Messungen zur Überprüfung der Abgasgrenzwerte und ist prinzipiell sehr zu begrüßen. Zukünftig ist es diesbezüglich jedoch entscheidend, dass die in die Typgenehmigung und in die Kontrolle der Übereinstimmung in Betrieb befindlicher Fahrzeuge eingebunden Akteure, das Abgasverhalten in allen möglichen Betriebszuständen im Sinne eines vorsorgenden Umweltschutzes prüfen. So kann durch die eine möglichst umfassende Auswahl der Strecken- und Fahrprofile sowie weiterer Randbedingungen sichergestellt werden, dass die Fahrzeuge die RDE-Anforderungen in allen Einsatzprofilen auf der Straße auch einhalten.

Zusammen mit der Einführung des weltweit harmonisierten Prüfverfahrens für leichte Nutzfahrzeuge (WLTP) und der Verordnung (EU) 2018/858 als Weiterentwicklung der sogenannten Rahmenrichtlinie 2007/46/EG sollten damit deutliche Verbesserungen im Bereich der Abgasgesetzgebung für Pkw und leichten Nutzfahrzeuge einhergehen, die diese zukunftssicher machen. Für die nächsten Jahre ist es nun aber wichtig, die Entwicklungen weiter im Auge zu behalten und dort – wo notwendig – nachzusteuern, um fortschrittliche Techniken und emissionsärmere Fahrzeuge in den Markt zu bringen. Offene Fragestellungen, die in den derzeitigen Euro 6-Regelungen noch nicht abschließend geregelt sind, müssen dann gegebenenfalls in einer kommenden Euro 7/VII-Gesetzgebung aufgegriffen werden. Nur so kann erreicht werden, einen möglichst umwelt- und klimaverträglichen Individualverkehr auch in Zukunft zu ermöglichen.

Vorwort

Der Übergang vom synthetischen Vergleichszyklus zum Realfahrzyklus in Kombination mit der Überprüfung der Emissionen auf öffentlichen Straßen ist für Personenkraftwagen Realität geworden.

Die Verordnung (EG) Nr. 715/2007 des Europäischen Parlaments und des Rates forderte bereits 2007 auf, den damals angewandten Neuen Europäischen Fahrzyklus zur Messung der Emissionen zu überprüfen. Ziel war es sicherzustellen, dass die gemessenen Emissionen denen im praktischen Fahrbetrieb entsprechen. Der Einsatz transportabler Emissionsmesseinrichtungen und des „not-to-exceed"-Regulierungskonzeptes sei ebenfalls zu erwägen. Dies führte dann für Pkw zur Entwicklung des neuen, realitätsnäheren Worldwide harmonized Light vehicles Test Cycle (WLTC) für den Rollenprüfstand und des Real Driving Emissions Verfahrens (RDE) auf der Straße. Ab 1. September 2017 gelten beide für neue Pkw-Modelle und für alle Neufahrzeuge ein Jahr später (WLTC) beziehungsweise zwei Jahre später (RDE). Die finale Euro 6d Norm mit dem Konformitätsfaktor 1,5 für die Partikelanzahl und die Stickstoffoxide gilt dann ab 1. Januar 2020. Durch RDE sollen mindestens 95 % des realen Fahrbetriebs erfasst werden, d. h. die Randbedingungen umfassen jetzt unter anderem die Fahrdynamik die klimatischen Bedingungen (Umgebungstemperatur und Atmosphärendruck) sowie die Topografie (Steigung, Gefälle). Die Europäische Pkw-Abgasgesetzgebung entwickelt sich somit weltweit zu einer der anspruchsvollsten Anforderungen und forciert die Verbesserung der Luftqualität. Die Limitierung der Realemissionen erfolgt nun als Teil des Typzulassungsverfahrens in ähnlicher Weise für Pkw und Nutzfahrzeuge.

Motivation für diese gravierenden Änderungen des Zulassungsverfahrens bezüglich Emissionen ist die zunehmende Luftbelastung besonders durch NO_x und Partikel (Feinstaub), Infolge des seit mehr als zehn Jahren eingesetzten Partikelfilters bei dieselmotorisch angetriebenen Fahrzeugen sowie der gerade beginnenden breiten Anwendung bei Benzinmotoren sind die Ursachen für die Feinstaubbelastung auf andere Quellen, wie Bremsstaub, Reifenabrieb, Aufwirbelung und Hausbrand zurückzuführen. Die Verschärfung der gesetzlichen Emissionsgrenzwerte hat in den zurückliegenden Jahren zwar einen positiven Trend in der Luftqualität, trotz steigenden Verkehrsaufkommens, bewirkt, jedoch besonders in den verkehrsreichen Ballungsgebieten nicht im erwarteten Maße. Die vorgeschriebenen Grenzwerte werden in einigen Städten mit sehr hoher Verkehrsdichte zum Teil immer noch überschritten, besonders kritisch ist dies bei den NO_2-Immissionen. Inzwischen gibt es bereits eine große Zahl von Diesel-Fahrzeugen, die auch auf der Straße die WLTC-Grenzwerte für NO_x deutlich unterschreiten, also Konformitätsfaktoren kleiner 1,0 erreichen und damit die Euro 6d Vorschriften bis 2022 sicher erfüllen. Somit ist zu erwarten, dass moderne EU6d-Diesel-Fahrzeuge nur noch einen vernachlässigbar geringen Anteil an den Immissionen haben werden. Die Emissionsproblematik des Dieselmotors wurde durch die Fahrzeughersteller mit der Einführung von RDE gelöst.

Das vorliegende Buch führt in die komplexe Thematik des RDE – Gesetzgebung und deren praktischen Anwendung ein, sowohl für Pkw als auf für Nutzfahrzeuge. Die Testprozedur sowie die Auswertung und Bewertung nach den derzeit vorgeschriebenen Moving Average Window- und dem Power Binning-Verfahren werden vorgestellt. Die eingesetzte portable Messtechnik (PEMS) ist zwingend notwendig für die Emissionsmessung auf der Straße und wird ausführlich beschrieben. Einen breiten Raum nehmen die Maßnahmen für Otto- und Diesel-Fahrzeuge ein, um die gesetzlichen Vorgaben unter RDE-Bedingungen zu erfüllen. Ein Blick in die Weiterentwicklung (soweit bei Redaktionsschluss bekannt), die internationale Situation und die Auswirkungen auf die Immissionen runden das Thema ab.

Allen Autoren, insbesondere Herrn Frank Bunar und Herrn Dr. Roland Wanker, sowie Frau Elisabeth Lange und Herrn Markus Braun vom Verlag Springer/Vieweg gilt mein herzlicher Dank für die allzeit angenehme und konstruktive Zusammenarbeit.

Ostfildern
Januar 2019

Helmut Tschöke

Die Originalversion dieses Buches wurde korrigiert.
Ein Erratum finden Sie unter https://doi.org/10.1007/978-3-658-21079-3_12

Inhaltsverzeichnis

Autorenverzeichnis

Dr. Michael Arndt AVL List GmbH, Graz, Österreich

Dipl.-Ing. Michael Baade IAV GmbH, Berlin, Deutschland

Dr.-Ing. René Berndt IAV GmbH, Berlin, Deutschland

Dr.-Ing. Frank Bunar IAV GmbH, Berlin, Deutschland

Dipl.-Ing. Boris Bunel AVL List GmbH, Graz, Österreich

Dipl.-Ing. Gernot Graf AVL List GmbH, Graz, Österreich

Dipl.-Ing. Markus Grubmüller AVL List GmbH, Graz, Österreich

Dipl.-Ing. Helmut Jansen AVL List GmbH, Graz, Österreich

Prof. Dr. med. Dieter Köhler Schmallenberg, Deutschland

M. Sc. Elisa-Maria Moser IAV GmbH, Berlin, Deutschland

Dr.-Ing. Friedemann Schrade IAV GmbH, Berlin, Deutschland

Prof. Dr.-Ing. Dr. h.c. Helmut Tschöke Institut für Mobile Systeme, Otto-von-Guericke-Universität, Magdeburg, Deutschland

Dipl.-Ing. (FH) Khai Vidmar AVL List GmbH, Graz, Österreich

Dipl.-Ing. Lukas Walter AVL List GmbH, Graz, Österreich

Dr. Roland Wanker AVL List GmbH, Graz, Österreich

Hintergrund und Motivation

1

Helmut Tschöke

1.1 Emissionen und Luftqualität

Die Qualität der uns umgebenden Luft hängt in starkem Maße vom Eintrag der Emissionen (natürliche und anthropogene) in die Luft ab. Wir unterscheiden schädliche (toxische, gesundheitsgefährdende) und/oder klimarelevante Emissionen. Nach Verdünnungs-, Transport- und Verteilungsprozessen stellt sich eine auf den Menschen und die Natur wirkende Luftverunreinigung (Immission) ein. Aufgrund der komplexen Transmissionsvorgänge der Schadstoffkomponenten kann es trotz zurückgehender Emissionen lokal zu unzulässigen Überschreitungen der Grenzwerte für die Luftqualität kommen. Der Gesetzgeber hat deshalb sowohl für die Emissionen als auch für die Immissionen Grenzwerte festgelegt. Hinzu kommen noch z. B. topografische Gegebenheiten und extreme Verkehrsdichten, die die Luftqualität stark beeinflussen können. Nachfolgend betrachten wir ausschließlich die primären anthropogenen Emissionen aus dem Straßenverkehr und speziell aus dem Verbrennungsprozess von Otto- und Dieselmotoren: Partikel (PM, Partikelmasse und PN, Partikelanzahl), Stickstoffoxide (NO_x), Kohlenwasserstoffe (HC) sowie Kohlenmonoxid (CO) als Schadstoffe und die daraus resultierenden Immissionen sowie Kohlendioxid (CO_2) als Verbrauchsgröße und klimarelevante Emission.

Laut Umweltbundesamt (UBA; [1]) gibt es in Deutschland keine Überschreitungen der europaweit geltenden Grenzwerte für Schwefeldioxid, Kohlenmonoxid, Benzol und Blei. Der verkehrsbedingte Anteil der Emissionen flüchtiger organischer Verbindungen ohne Methan (NMVOC) lag 2015 unter 10 %, der Verdunstungsverlust bei benzinbetriebenen Fahrzeugen unter einem Prozent [2].

Der Fokus liegt, trotz kontinuierlicher Verringerung, auf der Feinstaub- und Stickstoffoxidbelastung, besonders in den verkehrsreichen Ballungsräumen. Abb. 1.1 zeigt die Luft-

H. Tschöke (✉)
Institut für Mobile Systeme, Otto-von-Guericke-Universität
Magdeburg, Deutschland

H. Tschöke (Hrsg.), *Real Driving Emissions (RDE)*, ATZ/MTZ-Fachbuch,
https://doi.org/10.1007/978-3-658-21079-3_1

belastung durch PM_{10} und NO_2 in Deutschland von 2000 bis 2017. Während die PM_{10}-Immissionen (Abb. 1.1a), auch die verkehrsbedingten, den Grenzwert für den Jahresmittelwert 2017 nicht überschreiten, lag an der kritischen Messstelle (Stuttgart, Neckartor) die Anzahl der Überschreitungen 2017 bei 41 gegenüber 58 in 2016, bis einschließlich November 2018 wurden 20 gezählt. Erlaubt sind 35 Überschreitungen des Tagesmittelwertes von 50 µg/m^3 im Jahr. Der zusätzliche Grenzwert für den Jahresmittelwert von 25 µg/m^3 für die $PM_{2,5}$-Belastung wurde ebenfalls an keiner Messstelle im Jahr 2017 überschritten.

Trotz eindeutig positivem Trend sieht es bei der NO_2-Immission kritischer aus, Abb. 1.1b. Mit etwa 20–25 % Überschreitungen des Grenzwertes in 2017 für den Jahresmittelwert, bezogen auf die Zahl der Messstellen, ist zu rechnen. Die Auswertung für 2017 war noch nicht abgeschlossen. Der Tagesgrenzwert wurde nach jetzigem Stand 2017 an keiner Messstellen unzulässig oft überschritten. Zwölf Überschreitungen des zulässigen stündlichen Mittelwertes wurden in München ermittelt [3].

Bei der Analyse der Ursachen zeigt sich, dass der Verbrennungsmotor weder als Diesel- noch als Ottomotor für die Feinstaubbelastung entgegen vieler Behauptungen in den Medien und der Politik verantwortlich gemacht werden kann. Der verbrennungsbedingte Partikelanteil des Verkehrs an den PM_{10} liegt im einstelligen Prozentbereich der gesamten Feinstaubemissionen; die Schätzungen liegen bei 4 bis 7 % in der EU [4], Abb. 1.2. Dies ist u. a. auf die Weiterentwicklung der Hochdruckeinspritztechnik und besonders auf den Dieselpartikelfilter zurückzuführen, der seit etwa 2005 für einen Teil der Euro-4- sowie nahezu aller Euro-5- und Euro-6-Fahrzeuge angewandt wird. Diese beiden zuletzt genannten Emissionsklassen machen inzwischen allein etwa 55 % des Diesel-Pkw-Bestands in Deutschland aus. Eine unzulässige Feinstaubbelastung kann also durch ein Dieselverbot nicht reduziert werden; Hauptursachen sind, wie bekannt, u. a. die hohe Verkehrsdichte, Aufwirbelungen, Hausfeuerungsanlagen, Inversionswetterlagen sowie der Brems- und Reifenabrieb. Die verkehrsbedingte PM_{10}-Emission liegt zwischen 15 und 20 % der gesamten Partikelemission (Abb. 1.3). Der ottomotorisch angetriebene Pkw wird zukünftig ebenfalls einen Partikelfilter erhalten, um den Grenzwert für die Partikelanzahl (6×10^{11}) auch unter Realbedingungen sicher einhalten zu können. Der Dieselmotor ist diesbezüglich, dank Filter, unkritisch (s. Kap. 6).

Anders verhält es sich bei den Stickstoffoxiden, der verkehrsbedingte Anteil liegt bei etwa 40 % an der gesamten Stickstoffoxidemission (Abb. 1.4). In den Städten kann der NO_x-Anteil des Straßenverkehrs auf über 60 % steigen und davon sind laut UBA über 70 % von Diesel-Pkw verursacht [5]. Mit der flächendeckenden Einführung der sogenannten $DeNO_x$-Systeme (Selective Catalytic Reduction, SCR, und/oder NO_x-Storage-Catalyst, NSC oder NSR) sowie Thermomanagementstrategien für die Abgasnachbehandlung, die die innermotorischen Maßnahmen wie z. B. Hoch- und Niederdruck-Abgasrückführung (AGR) unterstützen, ist die Einhaltung der Emissionsgrenzwerte auch unter Realbedingungen zu erreichen (s. Kap. 6). Die neuen Dieselmotorengenerationen, z. B. [6, 7], bestätigen das.

Für Nutzfahrzeuge (Nfz) ist diese Abgasnachbehandlungstechnik schon seit ca. 10 Jahren im Einsatz. Die kontinuierliche Reduzierung der Emissionsgrenzwerte für Pkw und

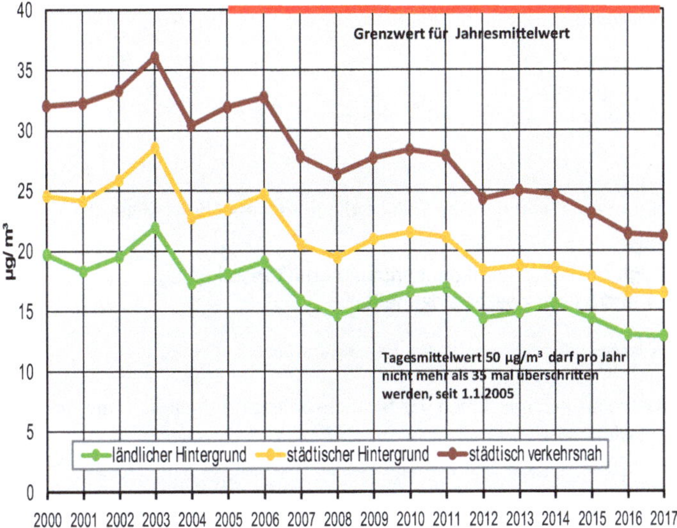

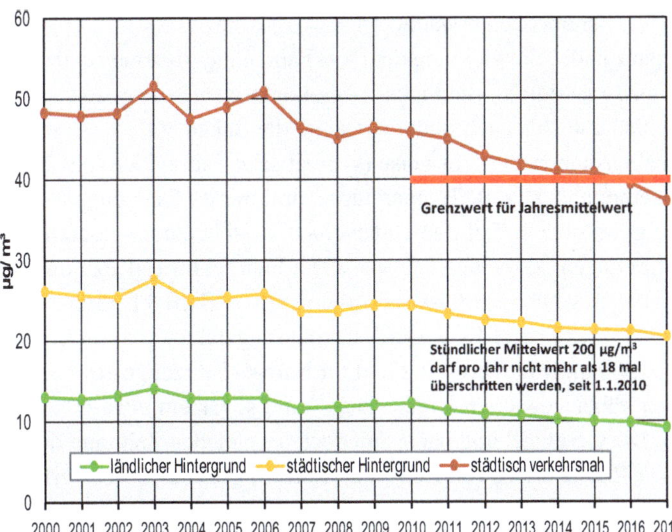

Abb. 1.1a,b Jahresmittelwerte von PM_{10} und NO_2. Konzentrationen als Mittelwert ausgewählter Messstationen von 2000 bis 2017. (Quelle: UBA)

		2015	2020	2025	2030
PM_{10} (Feinpartikel)	Abgasemissionen	4%	2%	1%	1%
	nichtmotorische Emissionen*	7%	9%	11%	11%
$PM_{2,5}$ (Kleinstpartikel)	Abgasemissionen	5%	3%	2%	1%
	nichtmotorische Emissionen*	4%	4%	5%	5%

- Neue Dieselfahrzeuge sind nahezu vollständig mit einem Partikelfilter (PF) ausgestattet.
- Auch Fahrzeuge mit Benzindirekteinspritzung erhalten zukünftig Partikelfilter, um die Grenzwerte einzuhalten.

* Nichtmotorische Emissionsquellen: Bremsen, Reifen, aufgewirbelter Straßenschmutz u.a.

Abb. 1.2 Anteil der Partikelemissionen des Straßenverkehrs, aufgeteilt in motorische und nichtmotorischen PM-Emissionen [4]

Nfz (s. Kap. 2) hat die Gesamtemission der Schadstoffe bei steigender Fahrleistung deutlich verringert (Abb. 1.3 und 1.4).

Diese positive Entwicklung der Luftqualität zeigt auch Abb. 1.5, allerdings sind in den verkehrsstarken Bereichen immer noch Überschreitungen des Jahresmittelwertes eindeutig erkennbar, wie bereits oben erwähnt.

Die Diskrepanz in der Entwicklung der Pkw-Fahrzeugemissionen und der lokalen Luftbelastung (Immission) durch schädliche Abgaskomponenten liegt sowohl an der zunehmenden Verkehrsdichte, als auch in der Messung der Schadstoffemissionen auf der Basis einer wenig realitätsnahen Betriebsweise (synthetische Fahrzyklen) des Fahrzeugs inklusive der Randbedingungen (z. B. Temperaturen, optimierter Fahrzeugzustand).

Abb. 1.6 zeigt im oberen Teil den Unterschied zwischen dem gesetzlichen Grenzwert unter den Bedingungen des Neuen Europäischen Fahrzyklus (NEFZ) und den unter realen Fahrbedingungen gemessenen NO_x-Emissionen von Euro 3 bis Euro 6 (Schreibweise auch z. B. EU3 …) für Diesel-Pkw. Der Vergrößerungsfaktor zwischen Test und Realität betrug im Jahr 2000 im Mittel etwa 2,2 und für Euro-6-Fahrzeuge etwa 5,5, ohne dass die Realemissionen höher geworden wären. Diese sind sogar um etwa 60 % gegenüber Euro 3 gesunken. Die Gesetzgebung hat sich jedoch im gleichen Zeitraum deutlich schneller verschärft (84 % Reduzierung von Euro 3 zu Euro 6) gegenüber der Verbesserung in der Realität. Die Mittelwerte der Stickstoffoxidemission im realen Betrieb sind von Euro-VI (Schreibweise z. B. auch EU VI)-Diesel-Nfz und Euro-6-Benzin-Pkws deutlich geringer als von Euro-6-Diesel-Pkws [8]. Erstere sind so niedrig wegen der seit Langem eingesetzten SCR-Technologie und des geringeren Unterschiedes zwischen Testzyklus (WHTC) und Realfahrbetrieb für Langstrecken-Lkws. Der benzinbetriebene Pkw verfügt mit dem Dreiwegekatalysator über eine hocheffiziente Abgasnachbehandlung für NO_x, CO und HC

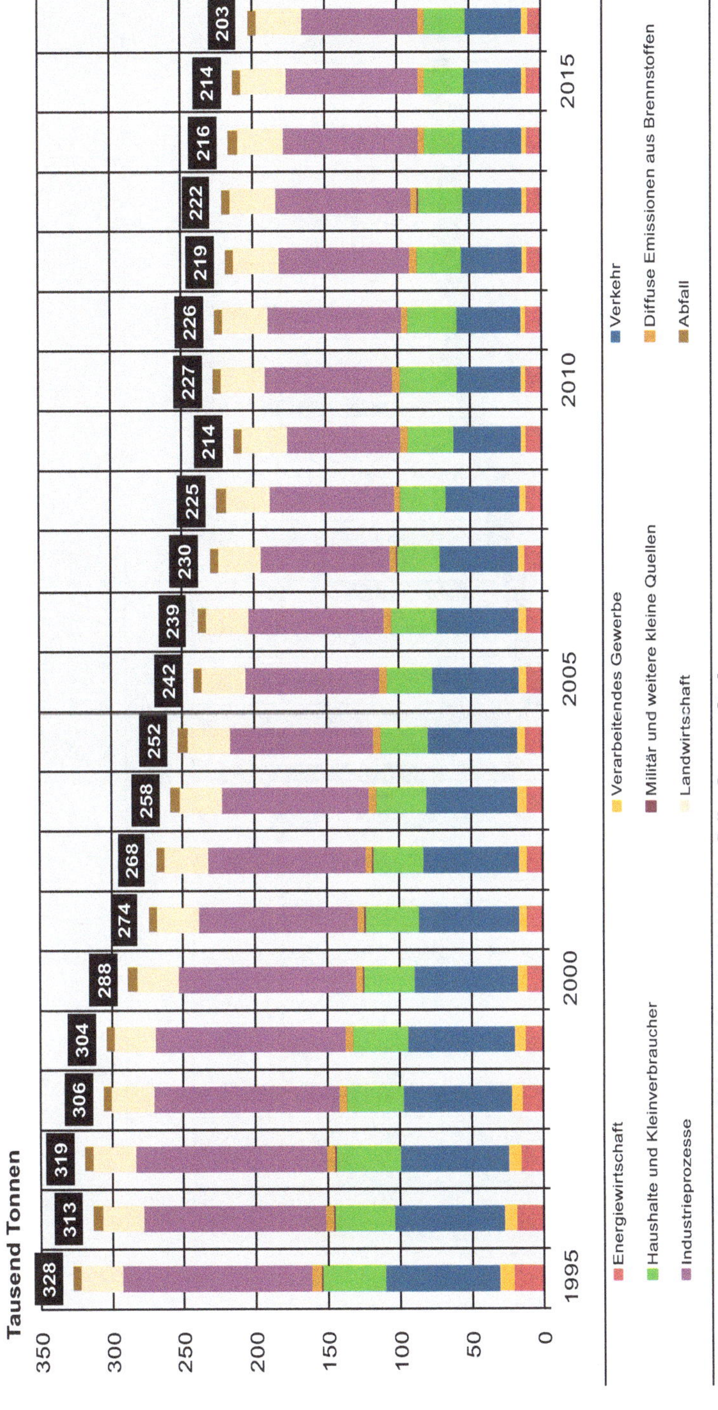

Abb. 1.3 Entwicklung der PM_{10}-Emissionen nach Verursachern. (Quelle: UBA)

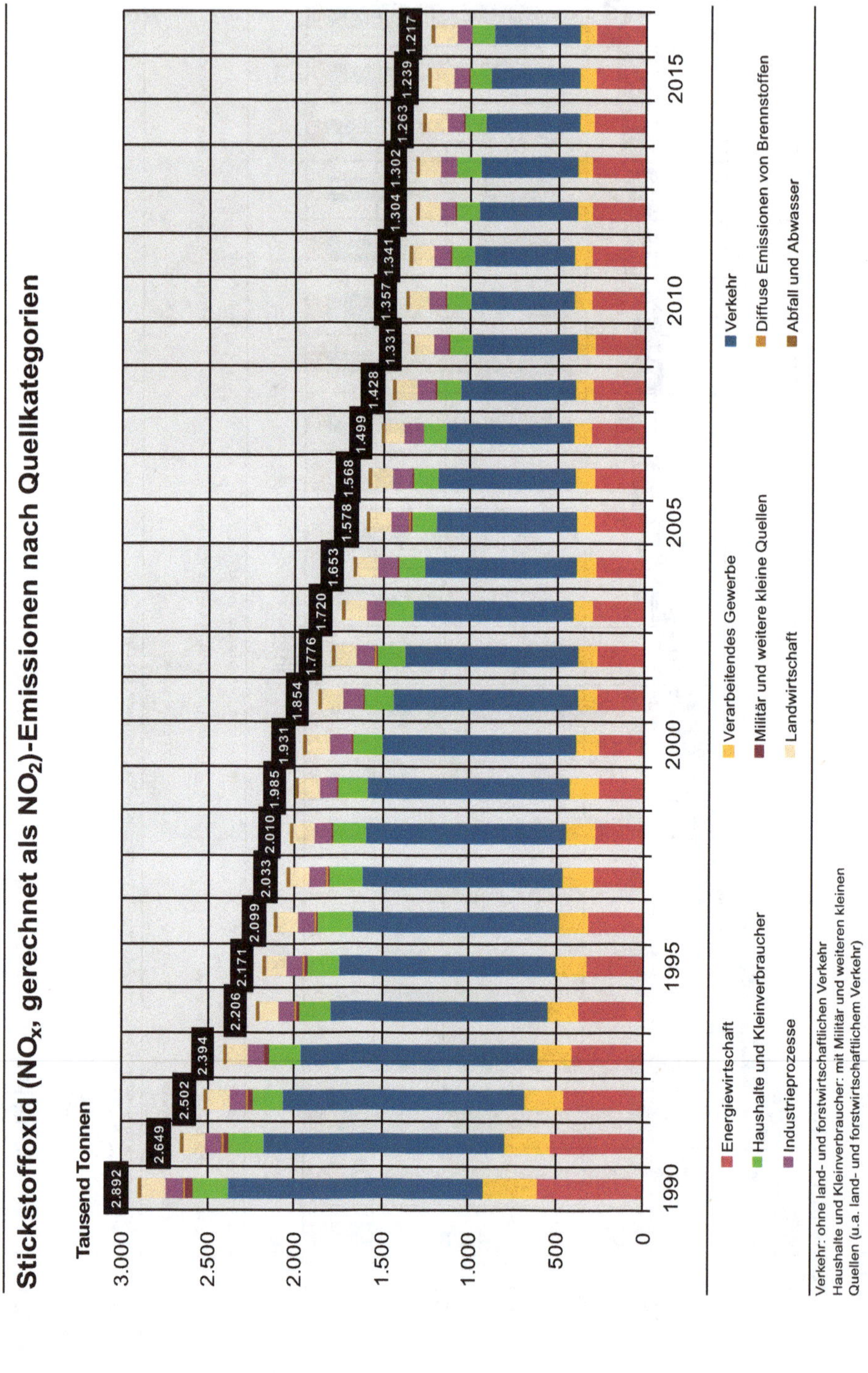

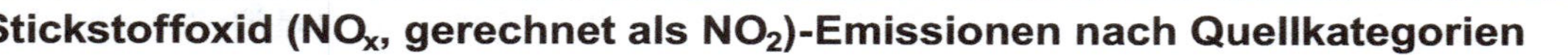

Abb. 1.4 Entwicklung der NO_x-Emissionen nach Verursachern. (Quelle: UBA)

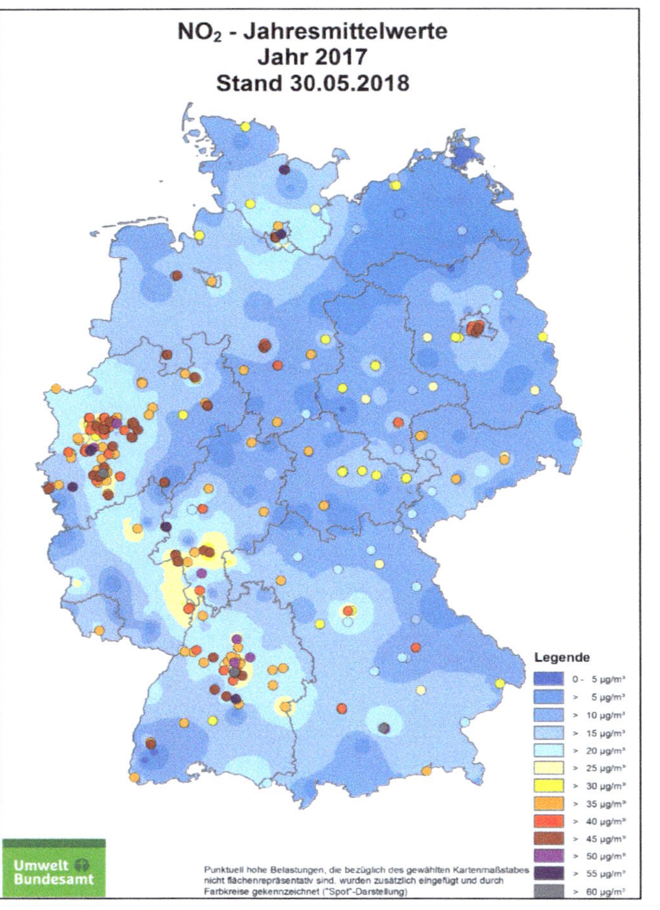

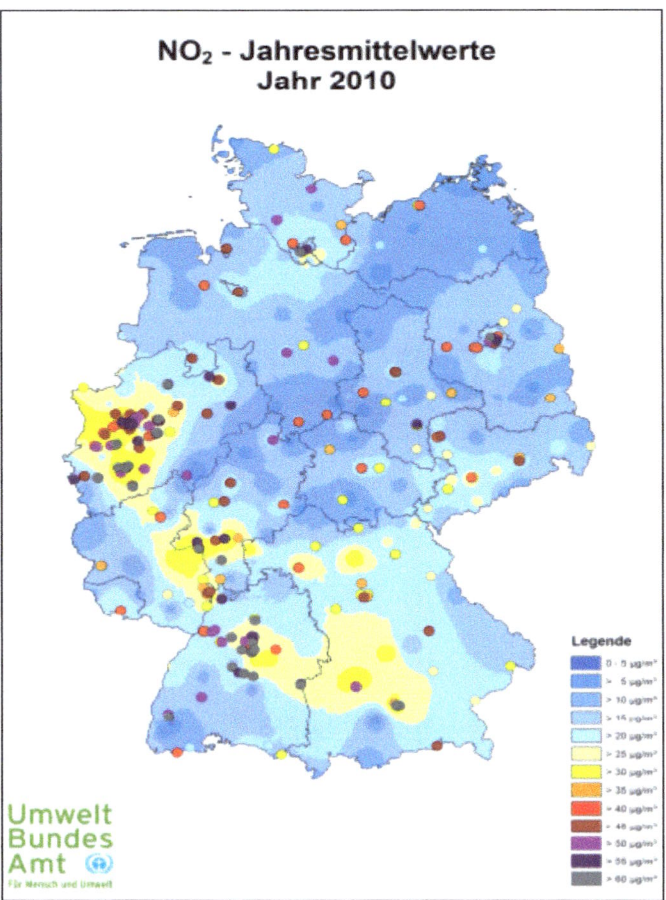

Abb. 1.5 Vergleich der lokalen NO_2-Luftbelastung (Jahresmittelwerte) 2010 zu 2017. (Quelle: UBA)

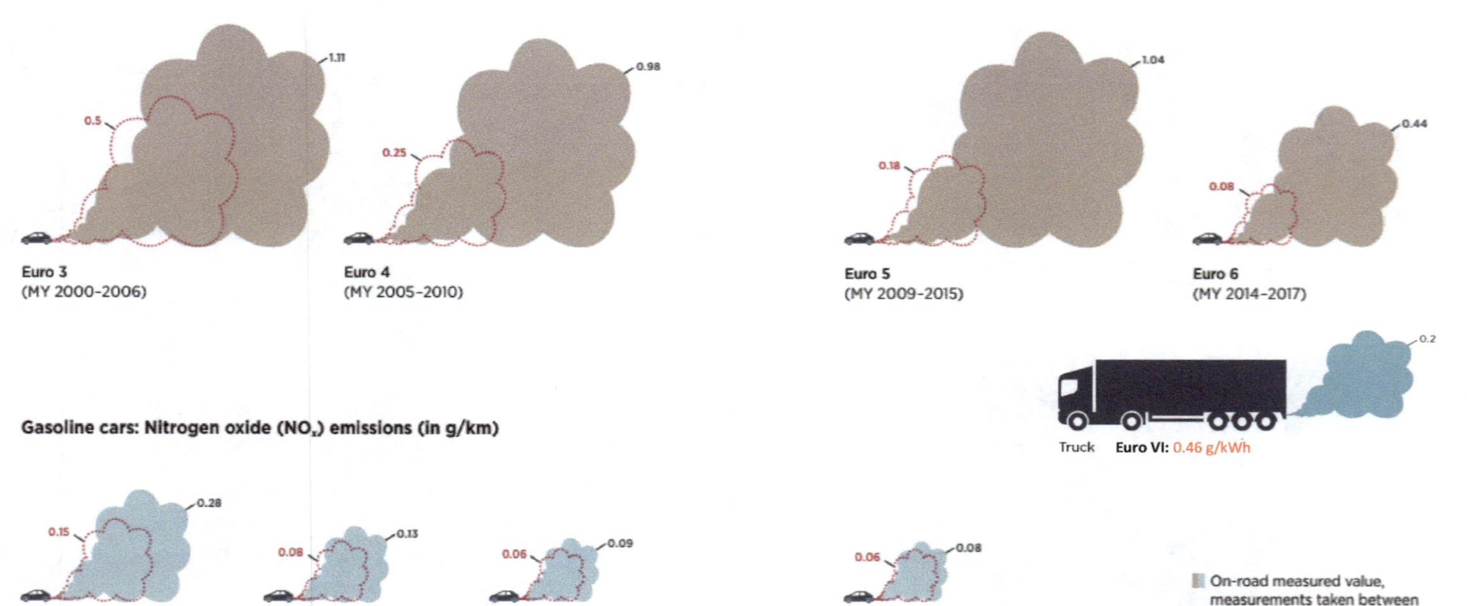

Abb. 1.6 Vergleich von Emissionsgrenzwerten und Realemissionen. (Quelle: ICCT Pocketbook 2016/2017 und 2017/2018)

sowie bei Magerkonzepten über einen zusätzlichen NSC. Im Einzelfall können die zulässigen Grenzwerte unter Berücksichtigung der Konformitätsfaktoren für den Realbetrieb jedoch überschritten werden, dies gilt besonders bei Benzinmotoren mit Direkteinspritzung für die Partikelanzahl.

Im nachfolgenden Kapitel wird die Entwicklung der Fahrzyklen bis zur aktuellen Messung auf der Straße (Real Driving Emissions, RDE) beschrieben.

1.2 Vom synthetischen zum realen Fahrzyklus

Zunächst wurde in den 1950er-Jahren nur der *Kraftstoffnormverbrauch* ermittelt, allerdings auf der Straße unter „realen“ Bedingungen. Die Bedingungen waren jedoch stark vereinfacht, z. B. „möglichst gleichmäßige Geschwindigkeit“ (zwei Drittel der max. Geschwindigkeit), nahezu ebene 20 km lange Autobahnfahrt und ein 10-prozentiger Zuschlag für „ungünstige Umstände“ [9]. Bis 1978 wurde dann nach DIN 70030 der Normkraftstoffverbrauch gemessen, die Bedingungen änderten sich etwas: z. B. Prüfgeschwindigkeit drei Viertel der Höchstgeschwindigkeit, jedoch max. 110 km/h [10], Temperaturen zwischen +10 und +30 °C.

Die *Abgasgesetzgebung* startete 1960 in Kalifornien mit dem Ziel, die CO- und HC-Emissionen zu reduzieren. Die Erkenntnis, dass die Verbrennungs- und Kraftstoffverdunstungsprodukte des Automobils für die Smogbildung mitverantwortlich sind, geht auf Untersuchungen des California Institute of Technology im Jahr 1952 zurück, die 1959 zur Festlegung erster Immissionsgrenzwerte führten. Grenzwerte für Emissionen aus dem Auspuff galten ab 1966 für alle Neufahrzeuge in Kalifornien und ab 1968 für alle US-Bundesstaaten [11, 12]. Ab Modelljahr 1980 wurden in Kalifornien auch Grenzwerte für Diesel-Pkws eingeführt.

Davon ausgehend wurden in Europa die ersten Emissionsgrenzwerte (CO und HC) ausschließlich für Ottomotoren festgelegt, die am 1. Oktober 1970 in Kraft traten [13]. Sie betreffen die Prüfung Typ I: „Prüfung der durchschnittlichen Emissionen von luftverunreinigenden Gasen in Stadtbereichen mit hoher Verkehrsdichte nach Kaltstart“, Prüfung Typ II: „Prüfung der Emissionen von Kohlenmonoxid bei Leerlauf“ und Prüfung Typ III: „Prüfung der Gasemissionen aus dem Kurbelgehäuse“. Für Typ I wurde ein Stadtzyklus entsprechend Abb. 1.7 festgelegt, der viermal durchfahren wurde, d. h. 13 min Gesamtdauer. Der Grenzwert für Stickstoffoxide (als Summe mit den HC) wurde erstmals für das Jahr 1977 festgelegt.

Für die *Verbrauchsmessung* wurde ab 1978 auf der Grundlage der DIN 70030 Ausgabe 07/78 der bekannte ECE-Stadtzyklus (Abb. 1.7) um Bereiche mit konstanten Geschwindigkeiten von 90 und 120 km/h ergänzt. Die Angabe der Verbräuche erfolgte getrennt für die einzelnen Phasen. In der Praxis wurde jedoch der arithmetische Mittelwert, der sogenannte Drittelmix, aus den drei Einzelverbräuchen gebildet und für Vergleiche benutzt. Diese Vorgehensweise galt bis 1996. Danach wurden die CO_2-Emission gemessen und der Kraftstoffverbrauch aus den kohlenstoffhaltigen Komponenten CO, CO_2 und

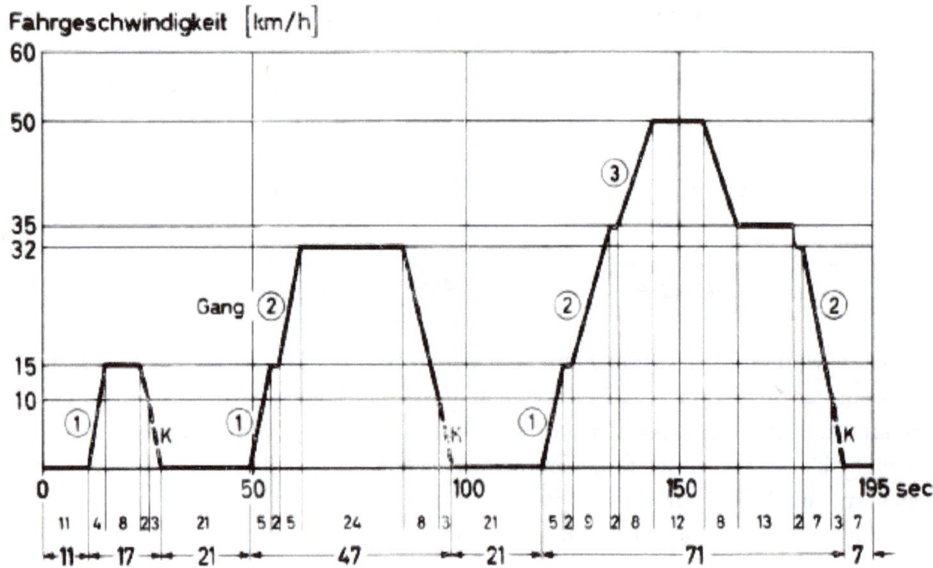

Abb. 1.7 Schema der aufeinanderfolgenden Fahrzustände für den Stadtbereich (Typ I) im Europäischen Fahrzyklus (viermal nacheinander fahren) [12]

HC nach Richtlinie 93/116/EG ermittelt; Testzyklus war dann der NEFZ. Bereits 1995 hatte die EU-Kommission eine Gemeinschaftsstrategie zur CO_2-Reduzierung vorlegt. Die CO_2-Ziele wurden beispielsweise in der Verordnung (EG) Nr. 443/2009 definiert.

Für die *Abgasmessung* wurde 1992 der nach Richtlinie 91/441/EWG definierte *Neue Europäische Fahrzyklus (NEFZ)* eingeführt. Der bisherige ECE-Stadtzyklus wurde um einen außerstädtischen Zyklus erweitert (Extra Urban Driving Cycle (EUDC); Abb. 1.8).

Für Pkws und leichte Nutzfahrzeuge wurde die Abgasnorm Euro 1 definiert, ab 1996 galt Euro 2 und ab 2000 Euro 3. Seit diesem Zeitpunkt (2000) gilt auch der sogenannte modifizierte NEFZ (auch MNEFZ), bei dem gegenüber dem NEFZ sofort und nicht erst 40 s nach dem Start die Emissionsmessung beginnt. Dieser Testzyklus galt bis 31. August 2017 für neue Fahrzeugtypen in Verbindung mit den Schadstoffgrenzwerten der Emis-

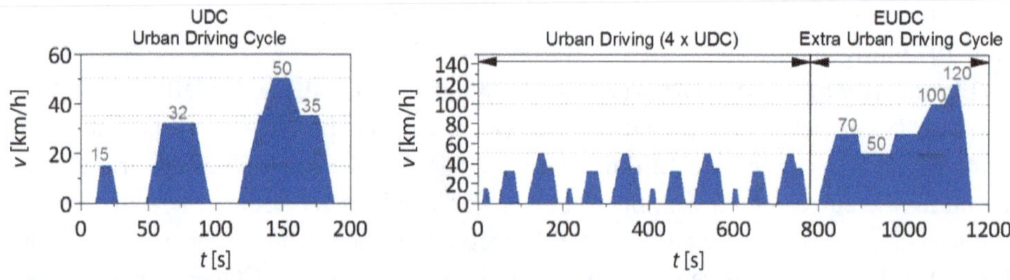

Abb. 1.8 Europäischer Fahrzyklus zur Bestimmung der Abgasemissionen (NEFZ). (Quelle: IAV)

sionsstufe Euro 6c (s. Kap. 2; [14, 15]). Für Dieselfahrzeuge wurden seit Euro 1 ein Partikelmassegrenzwert (PM) und ab Euro 5b (01.09.2011) auch ein Grenzwert für die Partikelanzahl (PN) festgelegt. Für Fahrzeuge mit Benzinmotoren und Direkteinspritzung gilt ein Partikelmassegrenzwert ab Euro 5a (01.09.2009) und ein Partikelanzahlgrenzwert ab Euro 6b, der ab 01.09.2017 identisch mit dem Grenzwert für Diesel-Pkws ist. Die Jahreszahlen beziehen sich immer auf die Typgenehmigung für neue Fahrzeugtypen. Für alle neu produzierten Fahrzeuge gelten die Grenzwerte dann in der Regel ein Jahr später.

Grundsätzlich war es immer die Absicht, bei der Definition der Testzyklen und des Prüfverfahrens Fahrzustände aus der Praxis zu abstrahieren, allerdings standen die Reproduzierbarkeit und die Vergleichbarkeit der Ergebnisse an erster Stelle. Die strenge Einhaltung der Vorschriften, die Konditionierung der Fahrzeuge und die technischen Möglichkeiten der Abgasmessung führten zu Applikationsmessungen und Zertifizierungsprüfläufen auf dem Rollenprüfstand. Während in den USA z. B. für den FTP-75-Testzyklus Fahrkurvenanteile aus realen Fahrten zusammengesetzt wurden, bestand der (M)NEFZ aus der synthetischen Kombination verschiedener Betriebsphasen: konstante Beschleunigung und Verzögerung, Leerlauf sowie konstante Geschwindigkeit.

Mit der Verordnung (EG) Nr. 715/2007 wurde u. a. die Aufhebung der seit Jahrzehnten geltenden und auf 24 Richtlinien verteilten Vorschriften zur Messung der Fahrzeugemissionen und des Verbrauchs vorgeschlagen sowie eine neue Verordnung und eine Reihe von Durchführungsmaßnahmen empfohlen. In diesem Zusammenhang wurde auch der MNEFZ überprüft. Die gemeinsame Arbeit auf UN-ECE-Ebene sollte eine weltweite Harmonisierung gewährleisten. Es wurden mehrere praxisnähere Tests entwickelt, wie z. B. ARTEMIS [16]. Verbindlich eingeführt wurde am 1. September 2017 die sogenannte *Worldwide Harmonized Light Duty Vehicle Test Procedure (WLTP)* mit dem *Worldwide Harmonized Light Duty Vehicle Test Cycle (WLTC)*. Abb. 1.9 zeigt den Vergleich zwischen NEFZ und WLTC, letzterer ist wesentlich dynamischer und ist damit deutlich näher am tatsächlichen Fahrverhalten.

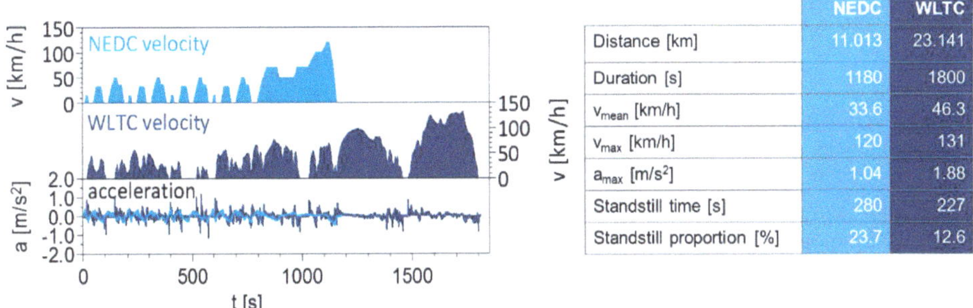

	NEDC	WLTC
Distance [km]	11.013	23.141
Duration [s]	1180	1800
v_{mean} [km/h]	33.6	46.3
v_{max} [km/h]	120	131
a_{max} [m/s²]	1.04	1.88
Standstill time [s]	280	227
Standstill proportion [%]	23.7	12.6

Abb. 1.9 Vergleich des NEFZ mit dem WLTC bezüglich Dauer, Geschwindigkeitsprofil und Beschleunigung. (Quelle: IAV)

Er besteht, wie die amerikanischen Zyklen, aus realen Fahrabschnitten. Trotz höherer Praxisnähe ist es ein standardisierter Rollentest, der wie bisher zu vergleichbaren und reproduzierbaren Messergebnissen führt.

Zunächst gilt die WLTP nur für die Schadstoffmessung, die CO_2-Emission wird vom WLTP auf den NEFZ umgerechnet, da die CO_2-Ziele sich auf den bisherigen NEFZ beziehen. Ab 2020 sollen die herstellerspezifischen CO_2-Ziele im NEFZ auf den WLTP umgerechnet werden, sodass dann nur noch auf der Basis des WLTP gemessen wird.

Die fortdauernde Diskrepanz zwischen den Schadstoffemissionen und der Luftbelastung, insbesondere durch die Stickoxidemissionen, führte dazu, dass die Europäische Kommission bereits 2010 beschloss, mit realitätsnahen Prüfverfahren die laborgestützten Verfahren zu ergänzen. Die Fachgremien der EU legten dann konkrete Vorschläge für eine zusätzliche Messung der Schadstoffemissionen im realen Fahrbetrieb vor [17]. Hinzu kam die verstärkte Diskussion auf allen Ebenen nach Bekanntwerden von unzulässigen Manipulationen an den Abgasnachbehandlungssystemen einiger Diesel-Pkws, wenn unter Realbedingungen gefahren wird. Das Europaparlament hat am 03.02.2016 die Einführung des Real Driving Emissions Test (RDE) mit entsprechenden „Übereinstimmungsfaktoren“ (Konformitätsfaktoren) für die zulässigen Emissionen im Realbetrieb gegenüber den Grenzwerten von Euro 6c, die wiederum mit der WLTP eingehalten werden müssen, beschlossen (s. Kap. 2). Mit den Verordnungen (EU) 6016/427 und (EU) 2016/646 wurde das RDE-Verfahren rechtsverbindlich. Zunächst stehen die Stickstoffoxidemissionen und die Partikelanzahl im Fokus (zu den weiteren Entwicklungen siehe [18] und Kap. 11 „Ausblick“).

Abb. 1.10 zeigt einen Vergleich der drei Zyklen NEFZ, WLTC und RDE. Der RDE-Zyklus ist nicht absolut reproduzierbar wegen unterschiedlicher Streckenführung (z. B. Steigung), Verkehrssituation, Temperaturen, Fahrer usw. und deckt deutlich größere Bereiche des Drehzahl-Last-Kollektivs ab als die standardisierten Zyklen. Die Kombination von WLTP und RDE ist in der Abgasnorm Euro 6d festgelegt.

Daraus leiten sich jedoch nicht zwangsläufig höhere Emissionen unter RDE-Bedingungen ab, sofern der Motor und das Fahrzeug auf diese Randbedingungen abgestimmt worden sind (Abb. 1.11). Allerdings zeigt diese Abbildung auch die deutlich höheren

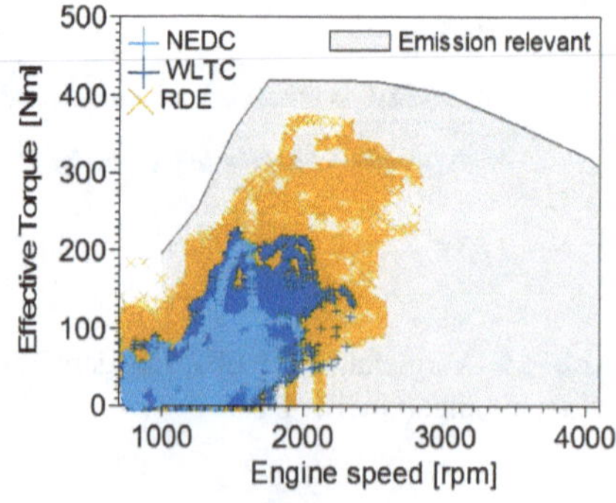

Abb. 1.10 Beispiel für die Betriebsbereiche von NEFZ, WLTC und RDE-Zyklus in einem Motorkennfeld eines Pkw-Dieselmotors. (Quelle: IAV)

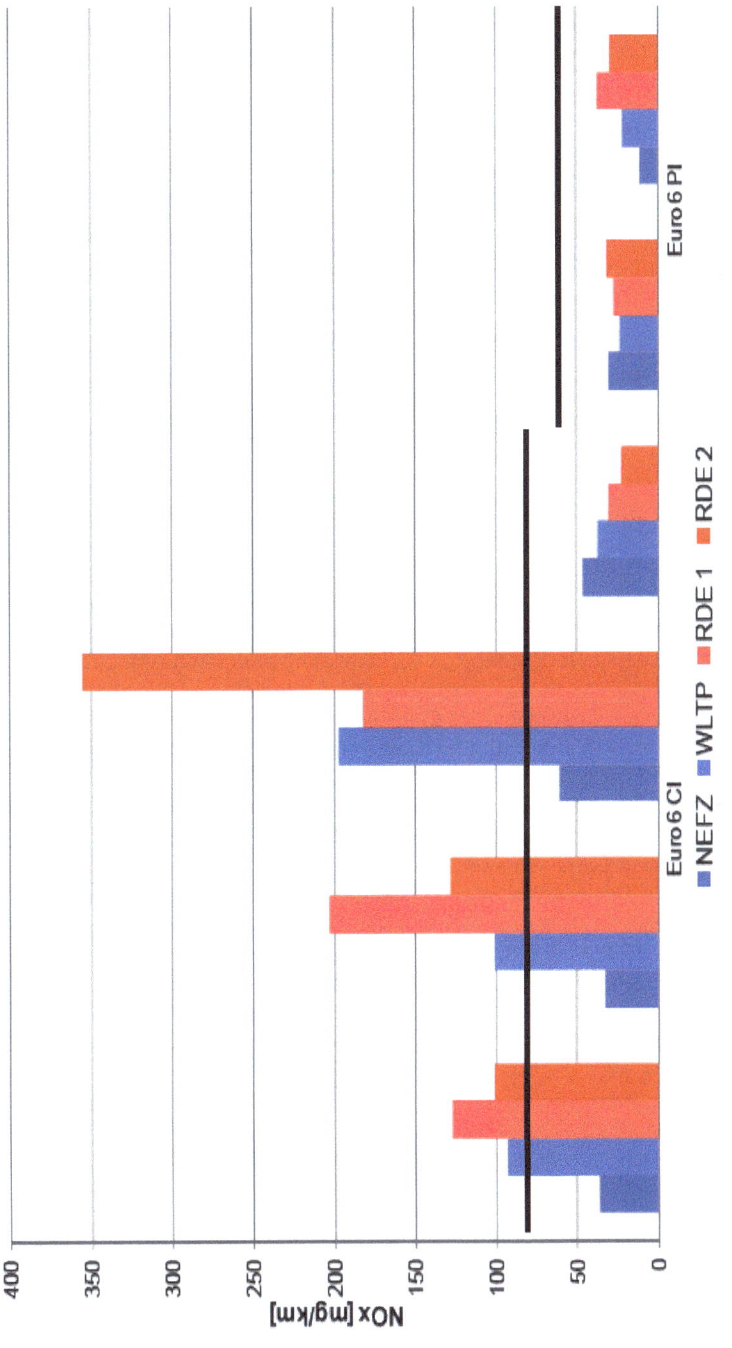

Abb. 1.11 Vergleich der Stickoxidemissionen abhängig vom Fahrzyklus für Pkw-Dieselmotoren (CI) und Pkw-Ottomotoren (PI) [18]

NO_x-Emissionen von nicht optimal schadstoffgereinigten Dieselmotoren (CI) bei dynamischer Fahrweise gegenüber der NEFZ-Messung.

Die Messungen der Abgaskomponenten unter RDE-Bedingungen erfolgt mit dem sogenannten Portable Emission Measurement System (PEMS; s. Kap. 5).

Für Nutzfahrzeuge wird das seit 2010 in den USA eingeführte In-Use-Compliance(IUC)-Verfahren zur Feldüberwachung seit Euro VI f unter dem Namen In Service Conformity (ISC) für die gasförmigen Schadstoffe angewandt (s. Kap. 8). Im Bereich der mobilen Arbeitsmaschinen werden mit Stufe IV ab 2016 die Prüfungen auf den realen Betrieb ausgeweitet, d. h. beispielsweise Messungen auf dem Feld bei Landmaschinen [19]. Auch hier erfolgt die Messung über ein PEMS.

Die Entwicklung der Testzyklen für schwere Nutzfahrzeuge on- und offroad und stationäre Motoren sowie die CO_2-Gesetzgebung werden in [20] ausführlich beschrieben; die aktuelle Gesetzgebung ist in der Verordnung (EG) Nr. 595/2009 und deren Ergänzungen verankert.

Literatur

1. www.umweltbundesamt.de/publikationen/luftqualitaet-2016, Zugriff: 31.07.2017
2. www.umweltbundesamt.de/daten/luftbelastung/luftschadstoff-emissionen-in-deutschland/emission-fluechtiger-organischer-verbindungen-ohne#textpart-1, Zugriff: 01.08.2017
3. www.umweltbundesamt.de/Themen/Luft/Luftschadstoffe/Stickstoffoxide 2017, Zugriff: 23.06.2018
4. Frewer, T.: Potentiale konventioneller Kraftstoffe vor dem Hintergrund des Nationalen Klimaschutzplanes 2050, BP Europa SE, EID Kraftstoff-Forum 28.–29. März 2017, Hamburg
5. Mönch, L. et al : Tagung Motorische Stickoxidbildung, HdT Essen, Ettlingen 2018
6. Lückert, P. et al.: OM 656 – Die neue 6-Zylinder Diesel-Spitzenmotorisierung von Mercedes-Benz, 38. Int. Wiener Motorensymposium, 2017
7. Kufferath, A. et al.: Der Diesel Powertrain auf dem Weg zu einem vernachlässigbaren Beitrag bei den NO_2 – Immissionen in den Städten, 39. Internationales Wiener Motorensymposium 2018, Fortschrittsbericht VD! Reihe 12, Nr. 807, Band 1
8. icct: European Vehicle Market Statistics, Pocketbook 2017/18
9. Bosch: Kraftfahrtechnisches Taschenbuch, 12. Auflage 1954, Reprint 2013
10. Bruner, I. et al.: Nutzen-Kosten-Analyse für Energiesparmaßnahmen auf dem Sektor Kraftwagenverkehr, Band 5 Energiepolitische Schriftenreihe, Springer Science+Business Media New York, 1981
11. Klingenberg, H.: Automobilmeßtechnik, Band C: Abgasmeßtechnik, Springer-Verlag Berlin Heidelberg, 1995
12. Obländer, K. ; Kräft, D.: Abgasreinigung an Kraftfahrzeugen – Meßverfahren und Testzyklen, ATZ 71 (1969), Heft 4
13. Richtlinie des Rates 70/220/EWG vom 20. März 1970
14. Bunar, F. et al.: Abgasgesetzgebung für Pkw-Dieselmotoren, in Handbuch Dieselmotoren, 4. Auflage, Springer 2018
15. Bosch: Kraftfahrtechnisches Handbuch, 28. Auflage. Springer Vieweg, 2014
16. Brüne, H.-J. et al.: RDE – Die Herausforderung für den Dieselantrieb von morgen, 8. Internationales Forum Abgas- und Partikel-Emissionen, AVL, Ludwigsburg, April 2014

17. Pressemitteilung BMUB vom 19.05.2015: Autohersteller müssen Schadstoff-Ausstoß künftig unter realen Bedingungen messen lassen
18. Badur, J. et al.: Ein Jahr Monitoring Phase – Real Driving Emissions (RDE) in der Praxis, 38. Internationales Wiener Motorensymposium, April 2017, VDI Fortschrittsbericht Reihe 12, Nr. 802
19. Gietzelt, Ch. et al.: mobile „in-use" Emissionsmessung bei realen Agraranwendungen, ein Beitrag zum EU-PEMS Pilotprojekt für mobile Maschinen (NRMM), 7. Internationales Forum Abgas- und Partikel-Emissionen, AVL, Ludwigsburg, März 2012
20. Stein, J.: Abgasgesetzgebung für Nutzfahrzeug- und Industriemotoren, in Handbuch Dieselmotoren, 4. Auflage, Springer 2018

RDE-Gesetzgebung – Grundlagen

2

Frank Bunar und Elisa-Maria Moser

2.1 Gremien und Gesetzgebungsprozess

In Kap. 1 ist der Übergang vom synthetischen zum realen Fahrzyklus und dessen Motivation detailliert beschrieben. Da der Entstehungsprozess einer Gesetzgebung inhaltlich komplex und aufwendig ist, werden im folgenden Kapitel die wichtigsten Aspekte zusammenfassend beschrieben.

Dargestellt werden einige der Instanzen, welche durchlaufen werden müssen, um einen Entwurf zu verfassen. Der allgemeine Werdegang der RDE-Gesetzgebung ist schematisch in Abb. 2.1 dargestellt. Die Europäische Kommission hat in der Verordnung (EG) Nr. 715/2007 [1] festgehalten, dass sowohl die Verfahren und Prüfungen als auch die Anforderungen für die Typgenehmigung der Verordnung (EG) Nr. 692/2008 zu überprüfen sind. Mit dieser Vorgabe der Europäischen Kommission (European Commission, EC) wird eine Arbeitsgruppe gegründet, welche sich zunächst mit dem Thema intensiv auseinandersetzt. Teilnehmende Parteien in dieser RDE-Arbeitsgruppe sind Experten und Vertreter aus der Industrie, externe Berater und verschiedene Nichtregierungsorganisationen (NGO). Die in der Gruppe von den Experten vorgestellten und diskutierten Dokumente sind der Bevölkerung über ein Portal, das CIRCABC (https://circabc.europa.eu) zum Großteil öffentlich zugänglich.

Die gemeinsame Forschungsstelle, das Joint Research Centre (JRC), ist der wissenschaftliche Dienst der Europäischen Kommission und unterstützt die Entscheidungsprozesse durch diverse Machbarkeitsstudien, wie zum Beispiel das zu Beginn gegründete

F. Bunar (✉) · E.-M. Moser
IAV GmbH
Berlin, Deutschland
E-Mail: frank.bunar@iav.de

E.-M. Moser
E-Mail: elisa-maria.moser@iav.de

H. Tschöke (Hrsg.), *Real Driving Emissions (RDE)*, ATZ/MTZ-Fachbuch,
https://doi.org/10.1007/978-3-658-21079-3_2

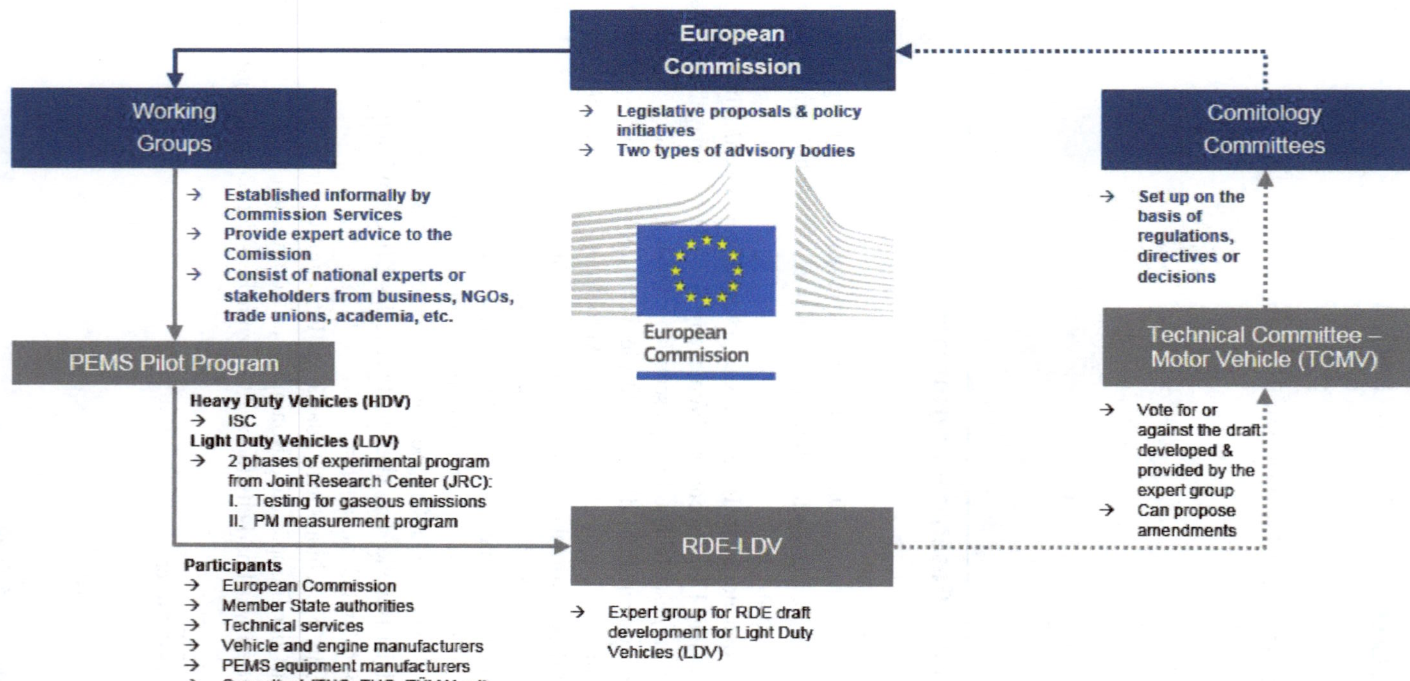

Abb. 2.1 Beteiligte Institutionen am RDE-Gesetzgebungsverfahren und deren Interaktion. (Quelle: IAV)

PEMS-Pilotprogramm. In diesem wurde zunächst ermittelt, ob eine RDE-Gesetzgebung überhaupt technisch durchführbar ist und mit welchem Aufwand diese verbunden wäre. Nachdem die Durchführbarkeit bestätigt wurde, sind Expertengruppen gegründet worden, welche sich mit den einzelnen Teilgebieten der Anforderungsanalyse auseinandersetzten. Die verschiedenen durchgeführten Studien und die daraus zusammengeführten Erkenntnisse, sowohl vom JRC als auch von weiteren Stakeholdern und den persönlichen Erfahrungen der Experten, bilden die Basis des letztendlichen Gesetzesentwurfs, welcher in der gegründeten Expertenrunde RDE-LDV erarbeitet wurde. Die Komplexität des Gesamtthemas führte zu einer steten Ausweitung der gesetzten Fristen und weiteren Teilexpertengruppen. Die steigende Brisanz und der Fokus der Medien auf diese Thematik erhöhten den Bedarf und die möglichst schnelle Einführung einer neuen Gesetzgebung zusätzlich. Der fertige Entwurf der Expertengruppe wurde dem Technischer Ausschuss „Kraftfahrzeuge“ (Technical Committee Motor Vehicles, TCMV) zur Abstimmung vorgelegt. Nachdem dieser dem Entwurf zugestimmt hatte und sowohl die Europäische Kommission als auch der Europäische Rat dem Gesetzestext ebenfalls zustimmten und dieser veröffentlicht wurde, ist er rechtsgültig und ab dem angegebenen Datum verbindlich. Der zeitliche Kontext und die jeweiligen beschlossenen Inhalte sind in dem folgenden Abschnitt zusammengefasst.

2.2 Gesetzgebungsverfahren

In Abb. 2.2 sind einige der wichtigsten Meilensteine der RDE-Gesetzesentwicklung dargestellt. In 2011 wurde die RDE-LDV-Expertenarbeitsgruppe gegründet, welche den Gesetzesentwurf erarbeitet.

Auf die in Kap. 1 dargestellten Motivationshintergründe sowie auf weitere nicht erwähnte Zwischenschritte wird in dieser Zusammenfassung nicht detailliert eingegangen, da der Fokus dieses Kapitels auf den erarbeiteten Endergebnissen der RDE-LDV nach dessen Gründung liegt. Zwei Jahre später, im Jahr 2013, wurde auf Grundlage diverser Studien die PEMS-Analyse als RDE-Messgrundlage offiziell anerkannt. Die Erkenntnisse dafür stammten vornehmlich aus Studien der JRC, welche jedoch auch zeitgleich die Problematik dieser Methode aufzeigten. Damit die RDE-Ergebnisse besser miteinander verglichen werden können, wurden sogenannte Normalisierungstools entwickelt. Sie werden in Kap. 4 „Datenauswertung und Bewertung“ vorgestellt und beschreiben an Beispielen deren praktische Anwendung. Die Ende 2014 zunächst angestrebte Einigung auf eine Normalisierungsform konnte aufgrund fehlender Datenlage und steter Anpassung der Tools nicht durchgesetzt werden. Zum Redaktionsschluss (Ende 2018) wird im RDE-Paket IV eine vereinfachte Normalisierungsform festgelegt.

Zur Strukturierung des Vorgangs der Gesetzesentwicklung werden sogenannte RDE-Pakete festgelegt. Diese sind Gesetzesentwürfe mit unterschiedlichen Meilensteinen, welche in dem jeweiligen Paket zu erreichen waren und damit den Fokus der jeweiligen Studien darstellten. Die gesetzten Hauptpunkte der Pakete sind ebenfalls in Abb. 2.2

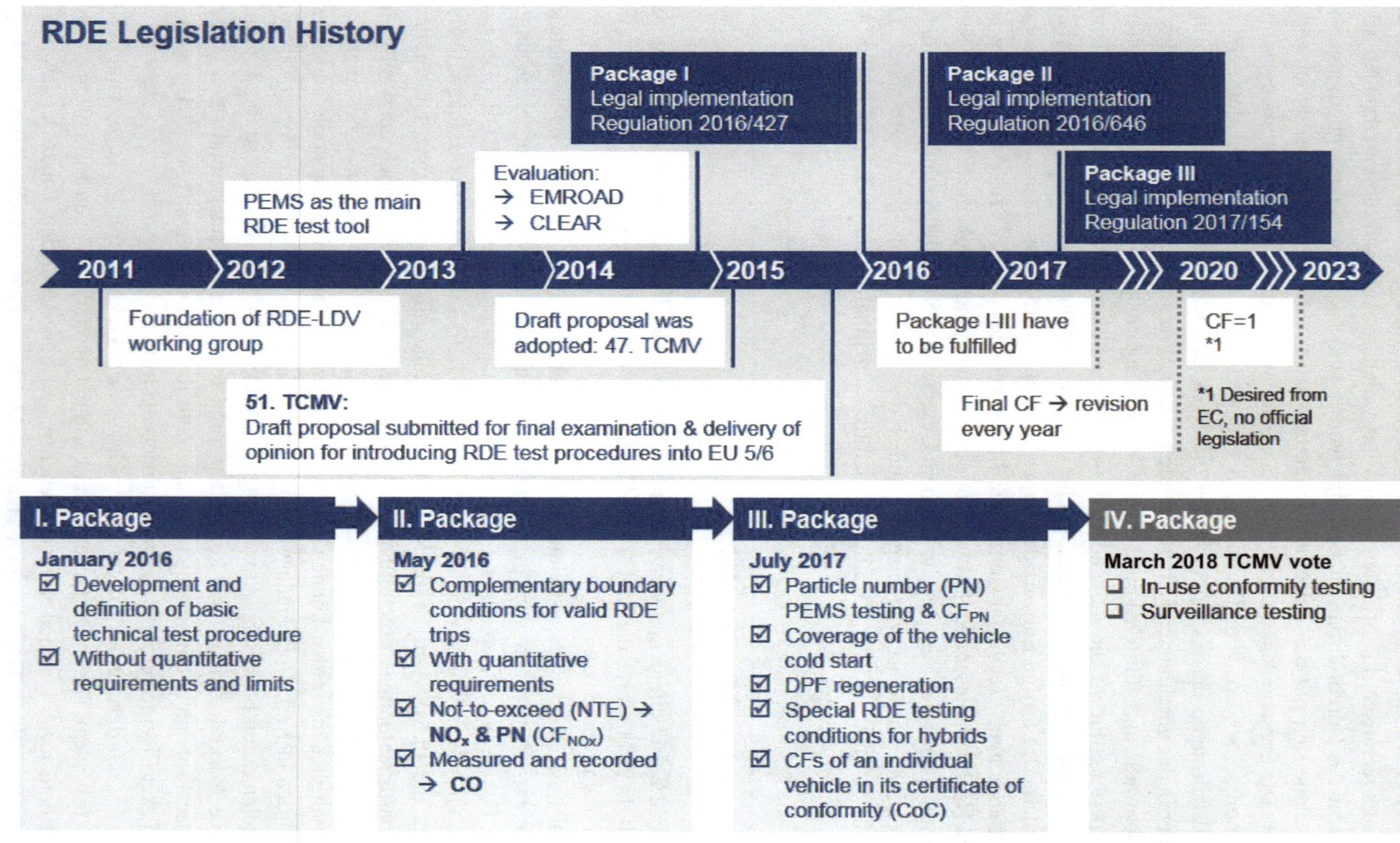

Abb. 2.2 RDE-Gesetzgebungshistorie, Gesetzespakete und Meilensteine. (Quelle: IAV)

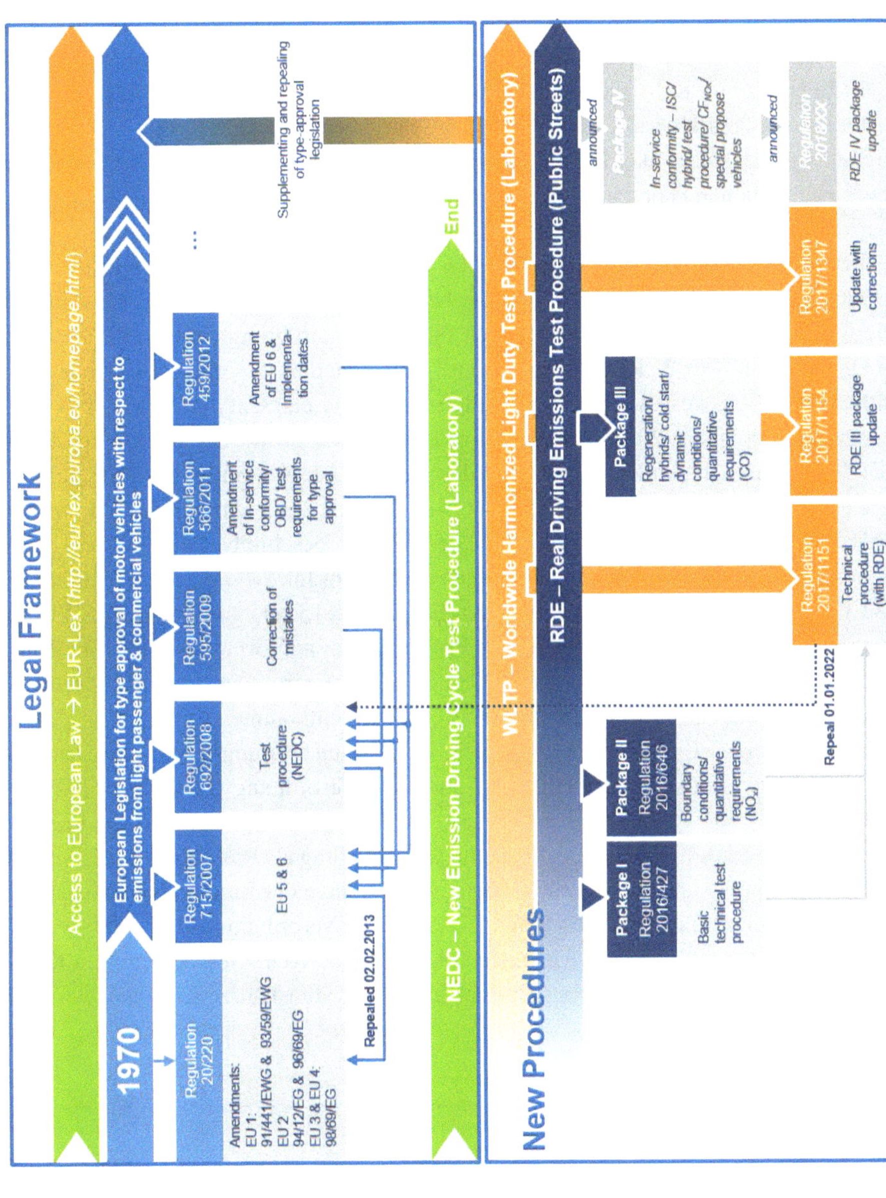

Abb. 2.3 Zusammenhänge und zeitliche Zuweisung der Gesetzestexte. (Quelle: IAV)

zusammengefasst. Paket I beinhaltet die Entwicklung und Definition der allgemeinen Testprozedur. Paket II beinhaltet die quantitativen Anforderungen und Umgebungsbedingungen, in denen die Ergebnisse eines RDE-Tests unterhalb eines neu definierten, nicht zu überschreitenden Not-To-Exceed(NTE)-Wertes für NO_x und PN liegen müssen. Dafür wurde in Paket II zunächst nur ein Wert für NO_x definiert, ein PN-Wert wurde in Paket III für das Paket II nachgeliefert. Paket III befasst sich hauptsächlich mit den Fragen der PN-Messung, dem Kaltstartverhalten und dessen Auswertung, der DPF-Regeneration und dem angepassten Hybridtestverfahren. Ab September 2017 sind Pakete I–III rechtskräftig und umzusetzen. Paket IV befasst sich primär mit den weiteren Testverfahren der in Betrieb befindlichen Fahrzeuge (In Service Conformity), den Auswirkungen von Kraftstoffen, den regionalen Verantwortlichkeiten und der möglichen Überarbeitung von Teilen der Pakete I–III. Dieses Paket IV befindet sich zum Redaktionsschluss noch in Bearbeitung und wird in Kap. 11 „Ausblick" genauer behandelt.

Die wichtigsten Kriterien und Richtlinien für die Durchführung eines RDE-Tests der Pakete I–III sind in Kap. 3 „RDE-Testprozedur" enthalten; dies ist somit ein Leitfaden des eigentlichen RDE-Prozesses. In 2015 werden die ersten Gesetzesentwürfe von der TCMV angenommen. Im Januar 2016 wurde das finale RDE-Paket I mit der Verordnung (EU) 2016/427 veröffentlicht, kurz darauf im Mai des gleichen Jahres folgt die Veröffentlichung des Pakets II mit der Verordnung (EU) 2016/446. Im Juli 2017 wurde Paket III mit der Verordnung (EU) 2017/154 veröffentlicht. Diese Pakete beschreiben die Änderung der Verordnung (EG) Nr. 692/2008 [2]. Zu beachten ist, dass im Juli 2017 die Veröffentlichung der WLTP-Gesetzgebung mit der Verordnung (EU) 2017/1151 erschienen ist. Die WLTP-Gesetzgebung löst damit die bisher gültige Prüfungsform auf Grundlage des NEFZ ab, welche in der Verordnung (EG) Nr. 692/2008 beschrieben wird. Die aktuelle Umsetzung der RDE-Pakete in den Verordnungen kann der Abb. 2.3 entnommen werden.

Die Verordnung (EU) 2017/1151 enthält in ihrer ersten Fassung die Pakete I und II. Sie wurde bereits um das dritte RDE-Paket durch die Verordnung (EU) 2017/1154 und Verordnung (EU) 2017/1347 ergänzt und setzt die RDE-Gesetzgebung in den Kontext zum allgemeinen Prüfungsverfahren. So ist die RDE-Prüfung als Prüfung Typ 1A Teil des Typs I Prüfverfahrens im Zertifizierungsvorgang. Grundlage der Emissionsgrenzwerte in Europa bildet weiterhin die für EU 5 und EU 6 gültige Verordnung (EG) Nr. 715/2007 sowie deren nicht aufgehobene Ergänzungen. Ab wann die RDE-Gesetzgebung in Kombination mit der WLTC-Gesetzgebung gilt ist abhängig vom Fahrzeugtyp und wird im folgenden Abschnitt vorgestellt.

2.3 RDE-Stufen und Grenzwerte

Die Abb. 2.4 zeigt die Zeitpunkte der Einführung der RDE-Gesetzgebung in Kombination mit der WLTP-Gesetzgebung. Die Fahrzeugtypbezeichnungen sind hier im Falle der WLTP-Gesetzgebung dargestellt, für die zuvor gültige NEFZ-Zertifizierung galten andere Abkürzungen.

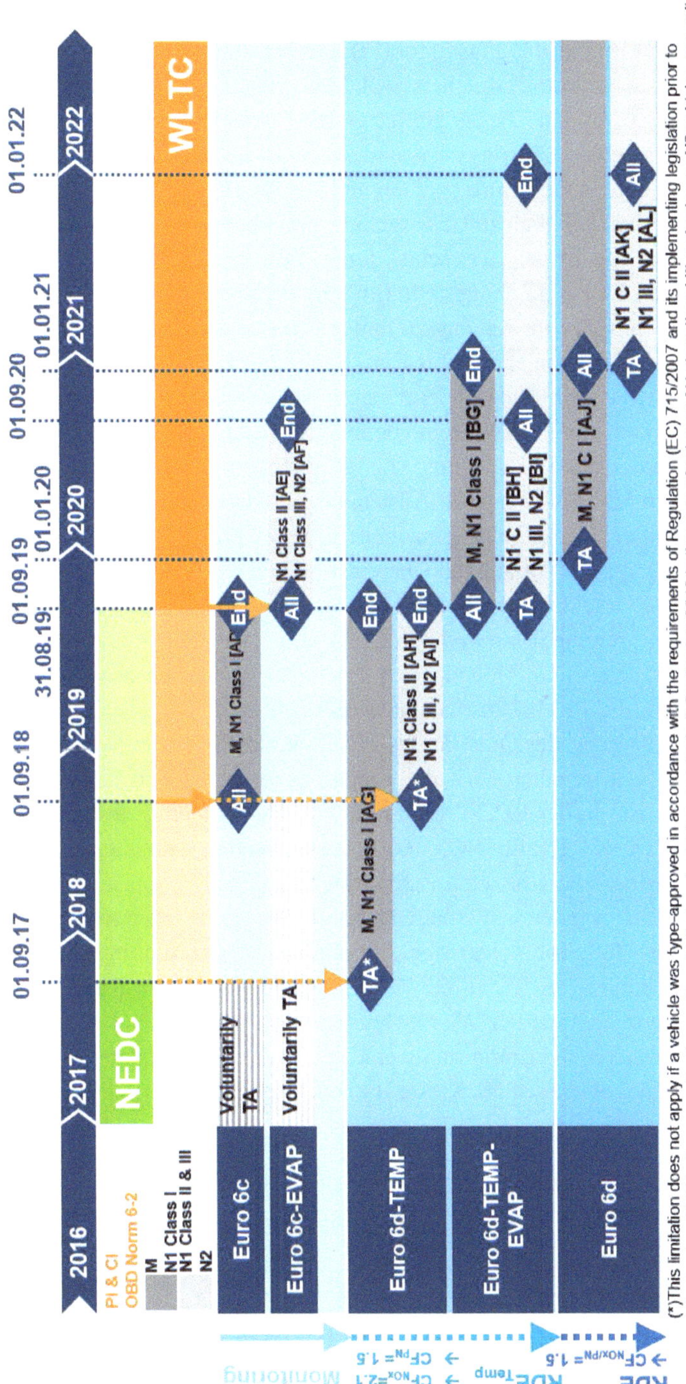

Abb. 2.4 RDE-Einführungszeitpunkte für verschiedene Fahrzeugklassen mit WLTC. (Quelle: IAV)

Zusätzlich gibt es bezüglich der Einführungszeitpunkte Sonderregelungen für die Hersteller kleiner Serien, welche hierin nicht enthalten sind. Die Darstellung gilt des Weiteren nur für Fahrzeuge mit Fremdzündungsmotor (PI) und Selbstzündungsmotor (CI) in Kombination mit der OBD Norm 6-2, welche sowohl die vollständigen OBD-Anforderungen der OBD-Norm Euro 6, als auch die endgültigen OBD-Schwellenwerte enthält. Die Emissionsnorm Euro 6c ist eine Übergangsphase, in der zwar die vollständigen Emissionsanforderungen der Emissionsnorm Euro 6 gelten und der WLTC bereits Anwendung findet, jedoch die RDE-Prüfung lediglich zu Überwachungszwecken durchgeführt wird. Die gültigen Grenzwerte für die in der EU rechtskräftige Euro-6-Norm sind für Diesel- und Ottofahrzeuge in Tab. 2.1 zusammengestellt. Ein Vergleich mit den früheren Grenzwerten ab Euro 1 ist in der Tab. A.1 im Anhang zu finden. Diese zeigt die enorme Entwicklung über die letzten Jahrzehnte von Euro 1 bis Euro 6 und gibt zusätzliche Informationen zu Zulassungszeitpunkten und Prüfungsänderungen.

Bis zum Inkrafttreten von Euro 6d-Temp befindet sich das RDE-Testverfahren in einer Monitoringphase, in der keine Anwendung von Emissionsgrenzwerten stattfindet. Für die Emissionsnorm Euro 6d-TEMP sind mit Ausnahme der RDE-Emissionen die vollständigen Anforderungen der Euro-6-Norm einzuhalten. In der Phase 2 der RDE-Einführung ist die RDE-Prüfung mit den vorläufigen Übereinstimmungsfaktoren (Conformity Factor, CF) von 2,1 für NO_x und 1,5 für PN einzuhalten. Dieser Faktor beschreibt die maximal zulässige Überschreitung des jeweiligen Grenzwertes nach der Auswertung. Er setzt sich zusammen aus dem Faktor 1 und einer Toleranz, welche die zusätzlichen Messunsicherheiten durch die PEMS-Ausrüstung berücksichtigt. Sie wird jährlich überprüft und bei einer Verbesserung der Qualität des PEMS-Verfahrens oder technischem Fortschritt dementsprechend revidiert. Mit der Emissionsnorm Euro 6d beginnt die dritte RDE-Phase. Somit sind in der RDE-Prüfung die zunächst endgültig festgelegten Übereinstimmungsfaktoren von 1,5 für NO_x und PN anzuwenden. Der Zusatz EVAP steht für die Einführung eines überarbeiteten Prüfverfahrens für die Verdunstungsemissionen, hier wird aufgrund des geänderten Verfahrens jeweils ein zusätzlicher Aufschub von zumeist einem Jahr gewährt. Die geänderten und angepassten Einführungsdaten sind der Ergänzung der Verordnung (EU) 2017/1347 zu entnehmen, bis zum Redaktionsschluss lag keine konsolidierte Fassung der WLTP-Gesetzgebung vor. Die dunkelgrauen Balken der Abb. 2.4 symbolisieren die Einführungsschienen für die Fahrzeugklassen M1 und N1 Klasse I. Die der Fahrzeugklassen N1 Klasse II und III sowie N2 sind hellgrau dargestellt.

Tab. 2.1 Emissionswerte der europäischen Norm 6 für Diesel- und Ottofahrzeuge. (Quelle: IAV)

EU Norm	OBD Norm	Emissionsgrenzen in mg/km													
		CO		THC		NMHC		NO_x		THC + NO_x		PM		PN	
		PI	CI	PI	CI	PI	CI	PI	CI	PI	CI	PI [8]	CI	PI	CI
EU 6d-TEMP [5]	EU 6-2	1000	500	100	-	68	-	60	80	-	170	4,5	4,5	$6{,}0 \cdot 10^{11}$	$6{,}0 \cdot 10^{11}$
Euro 6d-TEMP-EVAP [6]	EU 6-2	1000	500	100	-	68	-	60	80	-	170	4,5	4,5	$6{,}0 \cdot 10^{11}$	$6{,}0 \cdot 10^{11}$
EU 6d [7]	EU 6-2	1000	500	100	-	68	-	60	80	-	170	4,5	4,5	$6{,}0 \cdot 10^{11}$	$6{,}0 \cdot 10^{11}$

Die blau markierten Rauten kennzeichnen die verpflichtenden Einführungszeitpunkte für neue Typen (Type Approval – TA) und für alle Neufahrzeuge (All) sowie die letzten gültigen Zulassungszeitpunkte. Seit dem 1. September 2017 sind bei neuer Typenzulassung für die Fahrzeugklassen M1 und N1 Klasse I der WLTP als Prüfzyklus zu verwenden und die temporären CF für NO_x und PN einzuhalten. Die Fahrzeugklassen N1 Klasse II und III sowie N2 haben diese Bedingungen erst ein Jahr später im September 2018 zu erfüllen. Spätestens ab Januar 2022 haben alle neuen Fahrzeuge unabhängig von der Klasse die vorerst endgültigen RDE-Grenzwerte einzuhalten. Hier sei angemerkt, dass die Europäische Kommission offiziell verlauten ließ, bis 2023 den CF von 1,5 auf 1,0 abzusenken [6]. Hierzu gibt es jedoch zum Redaktionsschluss noch keine verbindliche Gesetzesgrundlage. Festgelegt wurde, dass der CF ab 2017 jährlich zu überprüfen ist und somit kann sowohl vor 2023 als auch danach ein CF von 1 festgelegt werden. Dies ist zum Redaktionsschluss abhängig von der Entwicklung der PEMS-Geräte und deren Messgenauigkeit (s. auch Kap. 5 „Messtechnik").

Somit sind die Euro-6-Grenzwerte der Verordnung (EG) Nr. 715/2007 und den CFs der Verordnung (EU) 2017/1151 die Grundlage, nach der der RDE-Test bewertet wird. Daraus folgt, dass die abgasspezifischen, verbindlichen Grenzwerte (NTE-Werte) während der gesamten normalen Lebensdauer eines bereits genehmigten Fahrzeugtyps während der RDE-Prüfung sowohl im Stadtteil, als auch im gesamten Test nicht überschritten werden dürfen (s. Verordnung (EG) Nr. 715/2007). Bisher gibt es nur für NO_x und PN festgelegte Toleranzwerte (CFs), welche jährlich überprüft werden sollen. Durch die jährliche Überprüfung wird der technische Vorschritt adressiert. Auf Antrag des Herstellers können bis zu fünf Jahre und vier Monate nach den in Art. 10 Abs. 4 und 5 der Verordnung (EG) Nr. 715/2007 angegebenen Zeitpunkte auch die vorläufigen CFs von 2,1 für NO_x und 1,5 für PN angewandt werden. Dies ist in der Übereinstimmungsbescheinigung des Fahrzeugs zu vermerken. Nach derzeit aktueller Gesetzeslage ist Kohlenmonoxid (CO) lediglich während des Tests mit aufzuzeichnen. Bis Redaktionsschluss ist es nicht gesetzlich vorgeschrieben, die Emissionsspezies THC und THC + NO_x aufzuzeichnen [3–5].

Literatur

1. Verordnung (EG) Nr. 715/2007, Europäische Kommission, 20. Juni 2007
2. Verordnung (EG) Nr. 692/2008, Europäische Kommission, 20. Juni 2007
3. Verordnung (EU) 2017/1151, Europäische Kommission, 1. Juni 2017
4. Verordnung (EU) 2017/1154, Europäische Kommission, 7. Juni 2017
5. Verordnung (EU) 2017/1347, Europäische Kommission, 13. Juli 2017
6. Statement der Europäischen Kommission, http://www.europarl.europa.eu/sides/getDoc.do?pubRef=-//EP//TEXT+CRE+20160203+ITEM-008-07+DOC+XML+V0//EN&language=EN, Zugriff: 19.09.2017

3 RDE-Testprozedur

Frank Bunar, Elisa-Maria Moser und Roland Wanker

Im folgenden Abschnitt wird das allgemeine Vorgehen für einen RDE-Test beschrieben. Dafür werden die gesetzlichen Vorgaben auf die wesentlichen Hauptmerkmale reduziert. Detailliertere Informationen sind den jeweilig gültigen Gesetzestexten zu entnehmen. Das RDE-Testverfahren kann auf fünf Hauptpunkte aufgeteilt werden, welche in Abb. 3.1 schematisch dargestellt sind.

Zuerst sind die zu testenden Fahrzeuge auszuwählen (Abschn. 3.1). Auf Grundlage derer sind anschließend die allgemeinen Testbedingungen, die Fahrzeugbedingungen sowie die Umgebungsbedingungen auf RDE-Vorgaben zu überprüfen (Abschn. 3.2). Sind diese alle konform, kann eine Fahrroute auf Basis einer geeigneten Landkarte entwickelt werden, die Anforderungen dafür sind in Abb. 3.3 dargestellt. Danach erfolgt der eigentliche Testvorgang, bei dem zuvor die Geräte installiert werden und deren Funktion überprüft wird. Außerdem erfolgen in diesem Schritt eine Konditionierung und ein erster Datencheck (Abschn. 3.3). Im Anschluss sind die ermittelten Daten, sofern gültig, mit unterschiedlichen Tools auszuwerten und auf ihre Dynamik hin zu prüfen. Erst in diesem Schritt kann festgestellt werden, ob die RDE-Testfahrt die Routenbedingungen erfüllt (s. Kap. 4 „Datenauswertung und Bewertung“). Dieser Schritt soll den Einfluss des Fahrers normalisieren, indem eine Gewichtung der Fahrzustände erfolgt. Als letzter

F. Bunar (✉) · E.-M. Moser
IAV GmbH
Berlin, Deutschland
E-Mail: frank.bunar@iav.de

E.-M. Moser
E-Mail: elisa-maria.moser@iav.de

R. Wanker
AVL List GmbH
Graz, Österreich
E-Mail: roland.wanker@avl.com

H. Tschöke (Hrsg.), *Real Driving Emissions (RDE)*, ATZ/MTZ-Fachbuch,
https://doi.org/10.1007/978-3-658-21079-3_3

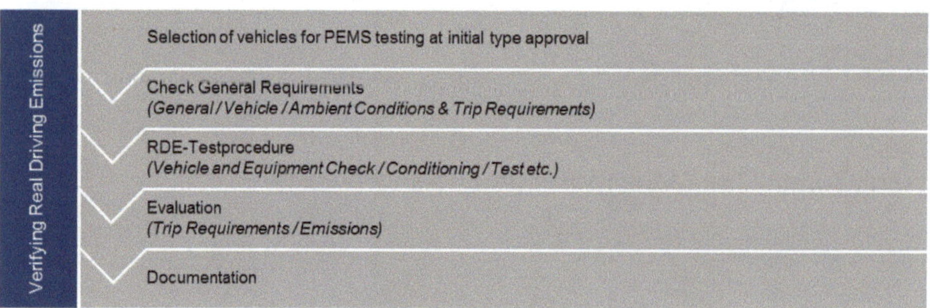

Abb. 3.1 Ablauf des RDE-Testverfahrens. (Quelle: IAV)

Punkt ist eine umfangreiche Dokumentation durchzuführen und zur Verfügung zu stellen (Abschn. 4.4). Im Folgenden werden die wichtigsten Aspekte der jeweiligen genannten Teilschritte zusammengefasst [1–3].

3.1 Fahrzeugauswahl (PEMS-Familien)

PEMS-Prüfungen sind nicht für jeden Fahrzeugemissionstyp durchzuführen. Der Hersteller hat die Möglichkeit, mehrere Fahrzeugemissionstypen zu einer *PEMS-Prüffamilie* zusammenfassen. Die Fahrzeuge einer PEMS-Prüffamilie sollen ähnliche Emissionsmerkmale aufweisen, wodurch sie in bestimmten Kriterien übereinstimmen müssen. Diese Kriterien und allgemeine Anforderungen sind in Abb. 3.3 ausführlich dargestellt, da die korrekte Fahrzeugauswahl essenziell für das weitere Vorgehen ist. Neben den technischen Kriterien gibt es auch verwaltungstechnische Kriterien. Es ist möglich, bestehende PEMS-Familien zu erweitern und weitere Fahrzeuge in diese aufzunehmen. Zudem besteht für den Fahrzeughersteller die Möglichkeit, eine PEMS-Familie festzulegen, welche mit einem einzigen Fahrzeugemissionstyp identisch ist. Im Normalfall wird von dem Fahrzeughersteller ein repräsentatives Fahrzeug der PEMS-Prüffamilie ausgewählt und der Behörde vorgeführt. Dieses Fahrzeug wird anschließend von einem technischen Dienst überprüft. Eine PEMS-Prüfung soll nachweisen, dass das Fahrzeug die Anforderungen erfüllt. Anschließend wählt die Behörde nach den Anforderungen der Abb. 3.2 weitere Fahrzeuge für PEMS-Prüfungen durch einen technischen Dienst aus. Dabei werden die technischen Kriterien für die Auswahl dieser zusätzlichen Fahrzeuge mit den Prüfergebnissen aufgezeichnet. Sofern die Behörde zustimmt, können PEMS-Prüfungen auch von einer dritten Stelle durchgeführt werden. Hierbei gilt die Voraussetzung, dass wenigstens die für PMR_H-(höchstes Leistungsgewicht aller Fahrzeuge in der PEMS-Prüffamilie) sowie die für PMR_L-Werte (niedrigstes Leistungsgewicht aller Fahrzeuge in der PEMS-Prüffamilie) repräsentativen Fahrzeugprüfungen und mindestens 50 % der verlangten PEMS-Prüfungen zur Validierung der PEMS-Prüffamilie von einem technischen Dienst gefahren werden. Der technische Dienst bleibt jedoch für die ordnungsgemäße Durchführung aller

RDE Family Requirements		
PEMS Test Family Building	Administrative Criteria	❑ Approval authority issuing emission type approval ❑ Vehicle manufacturer
	Technical Criteria	❑ Propulsion type (e.g. ICE, HEV, PHEV) ❑ Fuel type (e.g. petrol, diesel, LPG, NG, … Bi-/flex-fueled vehicles may be grouped with other vehicles, with which they have one fuel in common) ❑ Combustion process (e.g. two stroke, four stroke) ❑ Number of cylinders ❑ Cylinder block configuration (e.g. in-line, V, radial, horizontally opposed) ❑ Engine volume ❑ Vehicle manufacturer: specify V_{eng_max} (maximum engine volume of all vehicles within PEMS test family) → PEMS test family engine volumes deviate (in % from V_{eng_max}) ≤ – 22 ($V_{eng\_max} \geq 1500$ ccm) ≤ – 32 % ($V_{eng\_max} < 1500$ ccm) ❑ Engine fueling method (e.g. indirect, direct or combined injection) ❑ Cooling system type (e.g. air, water, oil) ❑ Aspiration method: naturally aspirated, pressure charged, type of pressure charger (e.g. externally driven, single or multiple turbo, variable geometries …)
	Extension of a PEMS Test Family	❑ Extend existing PEMS test family by adding new vehicle emission types ❑ Extended PEMS test family & validation must fulfil requirements (additional PEMS testing possible)
	Alternative PEMS Test Family	❑ Vehicle manufacturer may define PEMS test family, which is identical to a single vehicle emission type ❑ No additional vehicles selected by authority for validating PEMS test family
Validation of a PEMS Test Family	General Requirements	❑ VM: representative vehicle of PEMS test family to authority → PEMS test: Technical Service (TS) (demonstrate compliance) ❑ Authority: additional vehicles → PEMS testing: TS (demonstrate compliance) ❑ Different operator witnessed by a TS → ≥ 50 % of required PEMS tests driven by TS → TS remains responsible for proper execution) ❑ Use of specific vehicle results for validating different PEMS test families: → Vehicles approved by single authority & authority agrees → Each PEMS test family to be validated includes a vehicle emission type, which comprises specific vehicle ❑ Applicable responsibilities are considered to be borne by VM
	Vehicles Selection for PEMS testing	❑ Select ≥ 1 vehicle for each fuel combination, transmission type, four-wheel drive vehicle, number of installed exhaust after-treatment components & engine volume ❑ Manufacturer: specify PMR_H (highest power-to-mass-ratio of all vehicles in PEMS test family) & PMR_L (lowest power-to-mass-ratio of all vehicles in PEMS test family) → Select ≥ 1 for each vehicle configuration representative for PMR_H & PMR_L. → Representative vehicle: Difference ≤ 5 % to PMR_H or PMR_L ❑ At least the following number of vehicle emission types of a given PEMS test family shall be selected: (see table below)
Reporting	Vehicle Manufacturer (VM) to Authority	❑ Full description of PEMS test family (including technical criteria) ❑ Unique identification number → Format MS-OEM-X-Y to PEMS test family (MS-distinguishing Member State number issuing EC type-approval; OEM-3 character manufacturer, X-sequential number identifying original PEMS test family (TF); Y-extensions counter (0 for not extended PEMS TF))
	Vehicle Manufacturer (VM) & Authority	❑ List of vehicle emission types being part of a given PEMS test family based on emission type approval numbers & all corresponding combinations of vehicle type approval numbers, types, variants, versions of vehicle's EC certificate of conformity ❑ List of vehicle emission types selected for PEMS testing, selection criteria & information about provisions

Number N of vehicle emission types in a PEMS test family	Minimum number NT of vehicle emission types selected for PEMS testing	Minimum number NT of vehicle emission types selected for PEMS hot start testing
1	1	1
from 2 to 4	2	1
from 5 to 7	3	1
from 8 to 10	4	1
from 11 to 49	NT = 3 + 0,1 × N	2
more than 49	NT = 0,15 × N	3

Abb. 3.2 Kriterien der PEMS-Familienbildung. (Quelle: IAV)

PEMS-Prüfungen verantwortlich. Wie viele Fahrzeuge zu prüfen sind, hängt von den für die Schadstoffemissionen maßgeblichen technischen Merkmalen ab. So muss mindestens ein Fahrzeug für jede bzw. jeden in der PEMS-Familie mögliche Kraftstoffkombination, Getriebetyp, Vierradantrieb, auftretenden Hubraum, Anzahl eingebauter Abgasnachbehandlungsbauteile sowie PMR_H und PMR_L ausgewählt werden. Unabhängig von diesen Voraussetzungen ist eine Mindestanzahl NT für PEMS-Prüfungen auszuwählen, welche in der Abb. 3.2 abzulesen ist. Damit die Emissionen auch bei Fahrten mit Warmstart bewertet werden können, ist mindestens ein Fahrzeug pro PEMS-Prüfungsfamilie ohne Konditionierung des Fahrzeugs mit warmem Motor zu prüfen. Der Kaltstart ist unabhängig von der Umgebungstemperatur definiert und umfasst die 300 s nach dem ersten Start des Verbrennungsmotors bei laufendem Verbrennungsmotor. Wenn die Temperatur des Kühlmittels bestimmt wird, endet der Kaltstartzeitraum bei dem erstmaligen Erreichen einer Kühlmitteltemperatur von 70 °C, sofern diese vor 300 s erreicht wird. Des Weiteren werden bestimmte Anforderungen an die Fahrt, den Betrieb sowie das Schmieröl, den Kraftstoff und das Reagens (z. B. AdBlue®) gestellt [1–3].

3.2 Anforderungen an Fahrzeug, Strecke und Umweltbedingungen

Für die Überprüfung des Emissionsverhaltens im tatsächlichen Fahrbetrieb ist das Fahrzeug auf der Straße unter normalen Fahrmustern und -bedingungen und mit normaler Nutzlast zu betreiben. Es ist nachzuweisen, dass die getesteten Fahrzeuge und Bedingungen für tatsächliche Fahrtrouten mit normaler Belastung und für die PEMS-Familie repräsentativ sind. Die Prüfstrecke wird von der Genehmigungsbehörde vorgeschlagen. Die Abschnitte, in denen Stadtverkehrs-, Landstraßen- oder Autobahnbedingungen vorliegen, sind zuvor anhand der topografischen Karte festzulegen. Eine durchgeführte PEMS-Prüfung kann von der Genehmigungsbehörde unter Angaben der Prüfungsdaten und Gründe jederzeit für ungültig erklärt werden, sofern die Datenqualität oder die Ergebnisse der Validierung für die Genehmigungsbehörde nicht zufriedenstellend sind.

Damit ein einheitliches Verständnis von normalen Belastungszuständen bei RDE-Fahrten vorliegt, wurden in der Entwicklung des Testerfahrens diverse Bedingungen definiert. Die wesentlichen Testbedingungen für z. B. Routenauswahl und Umgebungsbedingungen sind in Abb. 3.3 für die Fahrzeugklassen M1 und N1 Klasse I, II und III zusammengefasst. Für Fahrzeuge des Typs N2 und M2, welche Geschwindigkeitsbeschränkungen unterliegen, gelten leicht abgewandelte Randbedingungen. Diese allgemeinen Randbedingungen schränken den Bereich der zulässigen Umgebungsbedingungen, dynamischen Bedingungen sowie den Zustand und den Betrieb des Fahrzeuges ein. Für die Umgebungsbedingungen ist eine Übergangsregelung festgelegt. Während des Zeitraums vom Geltungsbeginn verbindlicher NTE-Emissionsgrenzwerte bis fünf Jahre nach den Zeitpunkten, welche in Art. 10, Abs. 4 und 5 der Verordnung (EG) Nr. 715/2007 festgelegt sind, beginnt der gemäßigte Temperaturbereich bei 3 °C und der erweiterte Temperaturbereich bei −2 °C. Befinden sich die Umgebungsbedingungen während der Prüfung

RDE Test Conditions for M1, N1 Class I, II & III		
Boundary Conditions	Vehicle Payload & Test Mass	❑ Basic payload: driver, test witness & test equipment (mounting & power supply) ❑ Basic + artificial payload ≤ 90% of 'mass of the passengers' + 'pay-mass'
Boundary Conditions	Ambient Conditions	❑ Moderate: 0 °C ≤ Temperature ≤ 30 °C (3 °C ≤ Temperature ≤ 30 °C)* — Altitude ≤ 700 masl ❑ Extended: -7 °C ≤ Temperature ≤ 35 °C (-2 °C ≤ Temperature ≤ 30 °C)* — 700 masl < Altitude ≤ 1300 masl
Boundary Conditions	Dynamic Conditions	❑ Normality verification after test with recorded PEMS data in 2 steps: ❑ Check overall excess or insufficiency of driving dynamics ❑ Check normality
Boundary Conditions	Vehicle Condition & Operation	❑ Air conditioning system/other auxiliary devices: possible real use by a consumer ❑ Periodic regeneration: test may be voided & repeated once (manufacturer request)
Trip Requirements	Urban Driving $v \leq 60$ km/h	❑ Average speed 15-40 km/h (stops included) ❑ Stops: $v < 1$ km/h → 6-30 % of t_{urban} ($10 < t_{stop} \leq 300$ s) ❑ No long stops → exclude all $t_{stop} > 300$ s from emission evaluation
Trip Requirements	Rural Driving $60 < v \leq 90$ km/h ($60 < v \leq 80$ km/h)*1	
Trip Requirements	Motorway Driving $v > 90$ km/h ($v > 80$ km/h)*1	❑ $v < 145$ km/h (+15 km/h for $t_{motorway} \leq 3$ %) ❑ Speed range: $90 < v \leq 110$ km/h ($80 < v \leq 90$ km/h)*1 ($90 < v \leq 100$ km/h)*2 ❑ $v > 100$ km/h for $t_{>100} \geq 5$ min
Trip Requirements	Cold Start $t \leq 5$ min; $T_{coolant} \geq 70$ °C	❑ Average speed 15-40 km/h (stops included) ❑ $v_{Cold\_max} < 60$ km/h ❑ $t_{Cold\_stop} < 90$ s
Trip Requirements	❑ Order: urban, rural, motorway (alternation/interruptions possible) ❑ 34 % urban, 33 % rural & 33 % motorway (trip distance) ❑ Trip duration: 90 - 120 min ❑ Difference of elevation above sea level ≤ 100 m	❑ Urban +10/-5 %; rural/motorway ±10 % ❑ Min. distance 16 km (each operation) ❑ Cum. Positive altitude gain < 1200 m/100 km
Operational Requirements		❑ Uninterrupted testing & data continuously recorded ❑ External PEMS power supply unit ❑ Installation of the PEMS equipment shall be done in a way to influence the vehicle emissions or performance or both to the minimum extent possible. Care should be exercised to minimize the mass of the installed equipment and potential aerodynamic modifications of the test vehicle ❑ Working day (Definition: Regulation (EEC, Eratom) No 1182/71) ❑ Paved roads & streets (no off-road operation) ❑ Avoid prolonged idling after first ignition of combustion engine at test start (engine may be restarted, but no sampling interruption) → $t_{idling} \leq 15$ s
Lubricating Oil, Fuel & Reagent		❑ The fuel, lubricant and reagent (if applicable) within specifications (issued by manufacturer for vehicle operation by customer) ❑ Samples of fuel, lubricant and reagent (if applicable) taken & kept ≥ 1 year.

*1 for N2 category vehicles that are equipped in accordance with *Directive 92/6/EEC* with a device limiting vehicle speed to 90 km/h
*2 for M2 category vehicles that are equipped in accordance with *Directive 92/6/EEC* with a device limiting vehicle speed to 100 km/h

Abb. 3.3 RDE-Testvoraussetzungen für Fahrzeuge der Klasse M1, N1(I, II und III). (Quelle: IAV)

außerhalb der normalen und erweiterten Umweltbedingungen, so ist der Test als ungültig zu betrachten.

Die Überprüfung einiger Anforderungen, wie zum Beispiel der dynamischen Bedingungen, kann erst zum Testende erfolgen und ist damit Teil der Emissions- und Fahrtauswertung, welche im Kap. 4 „Datenauswertung und Bewertung" beschrieben wird. Nachdem alle zuvor prüfbaren Testbedingungen kontrolliert wurden, ist der nächste Schritt das eigentliche RDE-Testverfahren, welches im folgenden Abschn. 3.3 beschrieben wird [1–3].

3.3 RDE-Testdurchlauf

Das allgemeine Vorgehen eines RDE-Testdurchlaufs ist in Abb. 3.4 dargestellt. Sie enthält das Vorgehen des Prüfverfahrens für Fahrzeugemissionsprüfungen mit einem portablen Emissionsmesssystem (s. Kap. 5 „RDE-Messtechnik“). Es ist untergliedert in fünf Zwischenschritte, welche sich wiederum in einzelne Teilschritte aufteilen.

Vor der eigentlichen Prüfung sind diverse Maßnahmen zu treffen, welche als Vorprüfverfahren zusammengefasst werden können. Sie untersuchen die korrekte Funktionsweise der einzelnen Systemteile, damit ein fehlerhafter Einbau ausgeschlossen werden kann. Zusätzlich findet eine Kalibrierung und Systemvorbereitung statt. Damit vergleichbare Bedingungen im Fahrzeug herrschen, ist dieses nach den Vortestverfahren zu konditionieren. Dafür ist das Fahrzeug mindestens 30 min zu fahren und im Anschluss hat es mit geschlossenen Türen und geschlossener Motorhaube bei ausgeschaltetem Motor mindestens 6 h und maximal 56 h zu parken. Dabei müssen die Umgebungsbedingungen innerhalb der mittleren oder erweiterten Höhen- und Temperaturwerte liegen. Extreme Witterungsbedingungen (starke Schneefälle, Sturm und Hagel) sowie übermäßige Staubmengen sind

RDE Test Procedure		
General Requirements Vehicle & PEMS	Vehicle Preparation	❑ General technical & operational check
	PEMS Installation	❑ Local health & safety regulations ❑ Minimize electromagnetic, shock, vibration, dust & temperature interferences ❑ No change in nature of exhaust gas
	Emission Sampling	❑ Downstream of the exhaust mass flow meter (if applicable) ❑ Downstream of the exhaust after-treatment system ❑ Line heated to 190 ± 10 °C (HC); >60 °C (other gaseous pollutants); >100 °C (PN)
Pre-Test Procedure	❑ PEMS leak check ❑ Preparing EFM ❑ Starting & stabilizing PEMS ❑ Preparing sampling system	❑ Measuring vehicle speed ❑ Check & calibrate particle analyzer ❑ Check of PEMS setup ❑ Check & calibrate gas analyzers
Conditioning	❑ Drive ≥ 30 min (normal roads) ❑ Park with doors & bonnet closed ❑ Keep in engine-off status 6-56 h (moderate/extended altitude & temperature conditions) ❑ Recommended: 20-25 min motorway (limits risk of DPF regeneration during actual test)	
Emission Test Run	Test Start	❑ Sampling, measurement & recording of parameters shall begin prior to engine start ❑ All parameters are recorded by the data logger (before & directly after engine start)
	Test	❑ Continue sampling, measurement & recording ❑ Engine may be stopped and started ❑ Data completeness > 99%, no interruptions > 30 s
	Test End	❑ Trip completed & combustion engine off ❑ Continue data recording until response time of sampling systems elapsed
Post-Test Procedure	❑ Check the analyzers for measuring gaseous emissions	
	❑ Check the analyzers for measuring particle emissions	
	❑ Check the on-road measurements	

Abb. 3.4 RDE-Testprozedur mit dem PEMS am Fahrzeug. (Quelle: IAV)

zu vermeiden. Fahrzeug und Ausrüstung sind vor dem Prüfbeginn in Bezug auf Schäden und Warnsignale zu überprüfen.

Nach der Konditionierung erfolgt die eigentliche RDE-Testfahrt und damit die Durchführung der Emissionsprüfung, bestehend aus Prüfbeginn, Prüfverlauf und Prüfende.

Das PEMS-System wird direkt vor dem Test in Betrieb genommen und aufgewärmt, dieser Prozess nimmt ca. 1 h in Anspruch. Danach werden bei der Gas-PEMS die Null- und Endpunkte mit Kalibriergas neu gesetzt, beim EFM („exhaust mass flow meter") wird der Nullpunkt bei abgestelltem Motor kalibriert. Für den Prüfbeginn ist wichtig, dass sowohl Probenahme als auch Messung und Aufzeichnung der Parameter vor dem Starten des Motors erfolgen, außerdem ist die korrekte Aufzeichnung aller notwendigen Parameter vor und unmittelbar nach dem Start des Motors zu überprüfen.

Die Straßenfahrt ist spätestens 30 min nach der Kalibrierung zu beginnen. Probenahme, Messung und Aufzeichnung der Parameter haben durchgängig zu erfolgen, ein Motorneustart ist jedoch erlaubt. Für die PEMS-Messung auf der Straße ist es unerheblich, ob eine Fahrt die RDE-Kriterien erfüllt, dies wird erst im Nachhinein überprüft (s. Kap. 4 „Datenauswertung und Bewertung"). Es ist eine Parameter-Datenvollständigkeit von über 99 % zu erreichen. Zulässig sind Unterbrechungen der Datenmessung und -aufzeichnung nur bei unbeabsichtigtem Signalverlust oder PEMS-Wartung, sofern der Unterbrechungszeitraum unter 1 % der Gesamtfahrdauer beträgt und dieser zusammenhängend nicht länger als 30 s ist.

Hat das Fahrzeug die Fahrt abgeschlossen und ist der Verbrennungsmotor ausgeschaltet, so ist das Prüfende erreicht. Nach Fahrtabschluss sind übermäßige Leerlaufzeiten des Motors zu vermeiden und die Datenaufzeichnung ist bis Ablaufen der Ansprechzeit des Probenentnahmesystems fortzusetzen. Wie vor der Testfahrt sind auch nach dem Test Prüfungen durchzuführen, welche als Nachtestverfahren zusammengefasst werden können. Sie überprüfen die korrekte Funktionsweise und Kalibrierung während des eigentlichen Testverlaufs.

Eine Validierung des installierten PEMS auf einem Rollenprüfstand wird einmal für jede PEMS-Fahrzeug-Kombination vor der RDE-Prüfung oder, alternativ, nach Abschluss einer Prüfung empfohlen (Abschn. 5.3).

Literatur

1. Verordnung (EU) 2017/1151, Europäische Kommission, 1. Juni 2017
2. Verordnung (EU) 2017/1154, Europäische Kommission, 7. Juni 2017
3. Verordnung (EU) 2017/1347, Europäische Kommission, 13. Juli 2017

Datenauswertung und Bewertung 4

Roland Wanker, Frank Bunar und Elisa-Maria Moser

4.1 Genereller Ablauf

Das Ergebnis einer RDE-Fahrt ist grundsätzlich zufällig und es ist nicht möglich zwei RDE-Fahrten direkt miteinander zu vergleichen. Typische Einflussgrößen sind die Dynamik des Fahrens (aggressiv, soft), Verkehrssituation, Bergfahrten/Steigungen, Umgebungsbedingungen (Winter, Sommer), etc.

Diese Zufälligkeit bedeutet aber auch, dass das Ergebnis der Straßenfahrt nicht einfach direkt mit einem Grenzwert, welcher ursprünglich für einen Test am Rollenprüfstand definiert wurde, verglichen werden kann. In der Verordnung (EG) 715/2007 (Regulation (EC) 715/2007) [1] wird gefordert, dass die Emissionsgrenzwerte auch auf der Straße unter „normal conditions of use" einzuhalten sind. Die RDE-Gesetzgebung definiert die Normalität mit zwei Ansätzen, welche sowohl zu aggressives, als auch zu sanftes Fahren verhindern sollen. Sie sind im Folgenden kurz zusammengefasst (s. auch [2–4]).

Zunächst erfolgt eine Normierung mithilfe einer detaillierten Beschreibung der Anforderungen an die Fahrt („trip requirements"). Hier wird eine Vielzahl von Parametern definiert (Abb. 3.3). Die Dauer der Fahrt muss zwischen 90 und 120 min betragen, die Anteile der Stadt-, Land- und Autobahnfahrt sollen jeweils ca. ein Drittel betragen. Die

R. Wanker (✉)
AVL List GmbH
Graz, Österreich
E-Mail: roland.wanker@avl.com

F. Bunar · E.-M. Moser
IAV GmbH
Berlin, Deutschland
E-Mail: frank.bunar@iav.de

E.-M. Moser
E-Mail: elisa-maria.moser@iav.de

H. Tschöke (Hrsg.), *Real Driving Emissions (RDE)*, ATZ/MTZ-Fachbuch,
https://doi.org/10.1007/978-3-658-21079-3_4

Dynamik der Fahrt wird mithilfe von Hilfsgrößen (RPA = „relative positive accelerations“, $v \times a_{pos}$ = Produkt aus Geschwindigkeit und Beschleunigung) bewertet, bestimmte Grenzen müssen eingehalten werden. Die kumulierte Steigung wird begrenzt, es ist also nicht möglich, eine reine Bergfahrt durchzuführen.

Im Anschluss erfolgt eine Normierung des g/km-Ergebnisses der RDE-Fahrt. Dafür werden die Emissionsergebnisse (NO_x und PN) der RDE-Fahrt in einem weiteren Verarbeitungsschritt korrigiert bzw. gewichtet. Als Referenz dienen hierzu die Ergebnisse des WLTC-Rollentests. Das MAW(„moving average window“)-Verfahren wurde von dem JRC entwickelt, die Power-Binning-Methode hingegen wurde von der TU Graz entwickelt und von den Herstellern favorisiert. Die Idee in beiden Verfahren ist, dass die RDE-Ergebnisse aus zu aggressiven Fahrten heruntergewichtet werden und aus zu sanften Fahrten hochgewichtet werden. Bei der konkreten Umsetzung konnten sich die EU-Behörden (JRC) und die Hersteller nicht auf eine Methode einigen, infolge dessen wurden beide Methoden im Gesetz aufgenommen (Abb. 4.1).

Der allgemeine Verlauf der Ergebnisevaluierung der RDE-Fahrt ist in Abb. 4.1 dargestellt. Die Auswertung einer RDE-Fahrt ist in einem mehrstufigen Prozess eng mit der Durchführung der Fahrt verknüpft:

- Vor Beginn der Fahrt werden die Analysatoren kalibriert und die Konsistenz der Messdaten geprüft. Während der eigentlichen Straßenfahrt zeichnet das RDE-Messsystem die Messdaten „modal“ in einem Zeitschrieb auf. Nach der Fahrt wird die Kalibrierung der Analysatoren wieder mit Referenzgasen überprüft (Abschn. 3.3).
- Nach dem Ende der Fahrt werden alle Daten gesammelt und die generelle Gültigkeit der RDE-Fahrt geprüft. Diese umfasst:

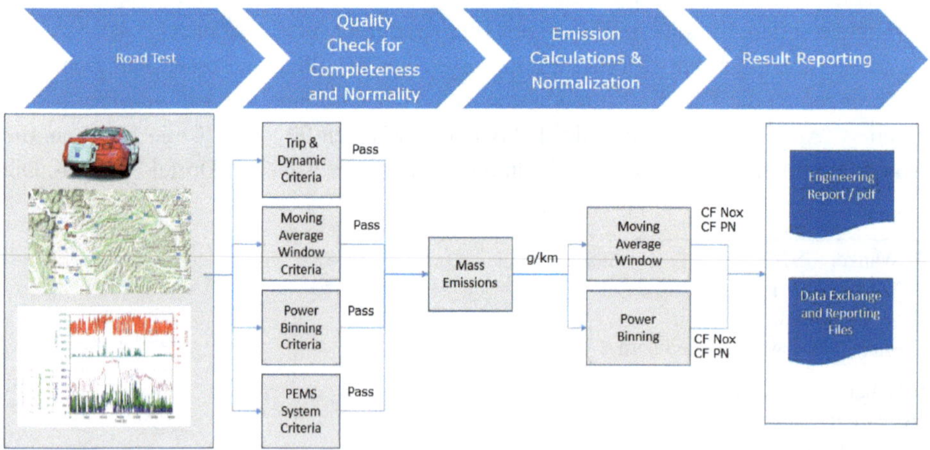

Abb. 4.1 Genereller RDE-Ablauf der RDE-Datenauswertung. (Quelle: AVL)

a) Überprüfung der Integrität der Daten. RDE-Daten dürfen weder kombiniert noch verändert noch gelöscht werden, eine Ausnahme bildet hier das Entfernen besonders langer Stopps.
b) Überprüfung der stationären (z. B. die Anteile Stadt, Land, Autobahn, ...) und dynamischen (z. B. RPA, $v \times a_{pos}$) Anforderungen (Abb. 3.3 und 3.4).
c) Überprüfung der qualitativen Anforderungen des MAW-Verfahrens.
d) Überprüfung der qualitativen Anforderungen des Power-Binning-Verfahrens.
e) Überprüfung der Qualität und der Konsistenz der RDE-Messdaten, z. B. die Einhaltung der Drift-Anforderungen.

- Die Berechnung der Emissionen erfolgt in zwei Schritten. Im ersten Schritt werden die Massenemissionen für die einzelnen Schadstoffkomponenten (NO_x, PN, CO und CO_2) ermittelt. Dazu werden die Modaldaten für die Konzentrationen mit dem gemessenen Massenstrom unter Berücksichtigung der Zeitverschiebungen verrechnet. Als Ergebnis werden hier die „echten“ Emissionen in g/km für den jeweiligen Test erhalten. In diesem Berechnungsschritt werden der Kaltstart, ein etwaiger Motorstop (Start/Stop-Funktion) sowie die „extended“ Temperatur- bzw. Höhebedingungen mithilfe eines Korrekturfaktors berücksichtig.
- In einem zweiten Berechnungsschritt werden die Normalisierungsverfahren (MAW- und Power-Binning-Methoden, Abschn. 4.2 und 4.3) auf die Messdaten angewandt, woraus sich die Konformitätsfaktoren (CF) für NO_x und PN bestimmen lassen. Die Ergebnisse der Auswertung sind essenziell für die Entwicklung und weitere Analysen und werden infolgedessen in einem F&E-Bericht zusammengefasst. Für den Fall, dass diese spezifische Straßenfahrt für die RDE-Typprüfung verwendet werden soll, fordert die RDE-Gesetzgebung die Verfügbarkeit der Ergebnisse in detailliert spezifizierten Textdateien.

4.2 Moving-Average-Window-Verfahren (MAW)

Das MAW-Verfahren (auch EMROAD genannt) basiert auf der Mittelung der Emissionsergebnisse über sogenannte Fenster. Die Länge eines Fensters ergibt sich aus der Referenz-CO_2-Menge aus dem WLTC-Test am Rollenprüfstand. Das erste Fenster beginnt z. B. in Sekunde 1 des Tests und hat eine Dauer von 573 s. Das zweite Fenster beginnt in Sekunde 2 und hat eine Dauer von 572 s, usw. Mit diesem Verfahren entsteht eine Vielzahl von Fenstern. In jedem Fenster wird eine gleiche absolute CO_2-Menge in Gramm produziert, jedes Fenster hat eine unterschiedliche Dauer. Für jedes Fenster werden die Emissionen in g/km sowie eine mittlere Geschwindigkeit in km/h ermittelt.

Wie in Abb. 4.2 dargestellt, werden diese Ergebnisse in eine Grafik übertragen. Für jedes Fenster ergibt sich ein Datenpunkt mit der mittleren Geschwindigkeit auf der x-Achse und mit den CO_2-Emissionen in g/km auf der y-Achse. Zusätzlich wird in dieser Grafik das Ergebnis des WLTC-Tests als Referenz übertragen (schwarze Linie). In der Auswertung der Daten werden alle Datenpunkte (= Fenster) innerhalb des grün gestrichelten

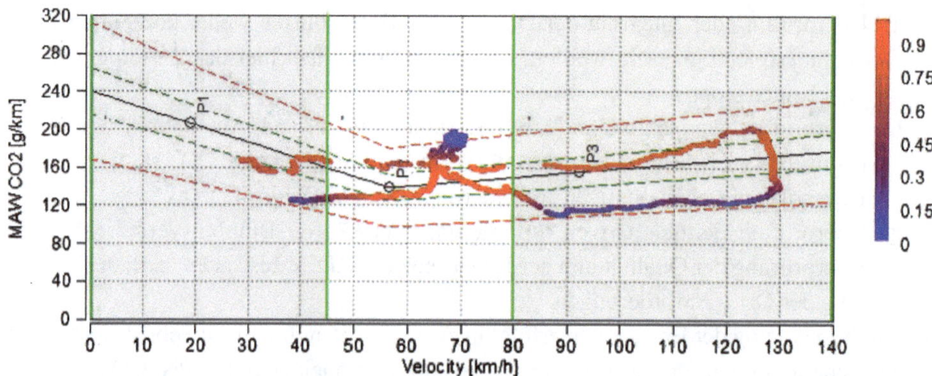

Abb. 4.2 Das MAW-Verfahren. Die Farbskala entspricht dem Gewichtungsfaktor für den einzelnen Datenpunkt. (Quelle: AVL)

Bandes voll gezählt, Datenpunkte zwischen den grün und rot gestrichelten Linien werden gewichtet, Datenpunkte außerhalb der rot gestrichelten Linien werden nicht gezählt.

Die in Abb. 4.2 analysierten Daten stellen ein sehr repräsentatives Ergebnis einer gültigen RDE Fahrt dar. Die Einhaltung der stationären und dynamischen Anforderungen während der Fahrt führt bereits zu einer sehr guten Normalisierung der Daten, die Mehrzahl der Datenpunkte befindet sich dadurch nahe an der Referenzlinie. Im finalen Ergebnis zeigt sich in diesem Fall, dass der Großteil der Normierung bereits während der Fahrt erreicht wird, das MAW-Verfahren hingegen hat nur einen sehr geringen Einfluss auf die Konformitätsfaktoren.

4.3 Power-Binning-Verfahren

Das Power-Binning-Verfahren (auch CLEAR genannt) verwendet kürzere Mittelungsperioden (3 s) und basiert auf der Gruppierung (= Binning) der einzelnen Datenpunkte entsprechend der über die jeweilige Periode abgegebenen Leistung. Der Leistungsbereich des Motors wird in neun Klassen eingeteilt.

Die Verteilung der Datenpunkte über die Leistungsklassen wird mit einer Zielverteilung verglichen (Abb. 4.3). Werden während der RDE-Fahrt weniger Datenpunkte in einer Klasse als in der Referenz erhalten, dann findet eine Hochskalierung der Emissionen in dieser Klasse statt. Werden mehr Datenpunkte in einer Datenklasse als in der Referenz erhalten, dann werden die Emissionen herunterskaliert.

Bei der Anwendung des Power-Binning-Verfahrens auf reale und gültige RDE-Fahrten ergibt sich ein ähnliches Bild wie für das MAW-Verfahren. Für gültige RDE-Fahrten kommt der Effekt hauptsächlich aus der Fahrt selbst, das Power-Binning-Verfahren hingegen ändert das Ergebnis nicht mehr signifikant.

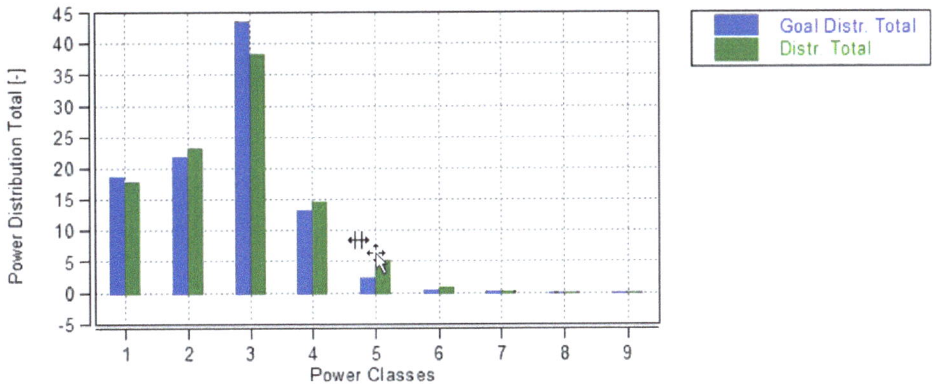

Abb. 4.3 Das Power-Binning-Verfahren mit den Anteilen in den jeweiligen Leistungsklassen. (Quelle: AVL)

4.4 Bewertung und Dokumentation der RDE-Fahrt

Nach der Überprüfung der Gültigkeit einer RDE-Fahrt entsprechend aller Kriterien können die finalen Konformitätsfaktoren (CF) ermittelt werden.

Abb. 4.4 zeigt die berechneten CF einer realen Testfahrt. Im ersten Block werden die realen Messwerte der Testfahrt („unweighted") für die Berechnung der CFs herangezogen. Diese Zahlen haben keine gesetzliche Relevanz, stellen aber eine sehr gute Vergleichsbasis dar. Im vorliegenden Datensatz liegen die NO_x-Ergebnisse zu hoch und können den CF von 2,1 nicht einhalten, PN dagegen liegt deutlich unter einem CF von 1,5. In den beiden nächsten Blöcken sind die Ergebnisse aus dem MAW-Verfahren (= EMROAD) sowie aus dem Power-Binning-Verfahren (= CLEAR) dargestellt. Insbesondere über den gesamten Test unterscheiden sich die CFs aus den einzelnen Verfahren nicht wesentlich. Dies unterstreicht die Erkenntnis, dass die enge Definition der Anforderungen an die Fahrt selbst bereits sehr wesentlich zur Normierung beiträgt. Die Normierungstools selbst haben einen geringeren Beitrag.

Das Fahrzeug muss die RDE-Anforderungen nach beiden Auswertemethoden (MAW und Power Binning) bestehen, damit es die Zulassung erhält. Besteht das Fahrzeug nur nach einer der beiden Methoden, dann kann der Test wiederholt werden. Wenn auch nach der Wiederholung die RDE-Anforderungen wieder nur nach einer Methode erfüllt werden, dann gilt der Test als bestanden. Es sind jedoch die Ergebnisse beider Methoden zu berichten.

Entsprechend der Verordnung (EU) 2017/1154 [4] können Emissionsergebnisse von Fahrzeugen mit einem Abgasnachbehandlungssystem, welches Komponenten mit periodischer Regenerierung enthält, mit den sogenannten K_i-Faktoren/Abweichungen korrigiert werden. Dabei wird eine emissionsmindernde Einrichtung (z. B. Katalysator, Partikelfilter) als „Komponente mit periodischer Regenerierung" angesehen, wenn bei normalem

TRIP - unweighted		Limit	City		Rural		Motorway		Total	
				CF		CF		CF		CF
NOx	g/km	0.105	0.288	2.75	0.438	4.18	0.705	6.71	0.489	4.66
CO	g/km	0.500	0.120	0.24	0.018	0.04	0.028	0.06	0.051	0.10
CO2	g/km		135.5		92.7		148.3		125.1	
PN	#/km	6.000e+011	2.588e+010	0.04	2.025e+011	0.34	1.563e+010	0.03	8.396e+010	0.14
EMROAD - window calculation from end to start										
NOx	g/km		0.455	4.33	0.512	4.87	0.500	4.76	0.489	4.65
CO	g/km		0.021	0.04	0.043	0.09	0.041	0.08	0.035	0.07
CO2	g/km		130.7		108.2		129.7		121.1	
PN	#/km		5.085e+010	0.08	1.687e+011	0.28	8.271e+010	0.14	1.003e+011	0.17
CLEAR										
NOx	g/km		0.340	3.23					0.496	4.73
CO	g/km		0.341	0.68					0.053	0.11
CO2	g/km		161.6						129.8	
PN	#/km		2.938e+010	0.05					6.487e+010	0.11

Abb. 4.4 Beispiel einer ausgewerteten RDE-Testfahrt. (Quelle: AVL)

Fahrzeugbetrieb ein periodischer Regenerationsvorgang nach weniger als 4000 km erforderlich ist. Die K_i-Faktoren oder K_i-Abweichungen werden durch die Verfahren in Anlage 1 von Unteranhang 6 von Anhang XXI der Verordnung 2017/1151 bestimmt.

Werden die Emissionsgrenzwerte nach der Korrektur nicht eingehalten, ist zu prüfen, ob während des RDE-Tests tatsächlich eine Regeneration aufgetreten ist. Ist dies der Fall, sind die Ergebnisse nochmals ohne Korrektur gegen die Emissionsgrenzwerte zu überprüfen. Werden die Anforderungen dennoch nicht erfüllt, gilt der Test als ungültig. Der Hersteller kann für den Abschluss des aktiven DPF-Regenerierungsvorgangs und für eine für das Fahrzeug geeignete Vorkonditionierung vor der zweiten Prüfung sorgen. Der zweite Test ist zu beantragen und gültig, auch wenn während der Prüfung eine Regenerierung erfolgt, somit sind die bei der Wiederholungsprüfung ausgestoßenen Schadstoffe in die Bewertung der Emissionen aufzunehmen. Der beschriebene Vorgang ist schematisch in Abb. 4.5 dargestellt.

Die RDE-Gesetzgebung setzt eine umfangreiche Dokumentation aller Ergebnisse und einen zusätzlich für den interessierten Laien („public") größtenteils online verfügbaren Datenpool voraus. Der Abschnitt, der die Berichterstattung und Verbreitung von Informationen zu RDE-Prüfungen festgelegt, ist in Abb. 4.6 zusammengefasst.

Der Hersteller hat der Genehmigungsbehörde einen von ihm erstellten technischen Bericht zur Verfügung zu stellen. Dieser ist jeder interessierten Partei innerhalb von 30 Tagen kostenlos zur Verfügung zu stellen. Zudem hat er auf einer öffentlich zugänglichen Website die eindeutige Identifizierungsnummer der PEMS-Prüfungsfamilie, die Ergebnisse der PEMS-Prüfungen, die PEMS-Familien-Übersichtslisten sowie die angegebenen Höchstwerte der Emissionen im tatsächlichen Fahrbetrieb bereitzustellen. Die aufgeführten Informationen sind für den Nutzer völlig kostenfrei und ohne Verpflichtung, wie Unterschrift oder Offenlegung der Identität, verfügbar. Die Kommission und die Typgenehmigungsbehörden sind über die Adresse der Website auf dem aktuellen Stand zu halten. Auf

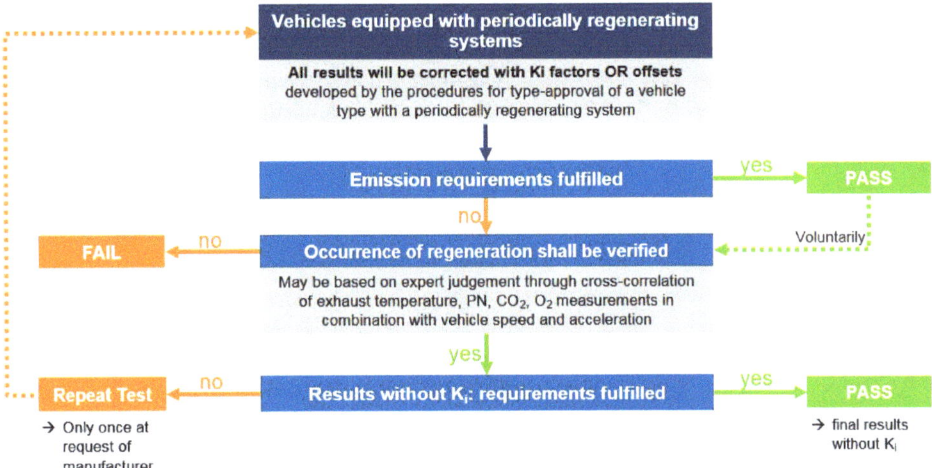

Abb. 4.5 Testverfahren für Fahrzeuge mit periodisch regenerierenden Komponenten. (Quelle: IAV)

Anfrage hin leiten die Typgenehmigungsbehörde die zur Verfügung gestellten Informationen innerhalb von 30 Tagen nach Eingang der Anfrage weiter. Zur Beurteilung der zusätzlichen Emissionsstrategie hat der Hersteller zusätzlich eine erweiterte Dokumentation zu übermitteln. Die erweiterte Dokumentation wird streng vertraulich behandelt und ist der Öffentlichkeit nicht zugänglich, sie wird von der Genehmigungsbehörde gekennzeichnet, datiert und für mindestens zehn Jahre nach Erteilung der Genehmigung aufbewahrt. Der Kommission ist die erweiterte Dokumentation bei Bedarf auszuhändigen.

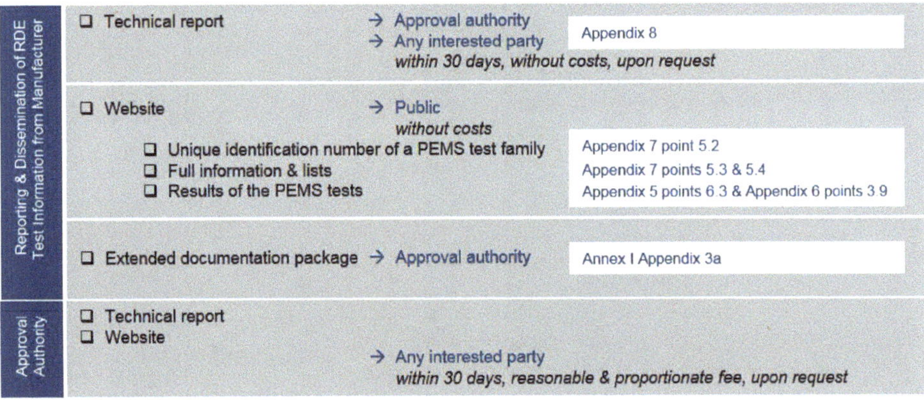

Abb. 4.6 Verpflichtungen zur Berichterstattung und Verbreitung von Informationen zu RDE-Prüfungen von Herstellern und Typgenehmigungsbehörden. (Quelle: IAV)

Literatur

1. Verordnung (EG) Nr. 715/2007, Europäische Kommission, 20. Juni 2007
2. Verordnung (EU) 2017/1151, Europäische Kommission, 1. Juni 2017
3. Verordnung (EU) 2017/1154, Europäische Kommission, 7. Juni 2017
4. Verordnung (EU) 2017/1347, Europäische Kommission, 13. Juli 2017

5 RDE-Messtechnik

Roland Wanker, Michael Arndt und Elisa-Maria Moser

Die Ermittlung der Abgasemissionen zur Zertifizierung von Kraftfahrzeugen erfolgte über die letzten Jahrzehnte ausschließlich auf Rollenprüfständen. Diese sind heute bei allen Behörden und Herstellern als Standard etabliert und wurden über die Jahre optimiert und automatisiert. In diesen sogenannten *Test Factories* werden bei einem Hersteller oftmals deutlich über 10.000 Tests im Jahr durchgeführt. Der große Vorteil dieser Prüfumgebung ist, dass eine sehr gute Wiederholbarkeit von einzelnen Tests erreicht werden kann. Zu diesem Zweck wurden sehr viele Details der Testvorbereitung („soak"), der Testdurchführung (standardisierte Fahrkurven, Berechnung der Straßenlast, etc.) sowie der Umgebungsbedingungen (Temperatur, Druck, Feuchte in der Prüfzelle) akribisch geregelt und im Gesetz definiert. Die Ermittlung der Emissionen erfolgt mithilfe einer Constant-Volume-Sampling(CVS)-Methodik, wobei die Abgase nach entsprechender Verdünnung in Beuteln gesammelt werden. Der große Verteil des CVS-Verfahrens ist, dass das integrale Emissionsergebnis der gesamten Testfahrt (oder auch eines Teils davon) über die physikalische Mischung (Mittelung) der Emissionen in den Beuteln ermittelt wird; es entfällt die Notwendigkeit einer modalen Messung (zeitlich aufgelöste Messung) des Abgasmassenstromes und der Konzentrationen, wodurch auch die Problematik des Time Alignments (Zeitabgleich) der Datenkanäle vermieden werden kann. Die Messtechnik für z. B. NO_x

R. Wanker (✉) · M. Arndt
AVL List GmbH
Graz, Österreich
E-Mail: roland.wanker@avl.com

M. Arndt
E-Mail: michael.arndt@avl.com

E.-M. Moser
IAV GmbH
Berlin, Deutschland
E-Mail: elisa-maria.moser@iav.de

H. Tschöke (Hrsg.), *Real Driving Emissions (RDE)*, ATZ/MTZ-Fachbuch,
https://doi.org/10.1007/978-3-658-21079-3_5

wurde über viele Jahre an diese Anforderungen (sehr niedrige und zeitlich konstante Konzentrationen in den Beuteln) optimiert und angepasst.

Es ist offensichtlich, dass die Anforderungen an die RDE-Messtechnik grundsätzlich unterschiedlich sind. Trotzdem ist eine sehr gute Vergleichbarkeit von RDE-Straßenmessungen mit Prüfstandergebnissen erforderlich.

RDE-Straßenfahrten sind per se zufällig, die Möglichkeit einer Wiederholung ist ausgeschlossen. Die reale Straßenlast auf das Fahrzeug hängt von deutlich mehr Parametern ab als am Rollenprüfstand. Höhenunterschiede, Kurven, Einfluss des Fahrers, die Beschaffenheit der Fahrbahn, Gegenwind, Windschatten und viele zusätzliche Parameter werden am Prüfstand nicht berücksichtigt. Ein weiterer sehr signifikanter Unterschied ist, dass die Verwendung der CVS-Methodik auf der Straße aufgrund von Baugröße und Gewicht nicht möglich ist. Hier erfolgt die Ermittlung der Emissionsergebnisse „modal roh". Dies bedeutet, dass die Abgaskonzentrationen und der Abgasmassenstrom direkt am Endrohr unverdünnt und zeitlich aufgelöst gemessen werden. Nach dem Test werden die Datenreihen in der Datennachverarbeitung zeitlich korrigiert verrechnet (s. Kap. 4 „Datenauswertung und Bewertung").

Ein besonderer Fokus gilt den Anforderungen an die Messtechnik selbst. Auch die Messtechnik muss „RDE-tauglich" sein. Das heißt, dass die Änderungen der Umgebungsbedingungen (Druck, Temperatur, Feuchte) sowie Stöße und Vibrationen keinen signifikanten Einfluss auf die Messergebnisse haben dürfen. Die Anforderungen an die RDE-Messtechnik sind deutlich breiter als am Prüfstand. Als Beispiel kann hier die Änderung der Höhe während der Fahrt genommen werden. Ohne entsprechende Kompensation reagiert ein Abgasanalysator stark auf Dichteänderungen, eine RDE-Messung wäre nicht möglich.

5.1 Anforderungen an ein RDE-Messsystem

Das RDE-Gesetz definiert die Anforderungen an ein RDE-Messsystem sehr detailliert [1, 2] (Kap. 2 „RDE Gesetzgebung-Grundlagen"). Es ist gefordert, dass während der RDE-Testfahrt die Schadstoffe (PN, NO_x, CO) und CO_2, der Abgasmassenstrom, die GPS-Positionsdaten, die Umgebungsbedingungen sowie einige Kanäle des OBD-Bus (Motordrehzahl, Fahrzeuggeschwindigkeit, etc.) mit einer Datenrate von mindestens 1 Hz zeitlich aufgelöst erfasst werden.

Die Installation der PEMS im bzw. am Fahrzeug erfolgt nach den Anweisungen des PEMS-Herstellers und unter Einhaltung der örtlichen Gesundheits- und Sicherheitsvorschriften. Die PEMS-Geräte sind so einzubauen, dass Störungen jeglicher Art so gering wie möglich ausfallen und ein bestmögliches Arbeiten der Geräte und Sensoren ermöglicht wird. Des Weiteren hat eine repräsentative Emissionsprobenahme an einer gut durchmischten Stelle zu erfolgen. Der Einfluss der Umgebungsluft unterhalb der Probenentnahmestelle sollte so gering wie möglich ausfallen.

Obwohl am Rollenprüfstand gefordert, ist die Messung von Kohlenwasserstoff(HC)-Emissionen derzeit im RDE-Gesetz nicht vorgesehen und kann daher entfallen. Als Begründung dafür wurde das Sicherheitsrisiko durch die Mitführung des erforderlichen He/H_2-Brenngases für das Flame-Ionization-Detector(FID)-Messprinzip genannt. Zusätzlich macht das Weglassen des FID-Analysators das Messsystem signifikant leichter und kleiner und es kann außerdem der Strombedarf reduziert werden.

Generell gilt, dass der Gesetzgeber, soweit möglich, die Spezifikationen für die Messtechnik auf Rollenprüfständen (Genauigkeit, Rauschen, Wiederholbarkeit, etc.) auch für die RDE-Messtechnik einfordert. Der Gesetzgeber hat jedoch auch akzeptiert, dass in manchen Fällen eine direkte Übertragung der Prüfstandsmesstechnik auf die Straße nicht möglich oder sinnvoll ist, daher wird die Verwendung alternativer Messprinzipien für RDE grundsätzlich erleichtert. Im Folgenden werden die verwendeten Messprinzipien sowie deren Vor- und Nachteile kurz erläutert.

CO_2 und CO

Für die Messung der CO_2- und CO-Emissionen ist das Non-Dispersive-Infra-Red(NDIR)-Messprinzip als Standard definiert. Das NDIR-Messprinzip ist ein optisches Verfahren, bei welchem das Licht einer Infrarotlichtquelle von den Schadstoffkomponenten bei einer jeweils spezifischen Wellenlänge absorbiert wird. Die daraus resultierende Abschwächung der Intensität kann an einem Detektor gemessen werden. Mithilfe eines Vergleichs zu einer Referenzwellenlänge, an welcher keine Abschwächung stattfindet, kann die Konzentration der jeweiligen Schadstoffkomponente ermittelt werden. Dieses Verfahren ist im mobilen Einsatz sehr robust, es wird daher auch von allen RDE Messsystemen, welche heute im Markt erhältlich sind, verwendet. Mehr Details zum NDIR Messprinzip finden sich z. B. in [3].

NO_x

Für NO_x (definiert als Summe von NO und NO_2) sind im RDE-Gesetz das Chemilumineszenzdetektor(CLD)-Verfahren sowie das Non-Dispersive-Ultra-Violet(NDUV)-Verfahren als Standards definiert.

Beim CLD-Verfahren (siehe z. B. [4]) wird die Reaktion von NO mit Ozon zu „angeregtem" NO_2 genutzt. Die beim Verlassen des angeregten Zustands abgegebenen Photonen werden über eine Optik und einen Fotomultiplier gezählt. Für die Messung von NO_2 im Probegasstrom ist es erforderlich, dass der Gasstrom zusätzlich über einen Katalysator geleitet wird, der das NO_2 zu NO reduziert. Während der Messung muss Ozon als Reaktionsgas mitgeführt bzw. onboard erzeugt werden.

Das NDUV-Verfahren ist wiederum ein optisches Verfahren, die Messung von NO und NO_2 erfolgt dabei immer separat. Für NO_2 kann im UV-Spektrum eine Wellenlänge gefunden werden, bei welcher nur NO_2 absorbiert wird. Dadurch ist der Messaufbau grundsätzlich ähnlich einfach wie beim NDIR-Prinzip. Die Messung von NO im UV-Spektrum ist technisch schwieriger, da es nicht möglich ist, eine Wellenlänge zu finden bei welcher nur NO absorbiert wird. Zur Lösung dieses Problems wird ein deutlich aufwendigerer Aufbau als für NO_2 benötigt, es werden hierbei zusätzliche Filter in den optischen Pfad zeitlich geregelt eingeschwenkt. Tiefergehende Informationen sowie eine detaillierte Analyse zum Einsatz des NDUV-Messprinzips für Abgase von Verbrennungsmotoren finden sich in [5].

Beide Messverfahren werden heute in RDE-Messsystemen verwendet und für beide Messverfahren sind hierzu große Herausforderungen zu lösen. Der Einsatz des CLD-Verfahrens für RDE-Messungen auf der Straße ist sehr komplex, da dieses Messprinzip eine sehr akkurate Regelung der Mengenflüsse im Analysator erfordert. Diese ist unter den Bedingungen realer RDE-Messungen (insbesondere Einfluss der veränderlichen Seehöhe) technisch nur sehr aufwendig realisierbar. Das NDUV-Messprinzip bietet als optisches Verfahren hier Vorteile, jedoch stellen die Einflüsse von Vibrationen und Stößen auf die beweglichen Teile eine signifikante Herausforderung dar. Im Markt ist auch ein PEMS-Messgerät erhältlich, welches für die NO_x-Messung zwei Messprinzipien kombiniert, eine CLD-Messung für NO mit einem PAS (Photoakustischer Sensor) für NO_2.

Partikelanzahl (PN)

Die Messung der Partikelanzahlkonzentration im Abgas ist eine besonders anspruchsvolle Applikation. Das gilt sowohl für die Typprüfung im Labor als auch für die mobile Messung auf der Straße im Zuge der Erfassung von Real Driving Emissions.

Eine Herausforderung bei der Erfassung der Partikelanzahlkonzentration stellt die Dynamik dar, mit der sich die Messgröße verändert. Anders als die Partikelmassenkonzentration ist die Partikelanzahl keine Erhaltungsgröße. Das Messergebnis hängt von vielen Einflussfaktoren ab wie z. B. Ausgangskonzentration, Verdünnung oder Verweilzeit im Entnahmesystem. Einzelne Partikel lagern sich mit der Zeit zu größeren Aggregaten zusammen (Agglomeration). Auf diese Weise reduziert sich deren Anzahl, jedoch nicht die Gesamtmasse. Diesem physikalischen Effekten gilt es bestmöglich entgegenzuwirken, um eine hohe Messgenauigkeit zu gewährleisten. Um die tatsächlich emittierte Anzahl reproduzierbar zu bestimmen, wird im Labor mit einem PMP-konformen Anzahlmessgerät am CVS-Tunnel gemessen. Durch Verdünnung und die Einhaltung einer definierten Verweilzeit können hier die bestmöglichen Ergebnisse erzielt werden. Trotz dieser Maßnahmen ist die Reproduzierbarkeit von Partikelanzahlmessungen immer noch deutlich schlechter als bei der Messung gasförmiger Komponenten. Bei einer Messung auf der Straße ist eine genaue Reproduktion der Bedingungen im Labor nicht möglich. Aus diesem Grund sind bei Straßenmessungen größere Streuungen der Messergebnisse über einen RDE-Trip zu erwarten.

PMP-konforme Partikelzähler sind nicht für den mobilen Einsatz geeignet. Das liegt an ihrer Baugröße, der elektrischen Leistungsaufnahme, dem Gewicht, dem Verdünnungsluftbedarf usw. Sie bestehen aus einer zweistufigen thermischen Verdünnerstufe (Volatile Particle Remover, VPR) und dem eigentlichen Anzahlmessgerät, einem Condensation Particle Counter (CPC). Es handelt sich hierbei um ein optisches Messverfahren. Auf die einzelnen Partikel wird zunächst eine Flüssigkeit aufkondensiert. Die CPCs in den PMP-konformen Messgeräten verwenden dazu n-Butanol als Betriebsmittel. Die entstehenden

Tröpfchen passieren dann einen Laserstrahl. Dabei reflektieren sie das auftreffende Licht und erzeugen so einzelne Lichtblitze. Diese werden als Impulse von einem Sensor erfasst und gezählt. Dieses Verfahren besticht durch eine hohe Empfindlichkeit und eine genau definierte Zähleffizienzkurve über die Partikelgrößenverteilung (gegeben durch die interne Auslegung des CPC). Gemessen werden ausschließlich die festen Partikel, flüchtige Bestandteile werden in der VPR verdampft. Die zweite Verdünnungsstufe verhindert dann die Rekondensation der zuvor verdampften flüchtigen Bestandteile.

Die Alternative zum CPC ist der Einsatz eines Sensors vom Typ Diffusion Charger. Hier werden die Partikel in einem elektrischen Feld zunächst elektrostatisch aufgeladen, um dann an einer Elektrometerstufe detektiert zu werden. Das dabei gemessene Signal ist in erster Näherung proportional zur Partikelanzahl. Ein Problem bei vielen der üblichen Diffusion Charger stellt die Aufladung auch sehr kleiner Partikel (im PMP-CPC werden Partikel < 23 nm nur noch mit sehr geringer Effizienz erfasst) sowie die überproportionale Aufladung großer Partikel (> 200 nm) dar. Im sogenannten Advanced Diffusion Charger werden diese Effekte durch Einsatz eines gepulsten Prezipitators (Abscheiders) und eines speziellen Faraday-Käfig-Elektrometers kompensiert. Dadurch wird die Zähleffizienzkurve eines PMP-konformen CPC angenähert. Die Vorteile des Advanced Diffusion Charger gegenüber einem CPC sind seine kompakte Bauart, seine Unempfindlichkeit gegenüber Vibrationen, Schocks und Neigung sowie seine einfache Handhabung. Es wird außerdem kein flüssiges Betriebsmittel auf Alkoholbasis benötigt. Auch der größere Messbereich ist ein Vorteil, da somit die Anforderungen an das Verdünnungssystem geringer sind. Der Nachteil der Methode besteht darin, dass keine direkte Messung der Partikelanzahlkonzentration durchgeführt wird. Der Advanced Diffusion Charger wird im Labor gegen eine Referenz kalibriert. Bei Messungen an motorischem Abgas können sich so unter Umständen Abweichungen zur Referenz (z. B. PMP-System) ergeben. Außerdem ist die Empfindlichkeit bei niedrigen Partikelkonzentrationen geringer als bei einem CPC, jedoch kann das durch Verwendung einer niedrigeren Verdünnungsrate kompensiert werden. Details zum Advanced Diffusion Charger finden sich in [6].

Abgasmassenstrom

Für die modale Messung des Abgasmassenstroms wird im RDE-Gesetz die Verwendung eines Exhaust Flow Meter (EFM) vorgeschrieben. Da am Pkw-Rollenprüfstand bis heute keine modale Messung des Abgasmassenstromes erlaubt ist, wurden die Anforderungen für das EFM aus der Nfz-In-Service-Conformity-Gesetzgebungen abgeleitet, hier ist die PEMS-Messtechnik bereits seit Jahren etabliert.

Das Pitot-Messprinzip (Staudruck) hat sich hier im Markt durchgesetzt, da es eine große Robustheit unter heißen Abgasbedingungen mit gleichzeitig niedrigem Abgasgegendruck vereint. Die systematische Schwäche des Pitot-Messprinzips ist die Erfassung von kleinen Massenflüssen. Die Bernoulli-Gleichung als fundamentale Beziehung definiert den geforderten Abgasstrom als Funktion der Wurzel des gemessenen Differenzdrucks. Bei kleinen Flüssen (< 10 kg/h) werden hierdurch die gemessenen Differenzdrücke sehr klein ($\ll 10$ Pa) und damit die Einhaltung der geforderten Genauigkeiten problematisch.

Dies ist messtechnisch schwierig, da kleinste Drifteffekte an den Drucksensoren bereits große Abweichungen im gemessen Fluss erzeugen. Historisch ist dies bei den Dieselmotoren der Nfz-ISC-Gesetzgebung kein Problem gewesen. Bei kleinen Benzinmotoren mit < 1l Hubraum in der RDE-Gesetzgebung für Pkw ist dies jedoch kritisch. Als zusätzliche Herausforderung kommen die starken Pulsationen im Abgasstrom hinzu. Diese sind wiederum gerade bei kleinen Drehzahlen und kleinen Benzinmotoren besonders stark ausgeprägt.

GPS

Während der RDE-Fahrt werden die GPS-Daten (Position, Höhe, Anzahl der sichtbaren Satelliten, ...) mit einem handelsüblichen GPS aufgezeichnet. Dies dient einerseits zur Dokumentation der Strecke, andererseits dazu, die Einhaltung der Anforderungen an den kumulierten Höhenunterschied während der RDE-Fahrt (< 1200 m) nachweisen zu können.

Aus der GPS Geschwindigkeit kann auch die gefahrene Distanz bestimmt werden. Bei Ausfall des GPS-Signals ist dies aber problematisch und fehlerbehaftet. Aus diesem Grund erlaubt der Gesetzgeber hier auch alternative Methoden (s. unten, Abschn. „OBD“).

OBD

Es ist gefordert, Daten aus dem Motorsteuergerät über die OBD-Schnittstelle aufzuzeichnen. Der Gesetzgeber legt aber Wert darauf, dass alle für die Ermittlung der Emissionen benötigten Werte „gemessen“ und nicht aus dem Steuergerät gelesen werden.

Problematisch bleibt die Ermittlung der Fahrzeuggeschwindigkeit und damit der gefahrenen Distanz. Die Anforderungen an diesen Wert sind hoch, da er ja in jedes einzelne Emissionsergebnis in g/km direkt eingeht. Das Gesetz lässt hier eine Wahlmöglichkeit zwischen GPS, OBD und einem zusätzlichen „Sensor“ offen, fordert aber eine Verifikation der ermittelten Daten mit mindestens einer zweiten Methode. In der täglichen Nutzung ist dies wenig zufriedenstellend, da viel Spielraum für Interpretation bleibt und eine volle Automatisierung der Datenauswertung erschwert wird.

Hinsichtlich der technischen Anforderungen an die Messtechnik definiert das RDE-Gesetz in der derzeitigen Fassung im Wesentlichen nur Spezifikationen, welche im Labor nachzuweisen sind (Genauigkeit, Rauschen, Linearität, etc.) sowie zusätzlich Driftanforderungen, welche vor und nach einem RDE-Test (Start- und Endpunkt der RDE-Fahrt sind gleich) zu überprüfen sind. Hier besteht in den Anforderungen ganz offensichtlich eine beträchtliche Lücke, da ja ein PEMS-Messgerät während der eigentlichen Fahrt bei unterschiedlichen Seehöhen, Temperaturen oder Umgebungsfeuchtigkeiten keinerlei Spezifikation unterliegt. Der Gesetzgeber hat dies bereits erkannt und arbeitet an entsprechenden Anforderungen. Ein Bespiel für eine Verifikation eines GAS-PEMS-Messgeräts unter allen RDE-Bedingungen findet sich in [7].

5.2 Technische Umsetzung

In der technischen Umsetzung hat sich gezeigt, dass die Montage des RDE-Messsystems außen am Fahrzeug bevorzugt wird. Alle im Markt befindlichen Systeme erlauben die Montage auf der Anhängerkupplung, dies unterstützt eine rasche und unkomplizierte Installation. Im Normalfall bedarf es nach dem Aufstecken des Messsystems nur noch der Installation des EFM am Endrohr (Abb. 5.1).

Dieser Aufbau hat den zusätzlichen Vorteil, dass sich die Messgeräte bereits sehr nahe an den Abgasentnahmepunkten am Endrohr befinden, wodurch die Länge der beheizten Leitungen für die Probennahme kurz gehalten und dadurch der Energiebedarf reduziert werden kann. Hinsichtlich der Sicherheit des Fahrers ist es zusätzlich vorteilhaft, dass bei diesem Aufbau keinerlei Abgase in den Innenraum des Fahrzeugs geleitet werden müssen.

Natürlich ist in jedem Fall auch eine Montage im Innenraum möglich, z. B. bei Fahrzeugen ohne Anhängerkupplung, wie Sportwagen, wird dieser Aufbau umgesetzt.

Das RDE-Messsystem besteht grundsätzlich aus Messsensorik (Gase, Partikel, Abgasmassenstrom, GPS, etc.) und einem zentralen Rechner als Integrationseinheit, dieser basiert zumeist auf PC-Technologie und nutzt Elemente von Prüfstandssystemen. In der Integrationseinheit läuft eine Software, welche die Daten von allen Sensoren und Messgeräten erfasst und zeitsynchron abspeichert. Als Datenrate wird 1 Hz als Mindestanforderung gesetzt. Der Rechner übernimmt die Automatisierung der Messgeräte während der notwendigen Überprüfungen und Kalibrierungen vor und nach dem Test (Pre- und Post-Test-Checks). Während des Tests können Messwerte online angezeigt werden oder auch Zwischenergebnisse ausgegeben werden.

In der konkreten Umsetzung der am Markt erhältlichen RDE-Systeme können diese einzelnen Elemente unterschiedlich modular gestaltet sein. Zum Beispiel kann die Messtechnik für Gas- und PN-Emissionen in einem gemeinsamen Messgerät zusammengefasst oder als zwei unabhängige Geräte aufgebaut sein.

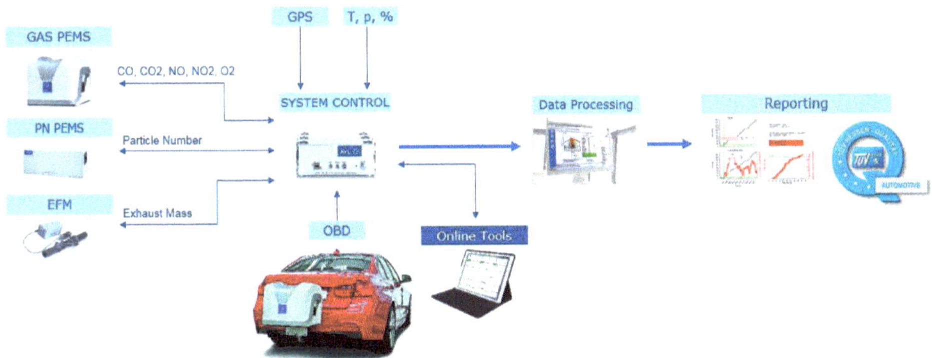

Abb. 5.1 RDE-Messsystem (PEMS) außen angebaut. (Quelle: AVL)

Gas-PEMS

Die Gas-PEMS-Messgeräte im Markt unterscheiden sich im Aufbau ganz wesentlich, der entscheidende Parameter für die Differenzierung ist hierbei die Art der Aufbereitung des Messgases.

Ein „kaltes“ Gas-PEMS zieht das Abgas über eine beheizte Leitung (ca. 100 °C) in das Messgerät und kühlt in einem Kühler das Messgas auf ca. 4 °C ab. Dabei scheidet sich das im Abgas enthaltene Wasser ab und kann entfernt werden. Der nunmehr niedrige Wassergehalt verringert die Querempfindlichkeiten in den einzelnen Analysatoren (Wasser auf CO, Wasser auf NO, ...) signifikant und erlaubt damit ein einfacheres Design. Als Nachteil der Wasserentfernung kann angeführt werden, dass die Menge des entfernten Wassers rechnerisch korrigiert werden muss (Trocken-/Feuchtkorrekturen). Ein „heißes“ Gas-PEMS scheidet das Wasser nicht ab, muss aber dementsprechend den gesamten Messpfad auf einer Temperatur >60 °C halten, um Kondensation zu vermeiden, der Energiebedarf erhöht sich dadurch. Die Querempfindlichkeit von Wasser auf CO, CO_2 und NO/NO_2 ist signifikant und muss in diesem Fall rechnerisch bzw. durch aufwendigere technische Designs korrigiert werden.

Die Wahl der Probenaufbereitung und des Messprinzips definieren, ob eine Gas-PEMS „offen“ oder „geschlossen“ ausgeführt werden kann. Immer wenn Umgebungsluft oder andere Hilfsgase als Betriebsmittel benötigt werden, wird von einem offenen System gesprochen. Das CLD-Messprinzip für die NO-Messung benötigt Ozon als Reaktionsgas. Da für eine mobile Messung das Mitführen einer Ozonflasche nicht gewünscht wird (Sicherheit!), wird dieses Ozon bevorzugt aus dem Sauerstoff der Umgebung erzeugt. Damit ist der Messpfad hin zur Umgebung offen. Die Chemie der Ozonerzeugung ist aber abhängig vom Zustand der Umgebungsluft (Druck, Feuchte, ...), dadurch wird eine genaue Zudosierung von Ozon in die CLD-Reaktionskammer erschwert. Im Vergleich dazu erlaubt das optische NDUV-Messprinzip eine vorteilhafte geschlossene Ausführung; es wird kein Hilfsmedium benötigt.

Eine weitere Variante der Probenaufbereitung verwendet eine chemische Membran zur Abscheidung des Wassers aus dem Prüfgas. Hierbei wird das Wasser über z. B. eine Nafion-Membran osmotisch an die Umgebungsluft abgegeben. Die Effektivität der Osmose und damit auch der eingestellten Taupunkt hängt wiederum stark vom Zustand der Umgebungsluft ab (Feuchtegehalt, ...). Wenn sich wie bei einem Verbrennungsmotor auch der Wassergehalt im Prüfgas dynamisch ändert, ist es technisch sehr schwierig, einen konstanten Taupunkt für die Messung in den Analysatoren einzuhalten. Ein veränderlicher Wassergehalt führt dann zwangsläufig zu Querempfindlichkeiten und Fehlmessungen.

PN-PEMS

Auch die PN-PEMS-Geräte, welche sich derzeit im Markt befinden, unterscheiden sich im Aufbau signifikant. Es sind sowohl Geräte auf Basis eines CPC-Sensors als auch Geräte auf Basis eines Diffusion Chargers kommerziell im Markt erhältlich.

Für PEMS-Systeme bringt die Verwendung eines CPC einige Probleme mit sich. Die optischen Komponenten des Systems sind anfällig für Schocks und Vibrationen, aufgrund des flüssigen Betriebsmittels kann ein CPC nur in bestimmten Neigungswinkeln verwendet werden. Außerdem gibt es Bedenken bei der Verwendung gesundheitsschädlicher bzw. entflammbarer Betriebsmittel am bzw. im Fahrzeug. In einigen PN-PEMS-Systemen kommt ein CPC mit vorimprägnierten Dochten zur Anwendung, damit entfällt das Problem des flüssigen Betriebsmittels. Das Problem der Vibrationsempfindlichkeit bleibt jedoch bestehen. Außerdem unterscheiden sich der interne Aufbau und das Betriebsmittel (Isopropanol), was die Vergleichbarkeit zur Referenz (CPC mit *n*-Butanol) beeinflussen kann.

Die Anforderungen an die VPR sind bei RDE-Messungen ebenfalls größer als bei Labormessungen, da ein größerer Bereich von Betriebspunkten abgedeckt werden muss. Das wird in einigen Systemen durch Verwendung eines Oxidationskatalysators zur irreversiblen Entfernung flüchtiger Bestandteile technisch umgesetzt.

Zum aktuellen Zeitpunkt hat der Advanced Diffusion Charger mit katalytischer VPR die größere Verbreitung, im Wesentlichen aufgrund der einfachen Handhabung und der frühzeitigen Verfügbarkeit im Markt. Alle Systemansätze unterliegen jedoch ständiger Weiterentwicklung.

5.3 Validierung der PEMS-Installation am Rollenprüfstand

Das RDE-Gesetz „empfiehlt" die Durchführung einer Korrelationsmessung am CVS-Rollenprüfstand vor oder nach jeder RDE-Fahrt. Das Ziel dieser Messung ist die Validierung der technischen Installation des PEMS-Systems am Fahrzeug. Für den Validierungstest wird das PEMS-System, wie in Abb. 5.2 dargestellt, in den Prüfaufbau des CVS-Rollenprüfstandes integriert und exakt wie während der Straßenfahrt betrieben. Das EFM wird direkt am Fahrzeug installiert, die Gas- und Partikelmessgeräte auf der Anhängerkupplung angebracht. In manchen Fällen kann dies zu Herausforderung für die Fesselung des Fahrzeugs am Rollenprüfstand führen.

Das wesentliche Qualitätskriterium für diesen Aufbau ist, dass es zu keiner gegenseitigen Beeinflussung des PEMS-Systems mit dem CVS-Rollenprüfstand kommt. In der Praxis ist dies nicht immer einfach sicherzustellen. Mit dem Aufbau des PEMS-Systems wird das Abgassystem des Fahrzeugs um eine zusätzliche Lauflänge erweitert, daraus ergibt sich ein erhöhter Druckverlust und unter Umständen eine veränderte Gasdynamik. Weiterhin stellt auch der Anschluss der CVS-Absaugung am Endrohr des PEMS-Systems eine Veränderung der gasdynamischen Bedingungen für die Messung des Massenstroms mit dem EFM dar. Zusätzlich entnimmt das PEMS-System eine kleine Menge an Abgas, bei kleinen Motoren und niedrigen Last-/Drehzahlpunkten ist daher eine Berücksichtigung in der CVS-Auswertung erforderlich. Aus allen diesen Einflussfaktoren leitet sich ab, dass der Vergleichstest zwischen Rolle und PEMS sehr sinnvoll und wichtig ist.

Der Gesetzgeber definiert für jede Messkomponente eine relative und eine absolute Genauigkeit, welche für einen WLTC-Referenzzyklus einzuhalten ist. Für CO_2 gilt z. B. 10 % relative oder 10 g/km, je nachdem was größer ist (Tab. 5.1).

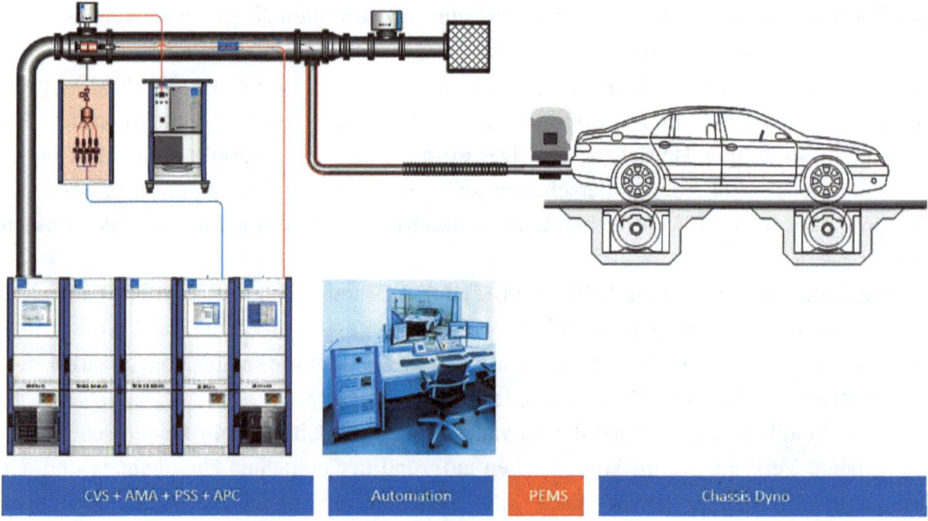

Abb. 5.2 Testaufbau für den PEMS-Validierungstest. (Quelle: AVL)

Die PEMS- vs. CVS-Korrelationsmessung beinhaltet einen Vergleich zweier vollständig voneinander unabhängiger und auch systematisch unterschiedlicher Messsysteme. Während das PEMS-System die Konzentrationen der Emissionen und den Abgasmassenstrom roh und zeitlich aufgelöst („roh modal") erfasst, sammelt der CVS-Rollenprüfstand das verdünnte Abgas in Beuteln und bestimmt nach Ende des Tests nur jeweils eine mittlere Konzentration der Emissionen für jeden Beutel.

Viele Rollenprüfstände sind heute parallel zur Beutelmessung ebenfalls mit einer Roh-Modal-Messtechnik ausgestattet, wobei hier wiederum eine Reihe von unterschiedlichen Verfahren zur Messung des Abgasmassenstromes (CO_2-Tracer-Methode, direkte Messung mit einem Pitot- oder Ultraschall-Flowmeter, Messung des Flusses der Verdünnungsluft, ...) eingesetzt wird. Auch sehr gut abgestimmte Rollenprüfstände erreichen hier keine „perfekte" Korrelation zwischen der Beutelmessung und der Roh-Modal-Messung.

Tab. 5.1 Erlaubte Toleranzen für den PEMS-Validierungstest. (Quelle: AVL)

Parameter (Unit)	Permissible absolute tolerance
Distance (km)	250 m of the laboratory reference
THC (mg/km)	15 mg/km or 15 % of the laboratory reference, whichever is larger
CH_4 (mg/km)	15 mg/km or 15 % of the laboratory reference, whichever is larger
NMHC (mg/km)	20 mg/km or 20 % of the laboratory reference, whichever is larger
PN (#/km)	10^{11} p/km or 50 % of the laboratory reference, whichever is larger
CO (mg/km)	150 mg/km or 15 % of the laboratory reference, whichever is larger
CO_2 (g/km)	10 g/km or 10 % of the laboratory reference, whichever is larger
NO_x (mg/km)	15 mg/km or 15 % of the laboratory reference, whichever is larger

Eine Abweichung < 3–5 % wird als realistischer Richtwert angesehen. Die Gründe hierfür sind sehr vielfältig und im Einzelnen auch unterschiedlich für die einzelnen Schadstoffe. Als typische Ursachen können beispielhaft die Ungenauigkeit der direkten Messung des Abgasmassenstromes bei kleinen Flüssen (wie beim PEMS-System) oder aber auch chemische Reaktionen von Schadstoffkomponenten in den Beuteln (z. B. NO zu NO_2, ...) angeführt werden.

Die Korrelation PEMS-Modal vs. CVS-Beutel kann systematisch keinesfalls besser sein, als CVS-Beutel vs. CVS-Modal, da hier noch zusätzliche mögliche Ursachen für Abweichungen berücksichtigt werden müssen:

- Das Time Alignement der einzelnen Messkanäle des PEMS-Systems stellt, auch wenn es akkurat nach den Vorgaben des Gesetzes durchgeführt wird, eine Fehlerquelle dar. Es ist bekannt, dass sich die Zeitverzüge nicht exakt konstant abbilden lassen, sondern von der Drehzahl und Last des Motors abhängen.
- Abhängig davon, ob in der Gas-PEMS die Messung der Emissionen trocken oder feucht erfolgt, müssen die gemessenen Konzentrationen entsprechend der entfernten Feuchte korrigiert werden. Die dafür im Gesetz vorgesehenen Formeln sind zwar empirisch gut belegt, können aber sicherlich keine perfekte Korrelation sicherstellen.
- Die Berechnung der Emissionsergebnisse aus modalen Messdaten erfordert grundsätzlich, dass zu jedem Zeitpunkt die gemessenen Konzentrationen mit den gemessenen Massenströmen „zusammenpassen“. Unter instationären Bedingungen ist dies heute nicht garantiert, z. B. weist das EFM eine deutlich schnellere Ansprechzeit auf als die Analysatoren für die gasförmigen Emissionen. Bei der PN-Messtechnik hängt die Ansprechzeit auch von der Wahl des Messprinzips (CPC oder Elektrometer) ab.

Aus heutiger Sicht können geübte Anwender die gesetzlichen Anforderungen für den PEMS-Validierungstest in deutlich > 90 % der Fälle erfüllen.

5.4 RDE Testergebnisse

5.4.1 Straßenfahrt

Abb. 5.3 zeigt ein typisches Messergebnis einer RDE-Fahrt. Die Fahrt dauert ca. 1,5 Stunden und beginnt mit einer Stadtfahrt, gefolgt von Überland- und Autobahnfahrt. Die einzelnen Abschnitte sind deutlich an der Geschwindigkeit zu erkennen. Der Abgasmassenstrom folgt im Wesentlichen dem Verlauf von Drehzahl und Last. Wie für einen Dieselmotor üblich bewegt sich der CO_2-Messwert im Bereich von 0 bis ca. 15 %. Ein Wert von 0 % CO_2 tritt während des Betriebs z. B. bei einer Schubabschaltung auf, ein Wert von 15 % entspricht einem Lambda = 1, für die Regeneration eines NO_x-Speicherkats sind kurzzeitig auch bei einem Dieselmotor Lambda < 1 möglich. Die Messwerte für O_2 sind eine „Spiegelung“ von CO_2, der Sauerstoff in CO_2 kommt ja direkt aus der Verbrennungsluft.

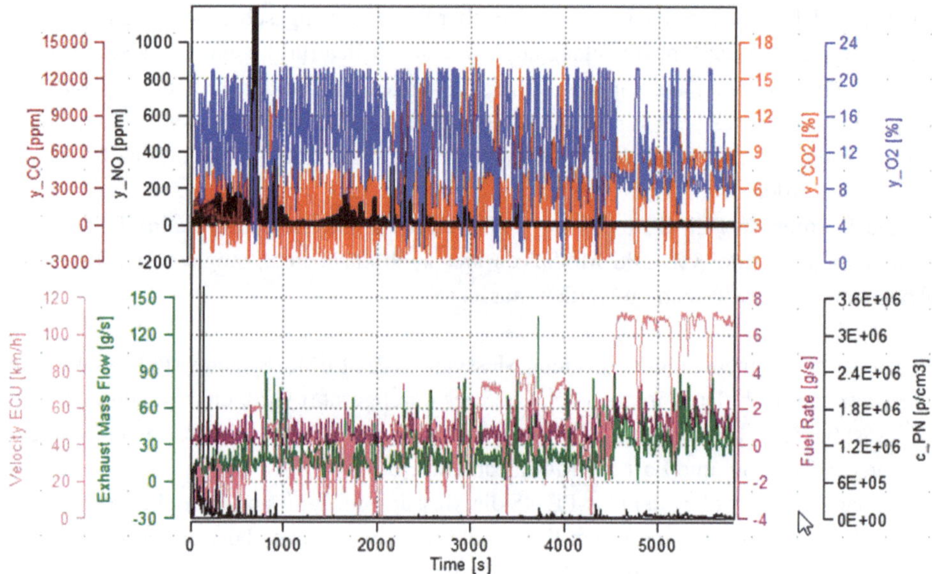

Abb. 5.3 Ergebnis („Zeitschrieb") einer typischen RDE-Straßenfahrt für einen Mittelklasse-Pkw mit 4-Zylinder-Dieselmotor. (Quelle: AVL)

Bei den Emissionen NO, CO und PN erkennt man deutlich höhere Werte zu Beginn der Fahrt, dies ist ein typisches Kaltstartverhalten. Mit zunehmender Dauer des Tests gehen bei einer gut funktionierenden Abgasnachbehandlung die Emissionen PN, CO und NO_x gegen Null.

5.4.2 Bergfahrt

Eine Bergfahrt stellt sowohl für das Emissionsverhalten eines Fahrzeugs als auch für das PEMS-System eine besondere Herausforderung dar, da Druck (Höhe), Temperatur und Feuchte in einem breiten Bereich variiert werden. Im Folgenden wird eine solche Fahrt gezeigt und die Messdaten werden diskutiert. Es soll hier festgehalten werden, dass diese Fahrt keine gültige RDE Fahrt repräsentiert, z. B. weil eine Seehöhe von 1700 m erreicht wurde. RDE-Fahrten sind in Europa nur bis 1350 m Seehöhe gültig, in China z. B. werden RDE-Fahrten aber bis 2400 m erlaubt.

Das Ziel bei der Durchführung dieser Messfahrt war die Validierung der Gas-PEMS auch unter realen RDE-Bedingungen, also auch bei veränderlichem Umgebungsdruck (Seehöhe), Temperatur und Feuchtigkeit der Umgebung. Das EU5 4-Zylinder-Dieselfahrzeug wurde von 500 m Seehöhe auf einen Berg bis 1700 m Höhe gefahren. Bergauf und bergab ergaben sich an einer Mautstelle auf ca. 1100 m Seehöhe kurze Wartezeiten.

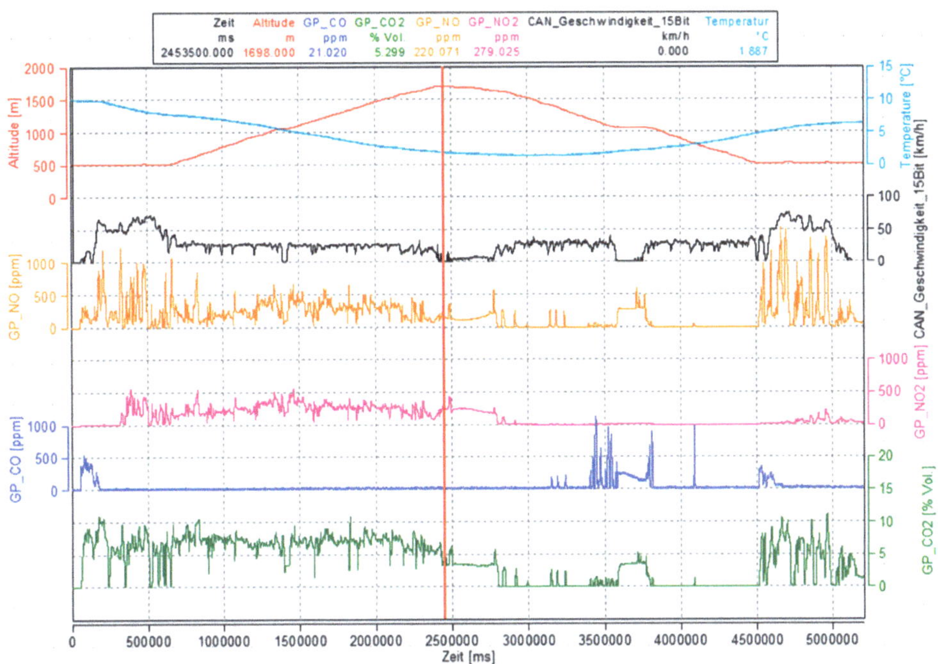

Abb. 5.4 Ergebnis („Zeitschrieb") einer Bergfahrt für einen Mittelklasse-Pkw mit 4-Zylinder-Dieselmotor. (Quelle: AV)

Abb. 5.4 zeigt das Ergebnis der Messfahrt. Es werden Rohwerte ohne jede Korrektur dargestellt. In den oberen beiden Kurven ist die Änderung der Seehöhe sowie der Temperatur klar ersichtlich. Die Geschwindigkeit ist über die gesamte Bergfahrt sehr niedrig. Während der Bergauffahrt hat der Motor eine höhere Last, es werden höhere NO- und NO_2(die Summe entspricht NO_x)-Emissionen registriert. CO ist de facto gleich Null, da der Oxidationskatalysator genügend warm ist und daher effizient arbeiten kann. Interessant ist das Verhalten während der langen Bergabfahrt. Man erkennt, dass nach einer längeren Schubphase (CO_2 gleich Null) das Abgasnachbehandlungssystem auskühlt, es finden sich plötzlich höhere CO-Emissionen, NO und NO_2 sind aufgrund der niedrigen Last dauerhaft niedrig.

Mit Blick auf die Gas-PEMS unterstreicht dieses Ergebnis die Robustheit unter den breiten Umgebungsbedingungen. Die Nullpunkte von CO, CO_2, NO und NO_2 werden bei jeder Seehöhe exakt gefunden.

Literatur

1. Verordnung (EU) 2017/1151, Europäische Kommission, 1. Juni 2017
2. Verordnung (EU) 2017/1154, Europäische Kommission, 7. Juni 2017
3. https://www.lumasenseinc.com/EN/products/technology-overview/our-technologies/ndir/ndir.html 1.3.2018
4. https://www.cambustion.com/products/cld500/cld-principles 1.3.2018
5. Heller, B. et al.: Evaluation of an UV-Analyzer for the Simultaneous NO and NO2 Vehicle Emission Measurement, SAE 2004-06-08
6. Mamakos, A. et al.: A Robust Solution to On-Board Particle Number Measurements, JSAE Paper, 2018
7. Pointner, V., Schimpl, T., Wanker, R.: Impact of varying ambient conditions during RDE on the measurement result of the AVL Gas PEMS iS. 17. Internationales Stuttgarter Symposium, 14. und 15. März 2017, Stuttgart

6 RDE-Konzepte Personenkraftwagen

Frank Bunar, René Berndt, Friedemann Schrade und Michael Baade

Personenkraftwagen wurden bisher ausschließlich unter Laborbedingungen, auf dem Abgasrollenprüfstand in Bezug auf Abgasemissionen und Kraftstoffverbrauch gemessen und bewertet. Mit der gesetzlichen Änderung des Zulassungsverfahrens wird die Emissionsmessung und Bewertung unter realen Umwelt- und Fahrbedingungen fester Bestandteil der Emissionsgesetzgebung (s. Kap. 2 „RDE Gesetzgebung-Grundlagen"). Dies bedeutet jedoch eine grundlegende Erweiterung des technischen Anforderungsprofils an Personenkraftwagen mit Dieselmotor. Abb. 6.1 zeigt eine Gegenüberstellung wichtiger Einflussfaktoren zwischen Laborprüfstand und öffentlichen Straßen.

Typische variable Testbedingungen sind meteorologische und geografische Umgebungsbedingungen, die Fahrstrecke und die Verkehrssituation, die Fahrzeugbeladung sowie der Fahrstil. Zusätzlich ist es notwendig, die Messtechnik mobil im, beziehungsweise am Fahrzeug mitzuführen, da die Labormesstechnik des Abgasrollenprüfstands nicht für einen mobilen Einsatz konzipiert und zugelassen ist (s. Kap. 3 „RDE Testprozeduren" und Kap. 5 „RDE-Messtechnik"). Die beim Pkw-Dieselmotoren inzwischen etablierten EU5- und EU6-Motor- und Abgasnachbehandlungstechnologien sind insbesondere im Zusammenhang mit den Stickoxidemissionen (NO_x) von besonderer Bedeutung. Durch den flächendeckenden Einsatz von Oxidationskatalysatoren und Partikelfiltern sind die

F. Bunar (✉) · R. Berndt · F. Schrade · M. Baade
IAV GmbH
Berlin, Deutschland
E-Mail: frank.bunar@iav.de

R. Berndt
E-Mail: rene.berndt@iav.de

F. Schrade
E-Mail: friedemann.schrade@iav.de

M. Baade
E-Mail: michael.baade@iav.de

H. Tschöke (Hrsg.), *Real Driving Emissions (RDE)*, ATZ/MTZ-Fachbuch,
https://doi.org/10.1007/978-3-658-21079-3_6

	Chassis Roller Test Bench	Public Road
Driving Route	Constant	Variable
Road Grade	Constant	Variable
Vehicle Load	Constant	Variable
Driving Style	Constant	Variable
Ambient Conditions	Constant	Variable

Abb. 6.1 Gegenüberstellung wichtiger Einflussfaktoren zwischen Laborprüfstand und öffentlichen Straßen. (Quelle: IAV)

Schadstoffemissionen Kohlenmonoxid (CO), Kohlenwasserstoffe (THC), Partikelmassen (PM) und Partikelanzahl (PN) bisher nicht im Fokus der Betrachtungen. Aufgrund des mageren Brennverfahrens bei Dieselmotoren sind die Stickoxidemissionen (NO_x) von besonderer Bedeutung. Die beim Ottomotor ($\lambda = 1$ Konzept) etablierte Abgasreinigungstechnologie, der Drei-Wege-Katalysator, ist aufgrund des Luftüberschusses bei der Verbrennung beim Dieselmotor nicht einfach anwendbar. Die mit dem RDE-Prüfverfahren geänderten Testbedingungen bilden sich bei Pkw-Dieselmotoren insbesondere in der Sensitivität der NO_x-Emissionen ab. Abb. 6.2 zeigt schematisch die Auswirkungen der RDE-Testbedingungen auf die NO_x-Emissionen vor und nach der Abgasnachbehandlung. In der Basis wird von einem EU6-Referenztechnologiepaket mit aktiver NO_x-Abgasnachbehandlung ausgegangen. Häufig kommen bei Personenkraftwagen NO_x-Speicherkatalysatoren (NSC bzw. LNT) und/oder SCR-Systeme zum Einsatz (allg.: DeNO_x-Katalysatoren). Der Unterschied im Emissionsniveau zwischen dem Motorausgang und den Endrohremissionen ergibt sich durch die Konvertierung der Katalysatoren. In einigen Fällen wurden die motorischen Emissionen durch innermotorische Maßnahmen derart reduziert, dass die Einhaltung der Grenzwerte bei der Typzulassung dargestellt werden konnte. In diesem Fall sind die Motorrohemissionen gleich den Endrohremissionen.

Im Vergleich zum Laborprüfverfahren führen die erweiterten variablen Testbedingungen zu einem breiten Band der NO_x-Rohemissionen und der NO_x-Endrohremissionen. Bei der Konzeption künftiger Pkw-Dieselkonzepte gilt es, diesen gesetzlichen Testanforderungen mit technologisch geeigneten und wirtschaftlich vertretbaren Maßnahmen Rechnung zu tragen. Abb. 6.3 zeigt schematisch die Anforderung an die Robustheit des RDE-Technologiepakets.

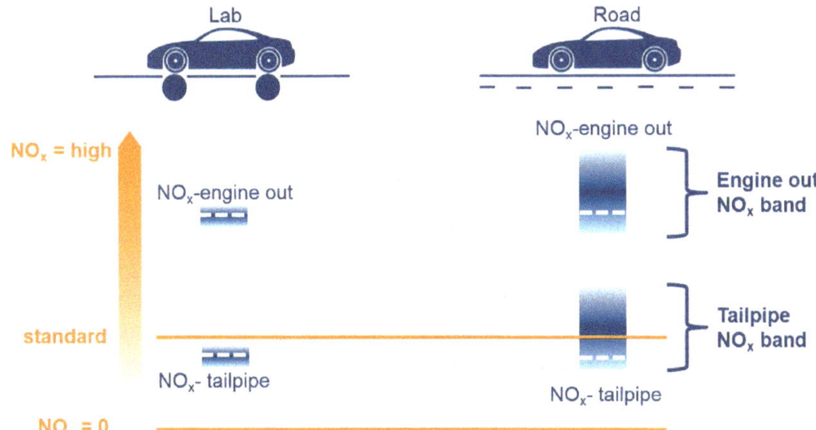

Abb. 6.2 Auswirkungen der RDE-Testbedingungen auf die NO_x-Emissionen vor und nach der Abgasnachbehandlung (schematisch). (Quelle: IAV)

Insbesondere die Einflussparameter Fahrweise, Umgebungsbedingungen, Schaltstrategie bei Automatikfahrzeugen und die Fahrstrecke sind bezüglich der NO_x-Robustheit zu berücksichtigen. Abgeleitet aus den integralen Anforderungen an die NO_x-Endrohremissionen ist ein Übertrag in die wesentlichen technologischen Stellhebel bei der Konzeption von Pkw-Dieselmotoren wie folgt möglich:

Sowohl die Motorrohemission als auch die Konvertierungsrate von NO_x-Katalysatoren bieten ähnliche Potenziale, um den Anforderungen an die Endrohremissionen gerecht zu werden. Im Zusammenhang mit den Motorrohemissionen sei auf den Einfluss der Kennungswandlung mittels Schalt- oder Automatikgetriebe verwiesen. Das Last- und

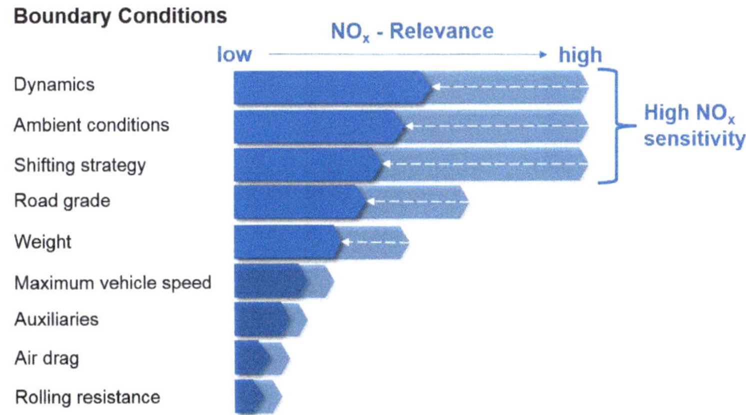

Abb. 6.3 Anforderung an die Robustheit des RDE-Technologiepaketes (schematisch). (Quelle: IAV)

Drehzahlniveau des Verbrennungsmotors steht im Zusammenhang mit dem Emissions-, Abgastemperatur- und Abgasmassenstromniveau und beeinflusst somit auch die Funktion des Abgasnachbehandlungssystems. Die Konvertierungsrate von Katalysatoren hängt maßgeblich von diesen Faktoren ab. Der Abgasmassenstrom bildet sich über das Katalysatorvolumen in der für das Umsatzverhalten von Pkw-Katalysatoren wichtigen Größe „Raumgeschwindigkeit" ab.

Abb. 6.4 beschreibt schematisch die Zielvorgabe für die NO_x-Emissionen in Bezug auf Niveau und Robustheit zwischen Labormessung und Straßenmessung.

Durch geeignete technologische Maßnahmen sind die NO_x-Endrohremissionen in vergleichbaren Fahrzuständen auf der Straße gegenüber dem Labor (Abgasrollenprüfstand) in Übereinstimmung zu halten (gestrichelte Linien). Gleichzeitig ist die NO_x-Robustheit gegen variable Einflussfaktoren in Realfahrsituationen zu erhöhen. Als Ergebnis sind die NO_x-Streubänder der Motorrohemissionen und Endrohremissionen zu verringern (Balkenhöhe), sodass die Einhaltung der vorgegebenen Konformitätsfaktoren von 2,1 (2017) und 1,5 (2020) sichergestellt werden kann.

Abb. 6.5 beschreibt schematisch die Wirksamkeit des benötigten RDE-Technologiepaketes.

Aufgrund der Vielfalt an technischen Lösungsmöglichkeiten besteht die Aufgabe in der Auswahl und Definition von geeigneten Technologien bzw. Technologiepaketen, um die Sensitivität der NO_x-Endrohremissionen auf die wichtigsten Einflussparameter zu reduzieren. Zu beachten ist in diesem Zusammenhang noch die Adaption an die verschiedenen Fahrzeugklassen und Typen. Je nach Fahrzeug-, Motor- und Getriebekombination ergeben sich unterschiedliche Auswirkungen in den relevanten Realfahrzuständen. Die fahrzeugtechnischen Eigenschaften Fahrzeugmasse und Fahrwiderstand beeinflussen über

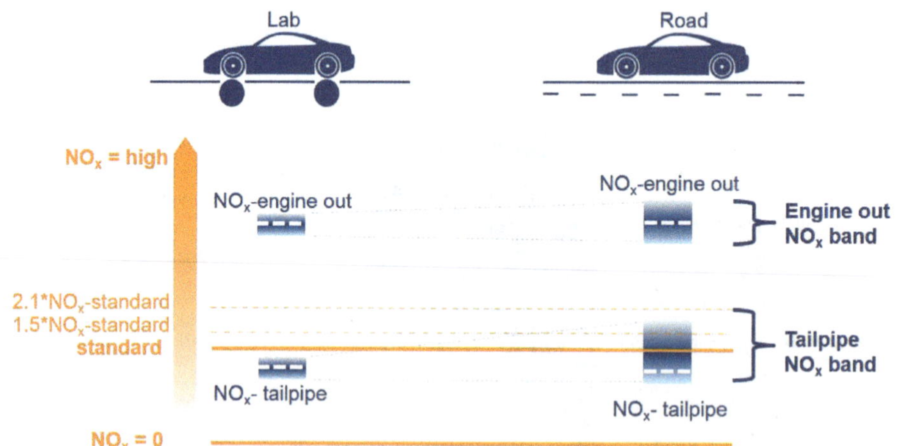

Abb. 6.4 Zielvorgabe für die NO_x-Emissionen in Bezug auf Niveau und Robustheit zwischen Labormessung und Straßenmessung (schematisch). (Quelle: IAV)

Abb. 6.5 Wirksamkeit des benötigten RDE-Technologiepaketes (schematisch). (Quelle: IAV)

die Kennungswandlung direkt den Motorbetriebszustand. Abb. 6.6 zeigt schematisch den Einfluss des Fahrzustands, exemplarisch repräsentiert durch unterschiedliche Fahrprofile (Schwachlastzyklus, RDE-Mix-Zyklus, Hochlastzyklus und WLTC-Referenzzyklus) auf die NO_x-Endrohremissionen bei konstanten Fahrzeug- und Fahrbedingungen.

Die Entwicklungsaufgabe besteht in der robusten Einhaltung der geltenden Emissionslimits unter Beachtung der jeweils gültigen Konformitätsfaktoren (2,1 bzw. 1,5). Abb. 6.7 beschreibt schematisch die Entwicklungsaufgabe für die Konzeptentwicklung bei Personenkraftwagen und leichten Nutzfahrzeugen unter normalen Fahrbedingungen.

Zu beachten sind in diesem Zusammenhang die Festlegungen des Gesetzgebers in Bezug auf den Gültigkeitsbereich des normalen Fahrens. Als eine wichtige Kenngröße

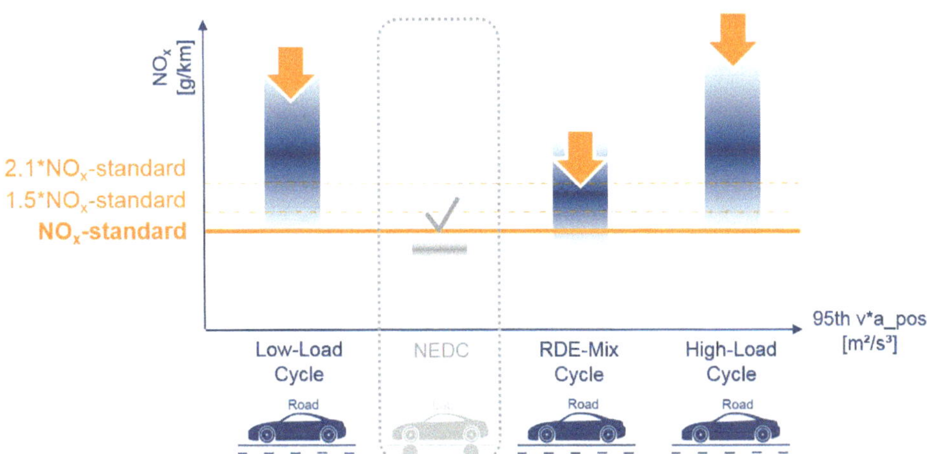

Abb. 6.6 Einfluss des Fahrzustandes auf die NO_x-Endrohremissionen bei konstanten Fahrzeug- und Fahrbedingungen (schematisch). (Quelle: IAV)

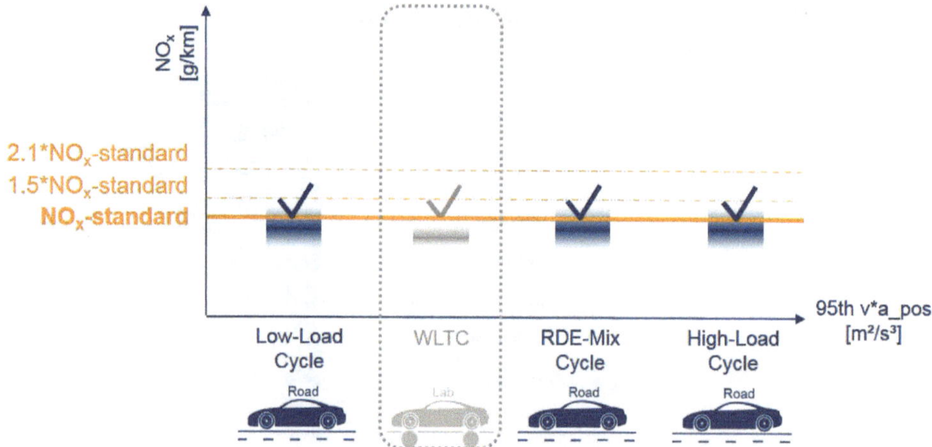

Abb. 6.7 Entwicklungsaufgabe für die Konzeptentwicklung bei Personenkraftwagen und leichten Nutzfahrzeugen unter normalen Fahrbedingungen (schematisch). (Quelle; IAV)

zur Charakterisierung der Fahrzustände wurde die Kenngröße 95th $v \times a_{\text{pos}}$ definiert. Sie beschreibt das 95-Prozentperzentil des Produkts aus der Geschwindigkeit (v) und der positiven Beschleunigung (a_{pos}).

Die Konzipierung von Technologiepaketen zur Einhaltung der Emissionsvorgaben unter den festgelegten Fahrzuständen erfolgt unter Beachtung wirtschaftlicher Aspekte im Wettbewerb mit alternativen Antriebskonzepten. Hierbei besteht für Pkw-Dieselmotoren die Notwendigkeit, den Aspekt der Effizienz gegenüber alternativen Antriebsformen zu beachten.

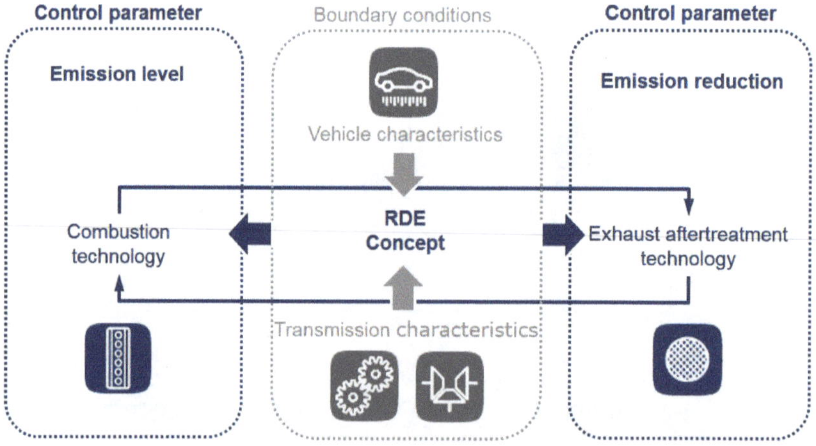

Abb. 6.8 Grundlegende Freiheitsgrade für die RDE-Konzeptentwicklung. (Quelle: IAV)

Unter Beachtung der fahrzeugspezifischen Merkmale der Fahrzeugklasse und Getriebeart eröffnen sich für die RDE-Konzeptentwicklung die grundlegenden Freiheitsgrade Verbrennungstechnologie und Abgasnachbehandlung (Abb. 6.8). Beide Ansätze können bei geeigneter Technologieauswahl in gewissem Rahmen unabhängig voneinander wirken.

Die Ausprägungen von Technologiepaketen ergeben sich aus den spezifischen Randbedingungen der Motor-Fahrzeug-Kombination.

6.1 Dieselmotoren-Pkw

Aus den Anforderungen des Prüfverfahrens und der Fahrzeug-Motor-Getriebe-Kombination ergeben sich direkt Auswirkungen auf die Motorcharakteristik. Für die Bewertung der Motorcharakteristik ist die Darstellung der Wirksamkeit von Technologiebausteinen im Motorkennfeld gebräuchlich. Wichtige Merkmale des Motors bilden sich im stationären Kennfeld in Abhängigkeit der Motordrehzahl und des Drehmomentes ab. Abb. 6.9 zeigt schematisch die grundlegenden Effekte des Prüfverfahrens auf dem Abgasrollenprüfstand (Lab) und des Prüfverfahrens auf öffentlichen Straßen (Road).

Aufgrund der Wirkung der variablen Testbedingungen ergeben sich für typische Fahrzeugklassen (Small Cars und Large Cars) unterschiedliche Betriebspunkte im stationären Motorkennfeld auf dem Laborprüfstand und den öffentlichen Straßen. Durch die eingeschränkten Einflussfaktoren bei der Typzulassung im Referenztestzyklus (NEDC beziehungsweise WLTC) ist nur ein Teil des Motorbetriebsbereichs innerhalb der den Betriebsbereich begrenzenden Volllast relevant. Deutlich zu erkennen sind dem gegenüber

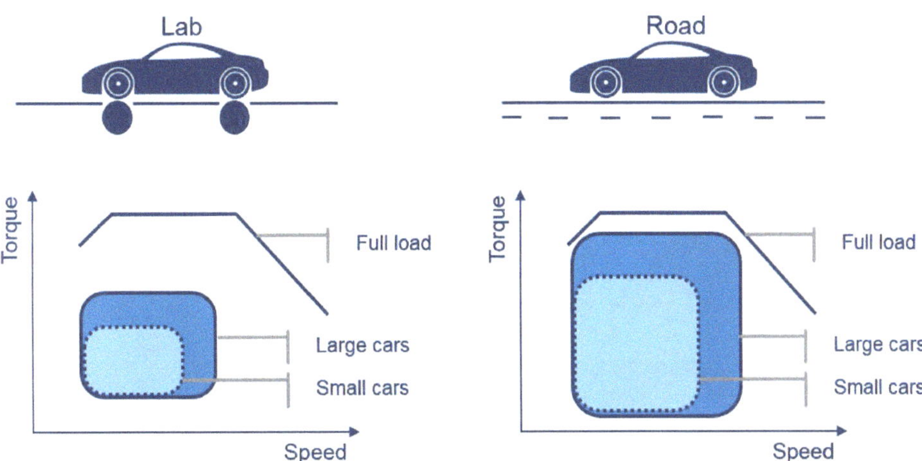

Abb. 6.9 Grundlegende Effekte des Prüfverfahrens auf dem Abgasrollenprüfstand (Lab) und des Prüfverfahrens auf öffentlichen Straßen (Road) auf den emissionsrelevanten Kennfeldbereich eines Dieselmotors (schematisch). (Quelle: IAV)

die erweiterten Betriebsbereiche bei Realfahrten auf öffentlichen Straßen. Es sind sowohl Lastbereiche nahe bzw. an der Volllast als auch Betriebsbereiche extremer Schwachlast emissionsrelevant. Wesentliche Kenngrößen für die konzeptionelle Optimierung von Dieselmotoren und der dazugehörigen Abgasnachbehandlung ist die Emissionscharakteristik und das Abgastemperaturniveau des Motors im Kennfeld. Abb. 6.10 zeigt schematisch eine typische Kennfeldcharakteristik des NO_x-Emissionsmassenstromes und der Abgastemperatur am Motorausgang. Überlagert sind jene Betriebsbereiche gekennzeichnet, welche in der Typzulassung im Labor geprüft werden.

In der Kennfelddarstellung der Abgastemperatur ist exemplarisch eine repräsentative Kennlinie der Abgastemperatur vor $DeNO_x$-Katalysator von 200 °C dargestellt. Diese dient als Anhaltswert, um den Arbeitsbereich von typischen, aktuell in Serie befindlichen, Automotive-Abgaskatalysatoren zu kennzeichnen. Oberhalb einer Abgastemperatur von 200 °C ist in der Regel eine hinreichend gute und robuste Funktion der NO_x-Katalysatoren gegeben. Unterhalb von 200 °C steigt das Risiko einer sinkenden Konvertierungsrate. Diese grundlegenden Zusammenhänge sind bei der Technologieentwicklung und Konzeption geeigneter RDE-Technologiepakete zu beachten. Es lassen sich insbesondere zwei Handlungsfelder identifizieren: Es handelt sich hierbei um den Hochlastbereich und den Niedriglastbereich bei aktuell typischen Pkw-Dieselmotoren. Durch die variablen Prüfbedingungen auf öffentlichen Straßen werden Motorbetriebszustände emissionsrelevant, welche eine Anpassung unter Emissionsaspekten erforderlich macht. Auf der einen Seite kann es notwendig werden, die höheren Lastbereiche in Bezug auf das NO_x-Emissionsniveau anzupassen, d. h. NO_x zu reduzieren. Hierbei ist jedoch der Zielkonflikt zwischen NO_x-Partikel- und CO_2-Emissionen beim klassischen Magerbrennverfahren zu beachten. Alternativ besteht die Möglichkeit, ein höheres NO_x-Rohemissionsniveau durch eine hinreichend große Konvertierungsrate der NO_x-Katalysatoren zu kompensieren. Der Niedriglastbereich des Motorennfeldes ist von besonderem Interesse. Um eine kontinuierliche

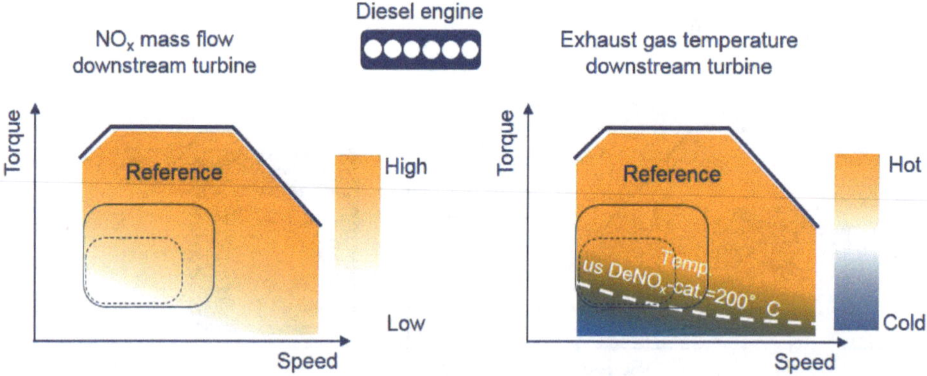

Abb. 6.10 Typische Kennfeldcharakteristik des NO_x-Emissionsmassenstroms und der Abgastemperatur am Motorausgang und der Betriebsbereiche, welche in der Typzulassung im Labor geprüft werden (schematisch). (Quelle: IAV)

und robuste Funktion von NO_x-Katalysatoren sicherzustellen, bedarf es der Anpassung der Katalysatorfunktion an das Arbeitstemperaturfenster. Alternativ besteht die Möglichkeit, auch die Betriebstemperatur an die Position der NO_x-Katalysatoren anzupassen. In diesem Zusammenhang wird jedoch darauf verwiesen, dass für die Konzeption des RDE-Technologiepakets der Zwang nach einer stetigen Effizienzsteigerung der Fahrzeugantriebe beziehungsweise der daraus resultierenden Absenkung des Kraftstoffverbrauchs zu beachten ist. Die Konzeptentwicklung bei Pkw-Motoren steht gleichzeitig unter den Erfordernissen der robusten Einhaltung der Emissionsgrenzwerte als auch unter den Erfordernissen der Einhaltung der CO_2-Flottengrenzwerte der europäischen CO_2-Gesetzgebung. Dies führt letztlich zu einem Trend stetig sinkender Abgastemperaturen am Motorausgang. Abb. 6.11 zeigt schematisch anhand der Ausprägung im Motorkennfeld eine typische Entwicklungsstrategie zur gleichzeitigen Reduzierung von NO_x- und CO_2-Emissionen unter Beachtung der RDE-relevanten Motorbetriebszustände. Die Zielsetzungen der RDE-Konzeptentwicklung fokussieren sich auf der einen Seite auf die deutliche Absenkung des NO_x-Rohemissionsniveaus im unteren und mittleren Drehzahlbereich bis hin zur Volllast. Auf der anderen Seite ist die Verringerung der CO_2-Emissionen bei unterer und mittlerer Last des Motors das Ziel der Konzeptentwicklung. Die Zielsetzung der Abgasnachbehandlung besteht in der Darstellung einer robusten und hinreichenden Konvertierungsrate zwischen den Motorrohemissionen und den erforderlichen Endrohremissionen.

Die zu definierenden Technologiebausteine müssen in der Summe ihrer Eigenschaften im Einklang mit den grundlegenden technischen und wirtschaftlichen Anforderungen stehen.

Aus den allgemeinen RDE-Anforderungen an Pkw-Dieselmotoren lassen sich konkrete Anforderungen an die Motoreigenschaften ableiten. Unter Beachtung des Zusammenwirkens innerhalb des Fahrzeug- und Motorverbundes ergibt sich der Zusammenhang aus NO_x-Emissionsniveau und Abgastemperatur. Abb. 6.12 zeigt qualitativ und schematisch

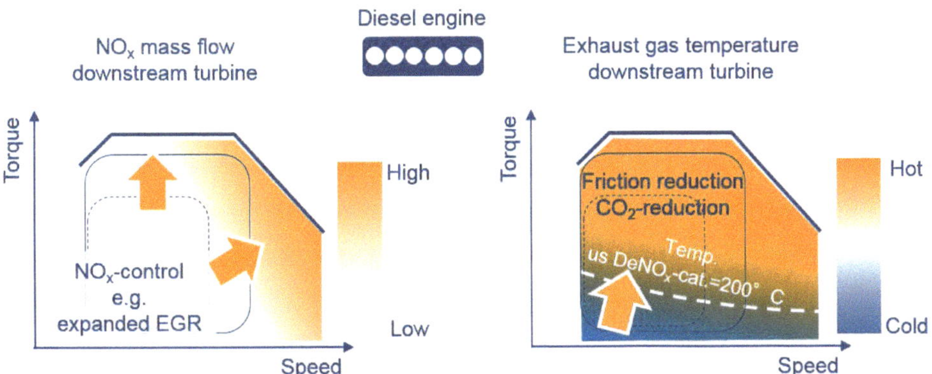

Abb. 6.11 Typische Entwicklungsstrategie zur gleichzeitigen Reduzierung von NO_x- und CO_2-Emissionen unter Beachtung der RDE-relevanten Motorbetriebszustände (schematisch). (Quelle: IAV)

die Ausprägung von NO_x-Emissionsniveau und Abgastemperaturniveau in Abhängigkeit der Motor-Fahrzeug-Kombination.

Es ergeben sich grundlegende Kombinationen, welche konzeptionelle Grenzfälle in Form von Gruppen beschreiben.

I kleiner Motor + kleines Fahrzeug
II kleiner Motor + großes Fahrzeug
III großer Motor + kleines Fahrzeug
IV großer Motor + großes Fahrzeug

Je nach Motor-Fahrzeug-Kombination ergeben sich verschiedene Ausprägungen der konzeptionellen Randbedingungen.

Charakteristisch für die **Gruppe I** ist aufgrund des spezifischen Lastkollektivs des kleinen Motors ein mittleres bis hohes NO_x-Niveau. Kleine Fahrzeuge mit tendenziell geringen Fahrwiderständen weisen jedoch auch häufig ein geringes Abgastemperaturniveau auf, da diese Fahrzeuge in Europa häufig mit Handschaltgetrieben ausgerüstet sind. Der Grad des Downsizings des Motors korreliert tendenziell mit dem NO_x-Emissionsniveau und ist tendenziell umgekehrt proportional zum Abgastemperaturniveau. Dominierend bei dieser Fahrzeuggruppe sind tendenziell die hohen NO_x-Rohemissionen, welche eine ausreichende NO_x-Umsatzrate erforderlich machen. Aufgrund des vergleichsweise hohen Lastniveaus des kleinen Motors bewegt sich die mittlere Abgastemperatur auf einem mittleren Niveau. Sofern jedoch eine hohe Leistungsdichte des kleinen Motors mit mehrstufiger serieller Abgasturboaufladung realisiert wird, kann die Abgastemperatur nach

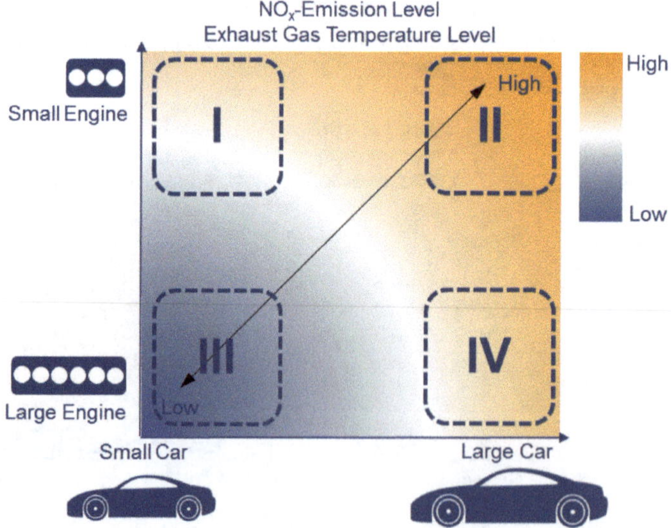

Abb. 6.12 Ausprägung von NO_x-Emissionsniveau und Abgastemperaturniveau in Abhängigkeit der Motor-Fahrzeug-Kombination (schematisch). (Quelle: IAV)

Turbinensystem ein für Katalysatoren anspruchsvolles niedriges Niveau annehmen. Besonderes Merkmal dieser Fahrzeuggruppe ist jedoch der häufig sehr begrenzte Bauraum und die hohe Kostensensitivität, was den Einsatz von komplexen Abgasnachbehandlungstechnologien erschwert.

Charakteristisch für die **Gruppe II** sind aufgrund des spezifischen Lastkollektivs des kleinen Motors ein sehr hohes NO_x-Niveau. Große Fahrzeuge mit tendenziell hohen Fahrwiderständen weisen ein hohes Abgastemperaturniveau auf. Der Grad des Downsizings des Motors korreliert tendenziell ebenso mit dem NO_x-Emissionsniveau und ist tendenziell umgekehrt proportional zum Abgastemperaturniveau. Diese Fahrzeuggruppe zeigt häufig einen Bedarf nach einer ausgeprägt hohen NO_x-Umsatzrate der aktiven Abgasnachbehandlung. Aufgrund des vergleichsweise geringen Hubvolumens des Motors zur Fahrzeuggröße bewegt sich die mittlere Abgastemperatur auf einem hohen Niveau und bietet vergleichsweise günstige Bedingungen für eine katalytische Abgasnachbehandlung.

Charakteristisch für die **Gruppe III** sind aufgrund des spezifischen Lastkollektives des großen Motors ein niedriges NO_x-Niveau im unteren und mittleren Lastbereich. Kleine Fahrzeuge mit tendenziell geringen Fahrwiderständen weisen ein sehr niedriges Abgastemperaturniveau auf. Diese Fahrzeuggruppe zeigt häufig einen deutlich ausgeprägten Bedarf nach einem aktiven Abgastemperaturmanagement, um die aktive Abgasnachbehandlung in das Arbeitstemperaturfenster zu bringen beziehungsweise die Katalysatoren dort zu halten.

Charakteristisch für die **Gruppe IV** sind aufgrund des spezifischen Lastkollektives des großen Motors in Verbindung mit einem großen Fahrzeug ein hohes NO_x-Niveau im unteren und mittleren Lastbereich. Große Fahrzeuge mit tendenziell hohen Fahrwiderständen, zum Beispiel SUVs, weisen ein vergleichsweise hohes mittleres Abgastemperaturniveau auf. Typischerweise ist diese Fahrzeuggruppe häufig mit Automatikgetrieben ausgerüstet. Diese Fahrzeuggruppe zeigt häufig einen Bedarf nach einer hohen NO_x-Umsatzrate der aktiven Abgasnachbehandlung, um die NO_x-Emissionen in den hohen Lastbereichen zu reduzieren. Die mittlere Abgastemperatur bewegt sich häufig auf einem hinreichend hohen Niveau und bietet vergleichsweise günstige Bedingungen für eine katalytische Abgasnachbehandlung. Große Motoren sind aufgrund ihrer Fahrleistungsanforderung häufig jedoch auch mit mehrstufiger Abgasturboaufladung ausgerüstet. Dies stellt insbesondere an das thermische Aufheizverhalten der Abgasnachbehandlung hohe Anforderungen, sofern die Abgasturboaufladung sequenziell ausgeführt ist. Die thermische Masse des Turbinensystems verhindert das schnelle Erreichen des Arbeitstemperaturbereichs der Katalysatoren nach Kaltstart.

Allgemein lassen sich den verschiedenen Fahrzeug-Motor-Kombinationsgruppen grundlegende Richtungen für die Konzeptauslegung zuweisen. Abb. 6.13 zeigt schematisch den Gruppen zugeordnete Technologiebausteine und Kombinationen.

Für die Kombination aus kleinem Motor und kleinem Fahrzeug und der daraus resultierenden beengten Bauraumsituation und hohen Kostensensitivität dieser Fahrzeugklassen fokussiert sich die Konzeptentwicklung im Schwerpunkt auf die Absenkung der motorischen Rohemissionen. Kompakte Abgasnachbehandlungssysteme ergänzen diese

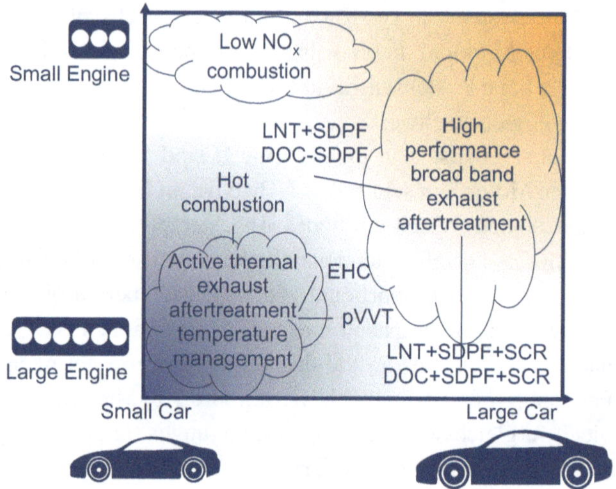

Abb. 6.13 Fahrzeug-Motor-Kombinationsgruppen zugeordnete Technologiebausteine und Kombinationen. (Quelle: IAV)

Konzeptpakete. Für die Kombination aus großem Motor und kleinem Fahrzeug fokussiert sich die Konzeptentwicklung auf ein aktives Thermomanagement im Zusammenspiel mit einer leistungsfähigen aktiven Abgasnachbehandlung im Tieftemperaturbereich. Konzeptionell ergeben sich hohe Anforderungen an die NO_x-Konvertierung der Katalysatoren, da Maßnahmen des aktiven Thermomanagements der Abgastemperatur, wie zum Beispiel ein elektrisch beheizter Katalysator (EHC), nachteiligen Einfluss auf den Kraftstoffverbrauch bzw. die CO_2-Emissionen haben. Für die Kombinationen aus kleinen und großen Motoren und großen Fahrzeugen konzentriert sich die Konzeptentwicklung auf eine sehr leistungsfähige aktive Breitbandabgasnachbehandlung. Dies eröffnet den Handlungsraum zur Senkung der CO_2-Emissionen, da diese Fahrzeugklassen in der Regel den notwendigen Bauraum zur Verfügung haben und weniger kostensensitiv sind.

Im Folgenden werden einzelne Technologiebausteine in Bezug auf ihre Eigenschaften und den Beitrag zur gesamthaften Zielerreichung näher beschrieben.

6.1.1 Technologien Dieselmotor

Zur Umsetzung der funktionalen Anforderungen steht eine Vielzahl von Technologiebausteinen zur Verfügung. Abb. 6.14 zeigt eine Übersicht verschiedenster technologischer Maßnahmen, welche geeignet sind, die Dieselmotortechnologie in Bezug auf Schadstoff- und CO_2-Emissionen zu optimieren.

Die funktionalen Entwicklungstrends motorischer Komponenten lassen sich bestimmten technischen Baugruppen zuordnen:

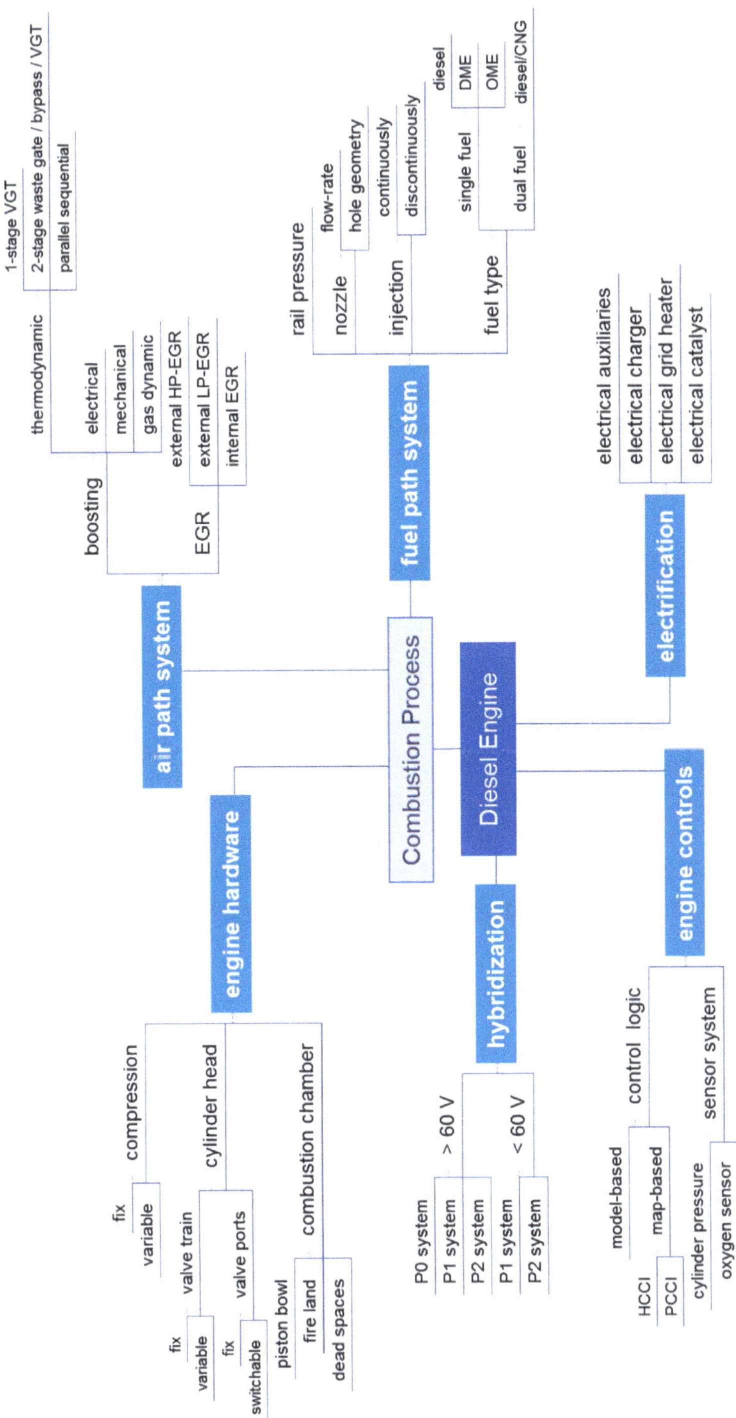

Abb. 6.14 Technologiebausteine für Dieselmotoren (schematisch). (Quelle: IAV)

Brennverfahren

Der dieselmotorische Verbrennungsprozess wird im Wesentlichen über die Luftpfad- und Kraftstoffpfadkomponenten bestimmt. Weiterhin beeinflusst auch die brennraumnahe Hardwareausführung (Zylinderkopf, Kolben) das Dieselbrennverfahren. Diese Baugruppen werden übergeordnet durch Steuer- und Regelalgorithmen zusammengeführt. Dieses dieselmotorische Grundgerüst wird zunehmend durch elektrifizierende und hybridisierende Maßnahmen/Kombinationen zur Senkung der CO_2-Emissionen flankiert (z. B. elektrisch angetriebene Nebenaggregate, Start-Stopp, Mild- oder Vollhybrid).

Luftpfad

Die Komponenten im Luftpfadsystem definieren den thermodynamischen Zustand der Zylinderladung unmittelbar vor Verbrennungsbeginn. Neben Zylinderdruck und -temperatur sind die Ladungszusammensetzung (Sauerstoff- und Inertgasanteil) und -bewegung wesentliche Parameter für die Verbrennung und damit verbunden die Schadstoffentstehung.

Kraftstoffpfad

Die sich anschließende Verbrennung wird maßgeblich durch die Komponenten im Kraftstoffpfad geprägt. Mit einer geeigneten Kombination aus Injektor/Düse und Druckspeicher („Rail“) wird die gewünschte Kraftstoffzumessung erreicht. Der weitere Verlauf der Verbrennung kann über die Art der Einbringung des Kraftstoffs in den Brennraum beeinflusst werden (z. B. Einspritzmuster, Einspritzverlauf, bedarfsgerechte Einspritzung).

Steuerung und Regelung

Als zentrale und übergeordnete Baugruppe kommt der Verbrennungssteuerung und -regelung, welche die Verbrennungsführung im Zusammenspiel mit allen Einzelbaugruppen einstellt, eine wichtige Rolle zu. Hier wird die optimale Prozessführung (CO_2-optimal vs. NO_x-PM-optimal) definiert, die unterschiedlichen logischen Ansätzen folgen kann und bei Bedarf sensorgestützt arbeitet.

Elektrifizierung

Die Baugruppe der Elektrifizierung umfasst all jene Maßnahmen, die das Verlustverhalten der Motorhardware (Nebenaggregate wie Wasser- und Ölpumpe, Lenkhilfe) bedarfsgerecht beeinflussen oder die Thermodynamik des Dieselmotors (Aufheizung der Ansaugluft, eVerdichter, eKat) unterstützen.

Hybridisierung

Die Hybridisierung umfasst Technologien, die eine alternative, zweite Möglichkeit vorsehen, Energie in den Antrieb des Fahrzeugs einzuspeisen. Fokus derartiger Komponenten ist mehrheitlich die Verbrauchsreduzierung. Grundsätzlich ist die 60-V-Spannungsgrenze zu beachten, oberhalb dieser Grenze sind besondere Sicherheitsvorkehrungen zu berücksichtigen, da dieses Spannungsniveau beim Menschen gefährliche Auswirkungen haben kann.

Wesentliche konstruktive Technologiebausteine für verbrennungsmotorisch optimierte RDE-Konzepte werden im Folgenden näher erläutert:

Brennraumgestaltung

Die Brennraummulde von Pkw-Dieselmotoren weist in den meisten Fällen eine Omega-Form auf (ω-Mulde) und ist anders als bei Nutzfahrzeug- und Großdieselmotoren verhältnismäßig tief. Abb. 6.15 zeigt exemplarisch Schnitte durch die Kolbenmulden von zwei Generationen von Daimler Vierzylinderdieselmotoren. Auf der linken Seite ist die vom Typ her bis dato weit verbreitete Omegamuldenform des Motors OM651 (EU5/EU6b) dargestellt, auf der rechten Seite die innovative Stufenmulde des aktuellen Triebwerks OM654 (EU6c). Untersuchungen haben ergeben, dass die Stufenmulde Vorteile in der Gemischbildung und Rußemission im Bereich der Volllast aufweist. Als Beitrag zur Erfüllung der RDE-Anforderungen im oberen Lastbereich kann hierdurch eine höhere AGR-Verträglichkeit erreicht werden. Zusätzlich führt die Stufe auf der Quetschfläche des Kolbens im Kurbelwinkelintervall direkt nach Zünd-OT zu einer Reduzierung der Strömungsgeschwindigkeit aus der Mulde auf die Quetschfläche. Hierdurch wird ein starkes Auskühlen der Verbrennungsgase verhindert und der kumulierte Wandwärmeverlust sinkt (Abb. 6.16). Anhand von Abb. 6.15 ist weiterhin zu erkennen, dass der Stahlkolben des Dieselmotors OM654 aufgrund seiner höheren Materialfestigkeit mit einer deutlich geringeren Kolbenhöhe ausgeführt werden konnte. Hierdurch können bei gleicher Motorbauhöhe die Pleuellänge vergrößert und die seitlichen Anlagekräfte des Kolbens und damit die Reibungsverluste reduziert werden.

Aufladung

Das Ziel der Aufladung, die Ladungsdichte des Arbeitsmediums Luft auf einen Wert oberhalb der Umgebungsdichte anzuheben und damit mehr Kraftstoff verbrennen zu können, entstammt ursprünglich allein dem Wunsch, die effektive Motorleistung und damit die

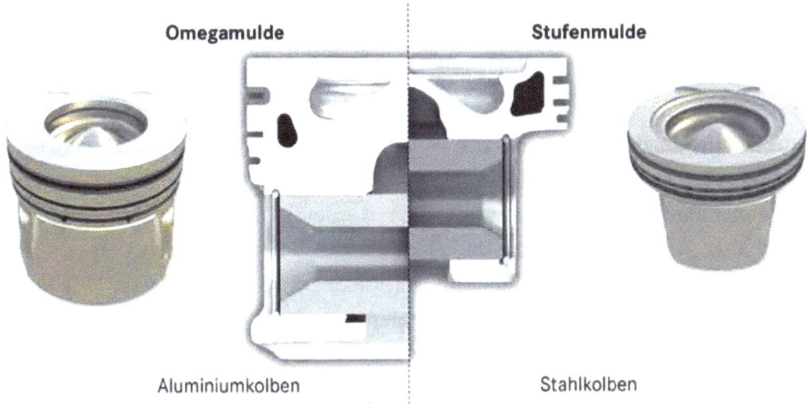

Abb. 6.15 Kolbenmuldenvergleich Daimler OM651 vs. Daimler OM654 [1]

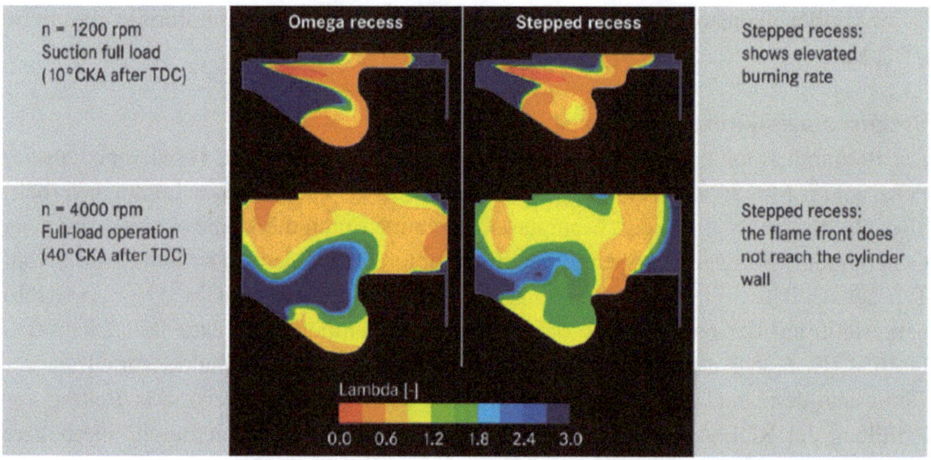

Abb. 6.16 Vergleich der Verbrennung Daimler OM651 vs. Daimler OM654 [2]

Leistungsdichte zu erhöhen. Abgesehen von diesem Volllastgedanken bietet die Aufladung im Teillastbetrieb die Möglichkeit, eine bestimmte AGR-Rate darzustellen, um damit einen wesentlichen Beitrag zur Reduzierung der NO_x-Rohemissionen zu leisten. Mit zunehmenden Teillastaufladegraden lassen sich dabei zunehmende AGR-Raten umsetzen, sodass bei der Auslegung des Aufladeaggregats besonderes Augenmerk auf den Kompromiss zwischen einem ausreichenden Ladedruckangebot im Bereich geringer Drehzahlen (Low-end Torque, LET) und Teillast einerseits und dem erforderlichen Motorschluckverhalten zur Erreichung des spezifischen Leistungsziels an der Volllast andererseits zu legen ist. Abb. 6.17 zeigt mögliche Aufladesysteme, die einen solchen Kompromiss erfüllen können. Die Gemeinsamkeit aller Systeme besteht darin, dass der Ladedruck im Nennleistungspunkt zweistufig aufgebaut wird, da der Bedarf oberhalb dessen liegt, was Radialverdichter in Pkw-Baugröße in einer Stufe darstellen können. Abgesehen vom Layout 4 wird dies durch eine serielle Verschaltung von Abgasturboladern (ATL) erreicht. Für ein leistungsfähiges Teillast- und Ansprechverhalten werden diese ATL-Kombinationen beim Layout 1 und Layout 5 mit einem elektrisch angetriebenen Strömungsverdichter (48-V-System) in Niederdruck(ND)-Position, ebenfalls seriell, verknüpft.

Als Alternative dazu wird beim Layout 2 ein dritter ATL in serieller Hochdruck(HD)-Position eingesetzt. Beim Layout 3, dem von BMW und BorgWarner Turbo Systems vorgestellten sogenannten Tri-Turbo-Konzept (R3S), werden in der HD-Position zwei ATL parallel verschaltet. Je nach Ladedruck- und Durchsatzbedarf wird entweder ein Single- (Teillast) oder Parallelbetrieb (Volllast) der HD-Turbolader eingestellt. In einer Hochleistungsvariante wurde dieses Konzept bereits mit insgesamt vier Abgasturboladern (zwei ATL in HD-Position und zwei ATL in ND-Position) vorgestellt. Layout 4 stellt ein konsequentes Verbrauchs- und Emissionskonzept dar. Im Teillastbetrieb sorgt eine entsprechend klein ausgelegte zweistufige Abgasturboaufladung für den nötigen Ladedruck. An der Volllast

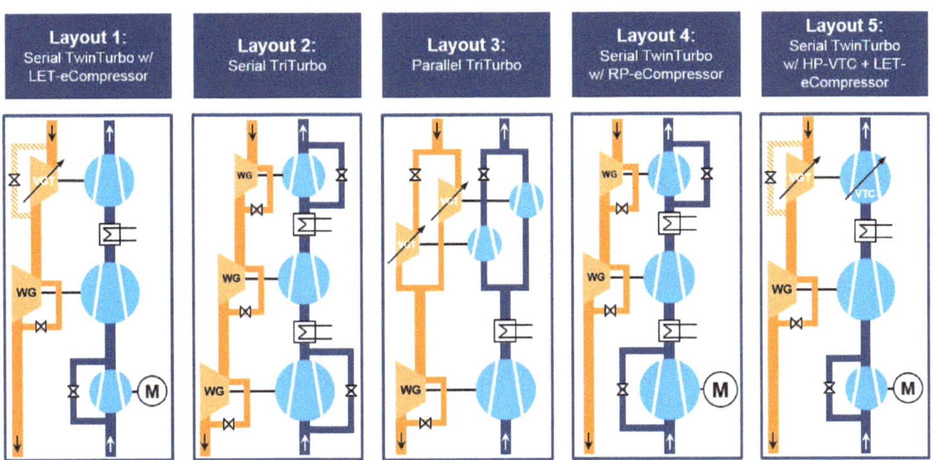

Abb. 6.17 Übersicht Aufladesysteme (schematisch) [3]

übernimmt ein mechanisch gekoppelter Strömungsverdichter (RP-mCompressor) in ND-Position in Kombination mit der Mitteldruckstufe (MD) diese Aufgabe, während die HD-Stufe bypassiert wird. Im Vergleich zum Layout 1 ist das Layout 5 zusätzlich mit einem variablen Verdichter (Variable Trim Compressor, VTC) an der HD-Stufe ausgestattet [3].

Kombinierte Hoch- und Niederdruckabgasrückführung

Abgasrückführsysteme bieten im Allgemeinen den größten Hebel, um die NO_x-Rohemissionen im Dieselmotor deutlich zu reduzieren. Durch die Zumischung von Abgas zur Frischluft sinken die Sauerstoffkonzentration und der Heizwert des Gemischs (höhere spezifische Wärme der dreiatomigen Abgaskomponenten H_2O und CO_2), sodass sowohl die Reaktionsgeschwindigkeit als auch die Verbrennungstemperatur sinken. Dies führt zu einer Verschleppung der Mechanismen zur Bildung von Stickoxiden. Allerdings besteht beim Dieselmotor der Zielkonflikt, dass hohe AGR-Raten zwar zu geringen NO_x-Emissionen führen, gleichzeitig aber die Bildung von Rußpartikeln während der Verbrennung gefördert wird.

Hier gilt es, genau abzuwägen, wie viel Abgas der Verbrennung zugeführt werden kann. Bei steigender Motorlast nimmt die Neigung zur Emission von Rußpartikeln wegen des abnehmenden Sauerstoffgehalts zu, sodass in solchen Betriebszuständen die AGR-Rate zurückgenommen wird. Bei der Ausführung der AGR-Systeme ist zwischen Hochdruck- und Niederdruckabgasrückführung zu unterscheiden. Bei der HD-AGR wird das Abgas im Abgaskrümmer vor der Abgasturboladerturbine entnommen und direkt in das Saugrohr wieder eingeleitet. Je nach Konzept wird die AGR auf dem Weg zur Einleitung gekühlt. Bei der ND-AGR wird das Abgas nach der(n) Abgasturboladerturbine(n) und dem Dieselpartikelfilter entnommen und vor dem(n) Verdichter(n) zurückgeführt. Meist wird hier eine AGR-Kühlung vorgesehen. Abb. 6.18 zeigt ein kombiniertes AGR-

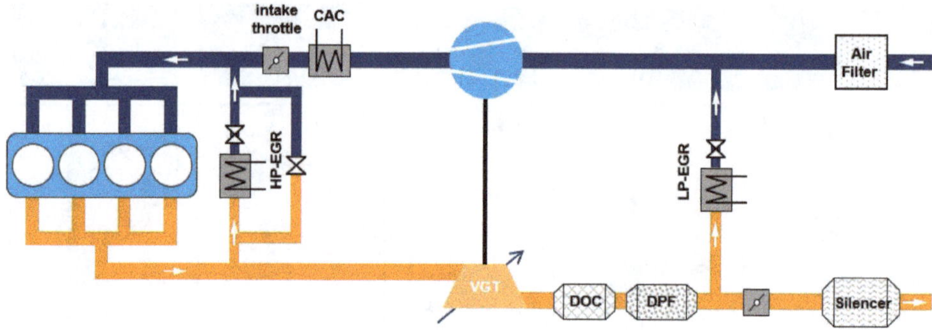

Abb. 6.18 Mehrwege-AGR-System (gekühlt) mit einstufiger Aufladung. (Quelle: IAV)

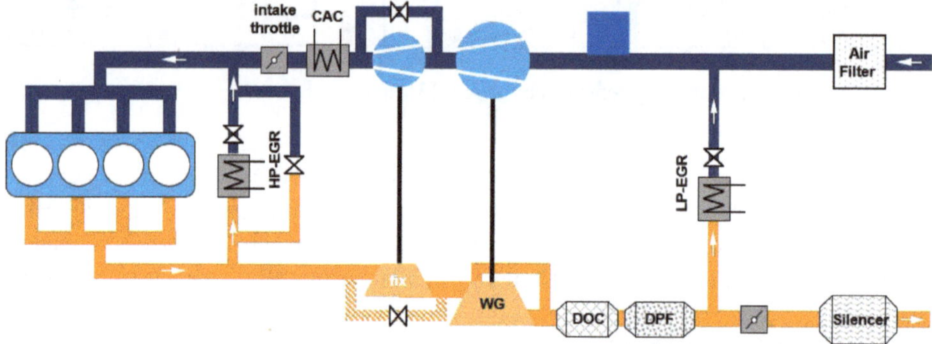

Abb. 6.19 Mehrwege-AGR-System (gekühlt) mit zweistufiger Aufladung. (Quelle: IAV)

System mit einstufiger Aufladung. Abb. 6.19 stellt selbiges mit einer zweistufigen Aufladung dar.

Variabler Ventiltrieb

Variable Ventiltriebe (VVT) werden üblicherweise unterteilt in Systeme, die die Steuerzeiten der Einlassnockenwelle (und gegebenenfalls auch der Auslassnockenwelle) verstellen, sogenannte Phasensteller und Systeme mit Hubverstellung bzw. vollvariablen Systeme. Bei der Anwendung solcher VVT-Systeme am Dieselmotor steht im Wesentlichen die Aufheizung des Motors nach einem Kaltstart mithilfe interner AGR im Vordergrund. Hier haben sich diskret schaltbare Hubverstellsysteme (in Kombination mit der Phasenverstellmöglichkeit) etabliert, die einen zweiten Auslassventilhub realisieren können (s. Abb. 6.20).

Variable Verdichtung

Mit Blick auf die künftigen gesetzlichen Vorgaben gibt es drei Ansatzpunkte für die Anwendung der variablen Verdichtung (VCR) in Pkw-Dieselmotoren (s. Abb. 6.21).

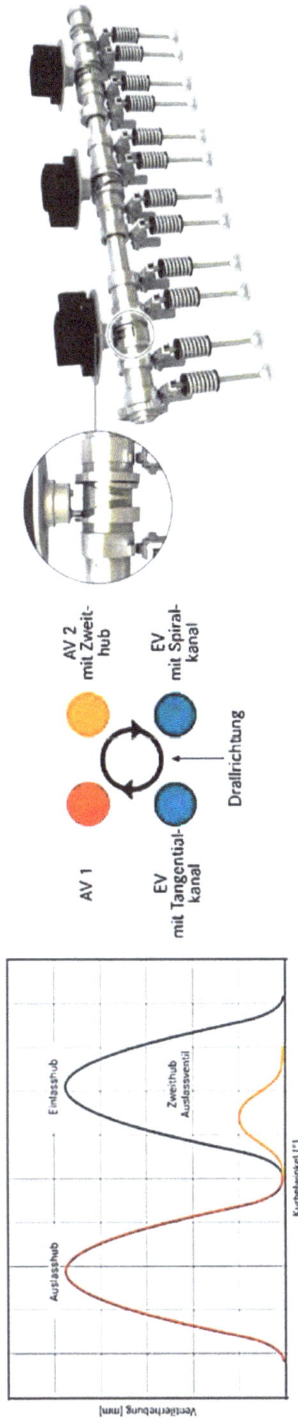

Abb. 6.20 VVT: Hubkurven für ein schaltbares System und zweitem Auslassventilhub. Beispiel für eine schaltbare Ventilhubverstellung [1]

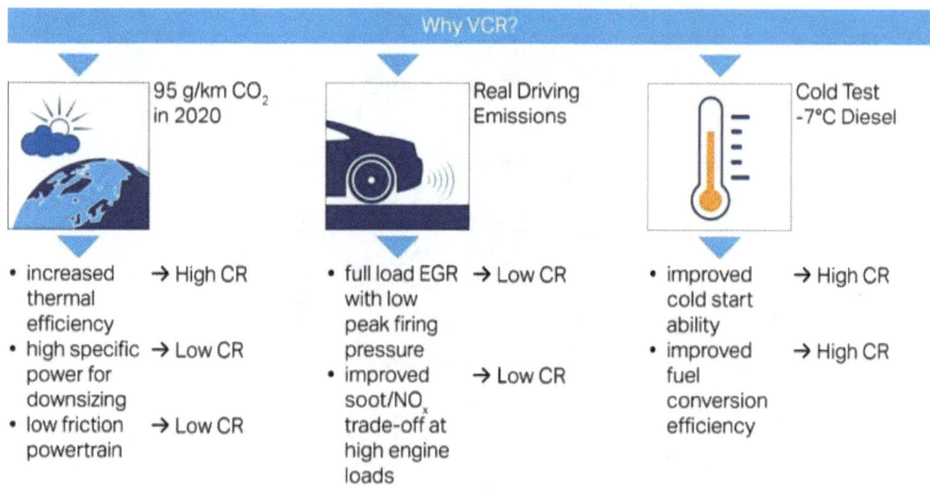

Abb. 6.21 Potenziale von VCR für Dieselmotoren [4]

Der erste Ansatzpunkt ist die seit 2007 geltende CO_2-Gesetzgebung. VCR kann einen Beitrag zur Erfüllung der CO_2-Ziele leisten, indem ε im Teillastbetrieb zugunsten eines optimalen thermischen Wirkungsgrads angehoben wird. Weiterhin besteht die Möglichkeit, VCR für eine Steigerung der spezifischen Motorleistung einzusetzen, wodurch die Reibungsverluste im Teillastbetrieb durch weiteres Downsizing gesenkt werden können. Hierbei würde die VCR-Variabilität zur Absenkung von ε im Volllastbetrieb genutzt werden.

Der zweite Ansatzpunkt ist die Real-Driving-Emission(RDE)-Gesetzgebung, die zu einer Ausweitung des für die Emissionierung relevanten Kennfeldbereichs führt. Auch wenn mit der ersten Stufe der RDE-Gesetzgebung noch nicht von der Notwendigkeit einer volllastnahen Emissionierung ausgegangen wird, so ist analog zum Nutzfahrzeugbereich langfristig mit dieser Anforderung zu rechnen. Durch die Möglichkeit, ε mittels VCR im oberen Lastbereich abzusenken, kann im Vergleich zu herkömmlichen Motoren ein erhöhter Aufladegrad in Kombination mit AGR angewendet werden. Hierbei kann die NO_x-Rohemission gesenkt werden, obwohl die Volllastlinie und der maximal zulässige Zylinderspitzendruck eingehalten werden.

Der dritte Ansatzpunkt betrifft die Veränderung der für die Emissionierung relevanten Umgebungsbedingungen bei der RDE-Gesetzgebung. Die Möglichkeit, ε anzuheben, kann einen Beitrag zur Erfüllung der Emissionsanforderungen bei Kälte und in der Höhe leisten. Gleichermaßen könnte ein variables ε deutliche Vorteile für die Emissionierung in einem Kalttest (z. B. UDC bei $-7\,°C$) aufweisen. Konstruktive Ausführungsmöglichkeiten zur Variation des Verdichtungsverhältnisses und ihrer Bewertung hinsichtlich Eignung werden im Abschn. 6.2 aufgezeigt.

6.1.2 Technologien Abgasnachbehandlung

Die Einführung von RDE bedeutet einen wichtigen Paradigmenwechsel in der Entwicklung von Abgasanlagen und -technologien. Nachdem durch den langjährigen Einsatz von Dieseloxidationskatalysatoren (DOC) und Partikelfiltern (DPF) die Schadstoffe Kohlenwasserstoffe (HC), Kohlenmonoxid (CO) und Ruß effektiv im gesamten Motorbetriebsbereich abgesenkt werden konnten, fokussiert sich die technologische Entwicklung nun auf die Absenkung der Stickoxidemissionen (NO_x). Außerdem erfordern die stringenten CO_2-Flottengrenzwerte eine weitere Erhöhung der Gesamtsystemeffizienz.

Abb. 6.22 zeigt die große Streuung der NO_x-Rohemissionen anhand von drei verschiedenen Fahrszenarien für eine durchschnittliche Motor-/Fahrzeugkombination.

Eine aktive NO_x-Abgasnachbehandlung (ANB) muss die Einhaltung von fest definierten Grenzwerten unter verschiedensten Randbedingungen sicherstellen. Dies ist eine technologische Herausforderung für die Auslegung und Applikation. So variieren im illustrierten Beispiel die erforderlichen NO_x-Konvertierungsraten des ANB-Systems zwischen etwa 46 und 87 % für die Erreichung von 80 mg/km NO_x-Emissionen (EU6 NO_x-Grenzwert Pkw Gruppe M1). Mit Einführung von RDE gewinnen neben dem Fahrprofil und der Motorapplikation eine Vielzahl von Einflussfaktoren wie beispielsweise Verkehr, Topo-

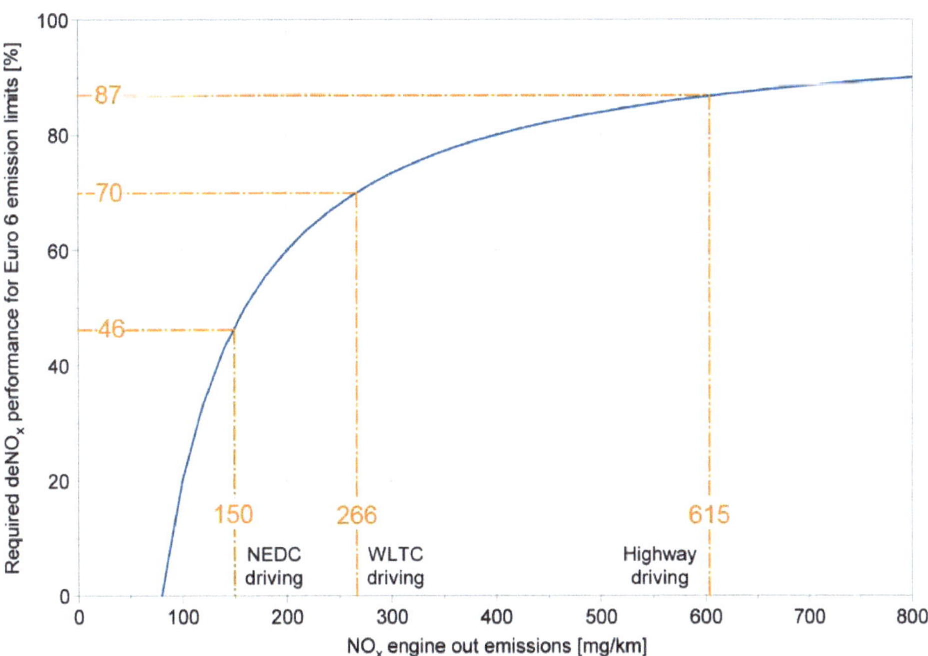

Abb. 6.22 NO_x-Umsatzratenbedarf in Abhängigkeit vom NO_x-Rohemissionsniveau und typischer Fahrszenarien. (Quelle: IAV)

logie, Fahrer und Umgebungsbedingungen an Bedeutung. Daraus ergeben sich wichtige funktionale Anforderungen an ein RDE-taugliches ANB-System.

- Hohe mittlere NO_x-Wirkungsgrade von über 90 % in einem weiten Betriebsbereich
- Kaltstartfähigkeit und hohe Tieftemperaturaktivität auch bei kalten Umgegungsbedingungen
- Hohe maximale NO_x-Wirkungsgrade für Heißfahrten im Hochlastbereich (z. B. Autobahn)
- Robustheit der Regelung und Applikation im hochtransienten Betrieb über die gesamte Produktlebensdauer

Abb. 6.23 zeigt eine Übersicht der für die NO_x-Redkution relevanten ANB-Technologien und deren Entwicklungsschwerpunkte. Es ist ersichtlich, dass das gesamte ANB-System von den Katalysatoren über die Konzepte und Anordnung bis hin zur Sensorik und Regelung RDE-tauglich entwickelt werden muss. Dies betrifft sowohl die Hardware als auch die Software. Im Folgenden werden einzelne Trends in der Entwicklung näher beschrieben.

Die Anforderung zur NO_x-Reduktion im gesamten Betriebsbereich bei niedrigen ($T < 200\,°C$) und hohen ($T > 400\,°C$) Abgastemperaturen führt zum Einsatz mehrerer NO_x-Minderungssysteme. So setzt BMW bereits seit 2008 für seine US-Konzepte auf eine Kombination von motornaher NO_x-Speichertechnologie (NSC/LNT) und einem Katalysator zur selektiven katalytischen Reduktion (SCR) im Unterboden des Fahrzeugs [5]. Abb. 6.24 zeigt ein solches NSC-cDPF-SCR-System.

Dadurch können im Kaltstart NO_x-Emissionen eingespeichert werden, bis das SCR-System seine Betriebstemperatur von $T > 180\,°C$ erreicht. Zur NSC-Regeneration, d. h. zur Reduktion der im NSC gespeicherten NO_x-Emissionen, ist ein periodischer, kurzzeitiger Fettbetrieb des Motors erforderlich. Auch Daimler setzte zunächst auf eine Kombination aus NSC und passivem SCR im Bluetec-I-Konzept. Mittlerweile verwendet Daimler in dem in 2016 neu vorgestellten 2-l-Dieselaggregat OM654 einen sog. SCR/DPF als motornahe Komponente [2]. Dabei handelt es sich um einen mit einem SCR-Washcoat beschichteten Partikelfilter. Dieser zeigt in Kombination mit einem hoch beschichteten DOC zur gesteigerten NO_2-Produktion ein ähnlich aktives Tieftemperaturverhalten wie NSC-basierte Konzepte [14, 23]. Abb. 6.25 zeigt ein DOC-SCR/DPF-SCR-System.

Der periodische Fettbetrieb entfällt dabei. Dieses System wird ergänzt mit einem nachgelagerten SCR-Katalysator vor der Entnahmestelle des ND-AGR-Systems. Audi verwendet bei seinen 3,0-l-Motoren in manchen Fahrzeugen, beispielsweise Audi A4, eine Kombination aus NSC/LNT und SCR/DPF [6]. Abb. 6.26 zeigt ein NSC-SCR/DPF-System.

Dieses Konzept ermögicht maximale Tieftemperaturaktivität bei minimalem Bedarf an Heizmaßnahmen. Allen Herstellern gemeinsam ist die Verwendung der SCR-Technolgie mit AdBlue bzw. NH_3 als Reduktionsmittel als Basis für die aktive NO_x-Minderung der Dieselantriebe. Für Hochtemperaturanwendungen, beispielsweise für relativ kleine

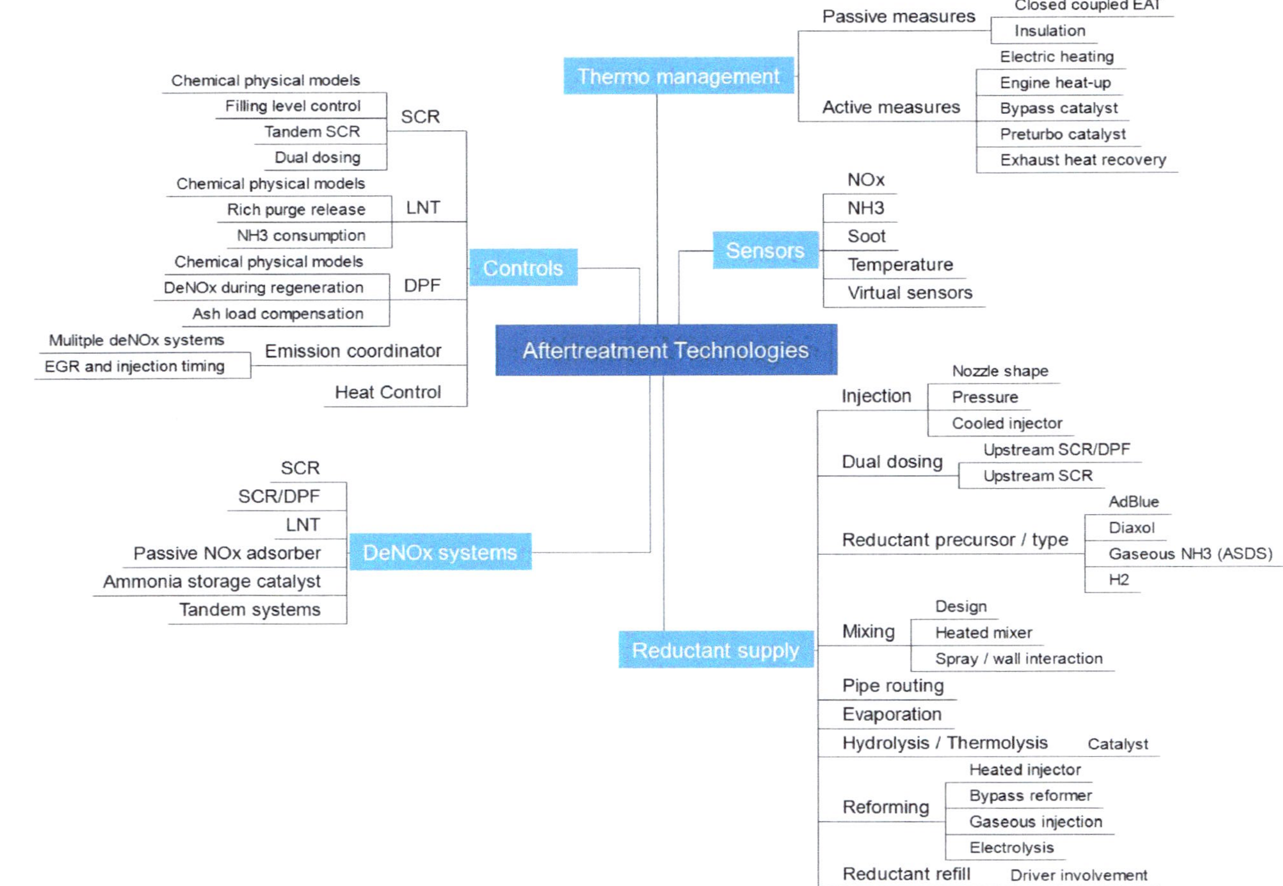

Abb. 6.23 Technologiebausteine der Abgasnachbehandlung für Dieselmotoren (schematisch). (Quelle: IAV)

Abb. 6.24 Systemlayout NSC-cDPF-SCR-System [5]

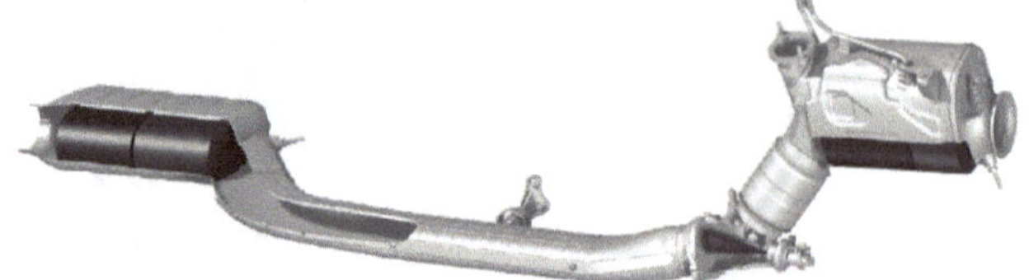

Motoren in schweren Fahrzeugen, kann ein zusätzlicher SCR-Katalysator im Unterboden notwendig werden. Konzeptionelles Ziel ist die thermische Entkopplung der beiden NO_x-Minderungssysteme [7]. Außerdem ist zu erwarten, dass für solche Konzepte auch mehrere Dosiermodule zum Einsatz kommen werden. Insbesondere in Kombination mit einer Niederdruckabgasrückführung mit Abgang nach SCR/DPF ist der Einsatz eines zweiten AdBlue-Dosierventils sinnvoll, um den Motor vor der Zuführung von NH_3 zu schützen und die NH_3-Füllstandsregelung des zweiten SCR-Katalysators zu vereinfachen. Vorteilhaft ist die getrennte Regelung der NH_3-Füllstände der SCR-Katalysatoren und damit der NO_x-Konvertierung in den jeweiligen SCR-Katalysatoren. Dadurch kann auch eine erhöhte NH_3-Oxidation für $T > 400\,°C$ im motornahen System vermieden werden, sodass beispielsweise während der DPF-Regeneration mittels des SCR-Unterbodensystems hohe NO_x-Konvertierungsraten erzielt werden können. Nachteilig sind außer den steigenden Systemkosten die Zunahme an Systemkomplexität, Sensorik und das erschwerte Packaging zu nennen. Die Katalysatorentwicklung fokussiert einerseits auf die Beschichtungs- und Substrattechnologien. So werden beispielsweise NSC- und SCR-Beschichtungen fortlaufend verbessert hinsichtlich Konvertierungsverhalten und Alterungsstabilität [8]. Außerdem werden Technolgien wie passive NO_x-Speicher- oder NH_3-Schlupfkatalysatoren weiterentwickelt. Andererseits bietet die zunehmende Elektrifizierung des Antriebsstrangs, beispielsweise durch Einführung von 48-V-Bordnetzsystemen

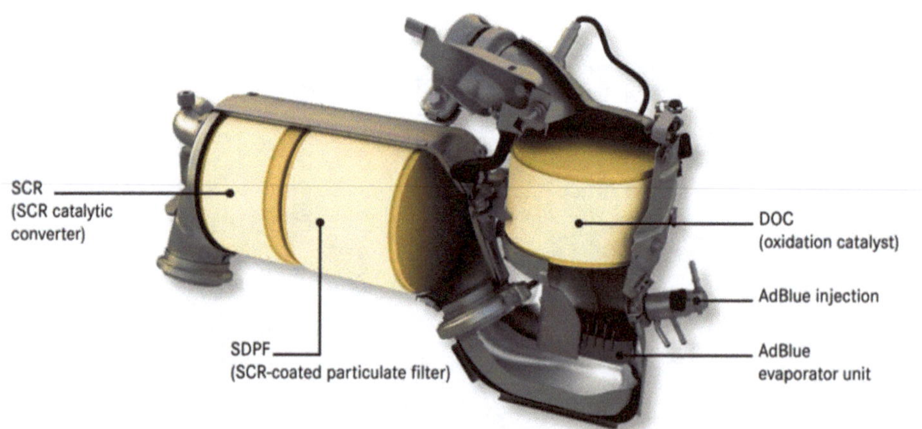

Abb. 6.25 Systemlayout DOC-SCR/DPF-SCR-System [2]

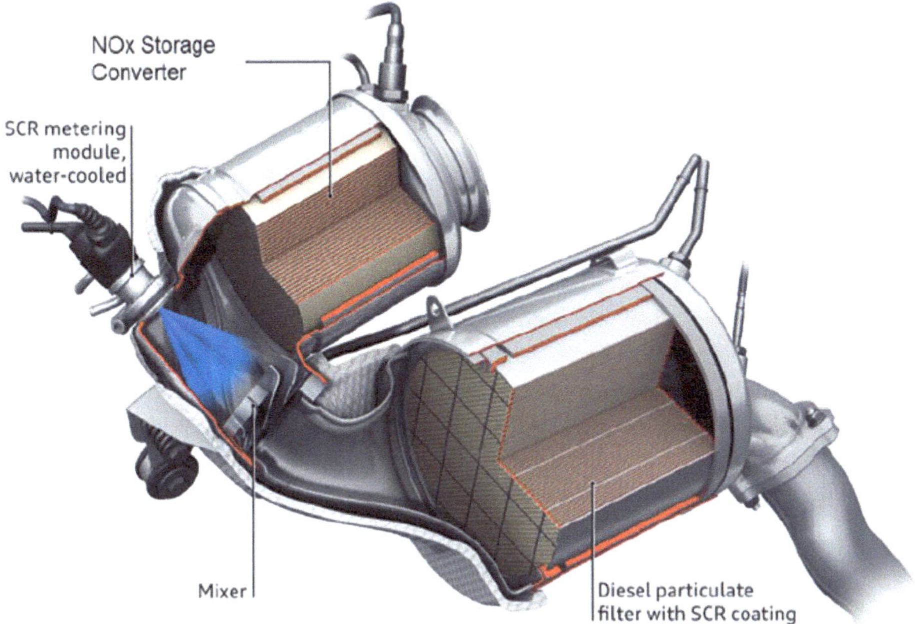

Abb. 6.26 Systemlayout NSC-SCR/DPF-System [6]

und systematischer Hybridisierung der Fahrzeuge, die Möglichkeit, elektrisch beheizbare Katalysatoren einzusetzen. Diese führen zu einer weiteren Verbesserung der Kaltstartfähigkeit der ANB-Systeme [9]. Abb. 6.27 zeigt einen elektrisch beheizten Katalysator.

Die Anwendung eines elektrisch beheizten Katalysators ist konzeptionell an die Leistungsfähigkeit des elektrischen Bordnetzes gekoppelt. Zu beachten sind die darstellbaren elektrischen Leistungen. Diese sind direkt abhängig vom zur Verfügung stehenden Spannungsniveau des Fahrzeuges. Erste Anwendungen auf 14-V-Basis werden mit Leistungen

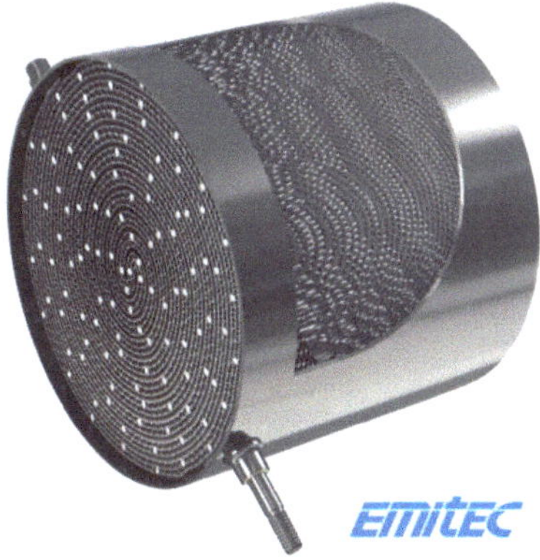

Abb. 6.27 Elektrisch beheizter Katalysator [10]

bis etwa 1 kW zeitlich begrenzt betrieben. Auf Basis eines höheren Spannungsniveaus von 48 V werden höhere Leistungen in Verbindung mit einem besseren Gesamtwirkungsgrad erzielt. Im Bereich der Regelungskonzepte werden verstärkt chemisch-physikalisch basierte Streckenmodelle für die einzelnen DeNO$_x$-Katalysatoren wie SCR und NSC in der Motorsteuerung eingesetzt (Abb. 6.28; [11]).

Durch die Abbildung der Reaktionskinetik von Katalysatoren und der damit einhergehenden Steigerung der Modellgüte erscheint sowohl eine verbesserte Regelqualität hinsichtlich NO$_x$-Konvertierung und NH_3-Schlupf als auch eine Closed-Loop-Regelung mit NH_3-Schlupfprädiktion umsetzbar. Ebenso können Adaptionsfunktionen vereinfacht und das Alterungsverhalten abgebildet werden. Außerdem sei noch auf die Möglichkeit zur Einsparung von Sensorik verwiesen, wenn prädiktive Modelle zum Einsatz kommen.

Einhergehend mit der Erweiterung der Funktionalität besteht die konzeptionelle Zielsetzung, die Elemente der Abgasnachbehandlung in einer möglichst kompakten Anordnung mit einem hohen Verblockungsgrad in das Umfeld des Antriebs zu integrieren. Konstruktiv wird versucht, die Abgasanlage möglichst motornah zu platzieren, um thermische Verluste und aktives Heizen zu minimieren. Da der Bauraum begrenzt ist und für die SCR-Anwendung periphere Systeme zur AdBlue-Einspritzung erforderlich sind, ist dies häufig nur bei neuentwickelten Fahrzeug- und Motorkonzepten möglich. Um eine hinreichende NO$_x$-Umsatzrate über den relevanten Fahrzeugbetrieb sicherstellen zu können, werden Katalysatoren in verschiedenen Sequenzen betrieben. Die Gesamtarchitektur der Abgasnachbehandlung wird unter Beachtung der Packagerestriktionen an das jeweilige Fahrzeug oder die Fahrzeugklasse angepasst. Hierbei kommen begleitend mit der Verschärfung der RDE-Konformitätsfaktoren durch die Anforderungen der Realfahremissionen vermehrt ANB-SCR-Systeme mit bis zu drei aktiven DeNO$_x$-Katalysatoren zum

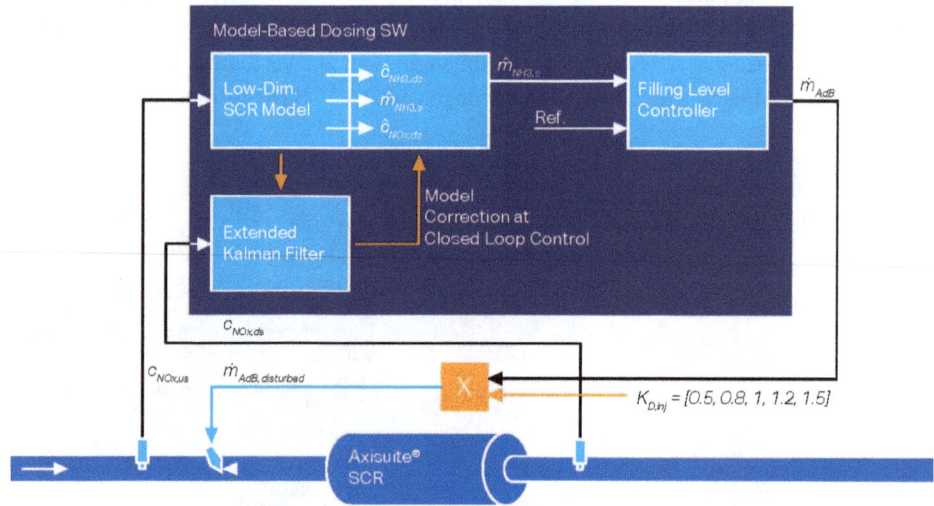

Abb. 6.28 Chemisch-physikalisches Regelungskonzept für einen SCR-Katalysator [11]

Einsatz. Wesentliches Merkmal dieser Architektur ist die Erweiterung des Arbeitstemperaturfensters bei der Abgasentstickung. Konzeptionell wird hierbei eine Trennung der Funktion für den Tieftemperaturbereich und für den Hochtemperaturbereich angestrebt. Abb. 6.29 zeigt schematisch und beispielhaft unterschiedliche Varianten der Anordnung eines ausgewählten Abgasnachbehandlungssystems am Beispiel einer NSC-SCR/DPF-SCR-ASC-Kombination.

Im Zusammenhang mit der Verbesserung der Tieftemperaturfunktionalität werden auch Katalysatoranordnungen vor der Turbine oder im schaltbaren Turbinenbypass untersucht [15]. Diese zeigen ein hohes Kaltstartpotenzial, erfordern aber Maßnahmen wie elektrische Aufladung zur Sicherstellung der Motorleistungsfähigkeit und -agilität. Auch kommt dem Einsatz von aktivem Thermomanagement, d. h. dem bedarfsgerechten Bereitstellen von Wärme im Abgasstrang, eine immer größere Bedeutung zu. Dies umfasst neben motorischen und elektrischen Heizmaßnahmen auch die Abgasenergierückgewinnung beziehungsweise Speicherung von Latentwärme [24]. Für die Maximierung der Leistungsfähigkeit von SCR-Katalysatoren ist die Aufbereitung des SCR-Reduktionsmittels von großer Bedeutung. Als Reduktionmittel wird mit einer weiten Marktdurchdringung die wässrige Harnstofflösung (AdBlue®) bereitgestellt. Voraussetzung ist eine stabile und hohe NO_x-Umsatzrate, bei hoher NH_3-Ausbeute und hoher Robustheit gegen NH_3-Schlupf sowie eine hohe Gleichverteilung von NH_3 vor dem SCR-Katalysator aufgrund des Trends zu sehr kompakten Mischstrecken mit charakteristisch kurzen Mischlängen. Es werden unter RDE-Anforderungen NH_3-Gleichverteilungen von über 95 % angestrebt. Abb. 6.30 zeigt ein ausgeführtes Beispiel von Daimler.

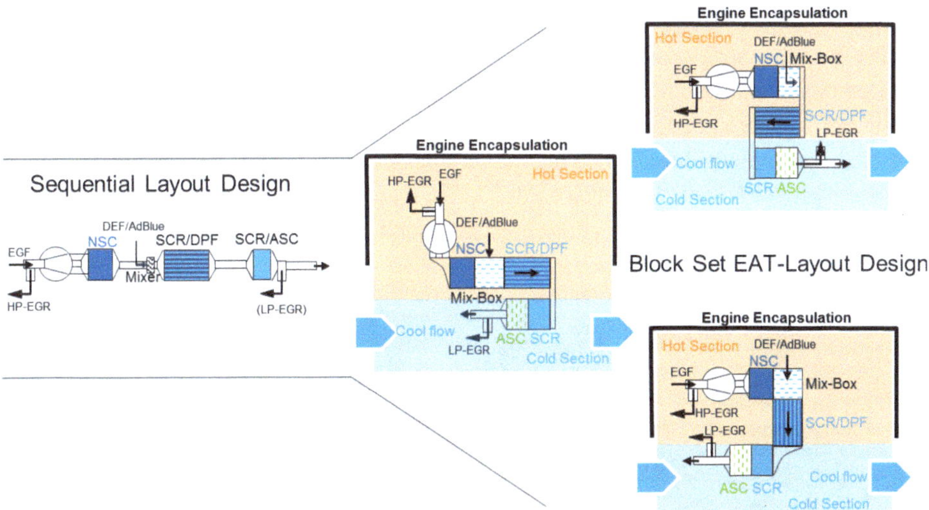

Abb. 6.29 Layoutvarianten von kompakten NSC-SCR/DPF-SCR-ASC-Kombinationen. (Quelle: IAV)

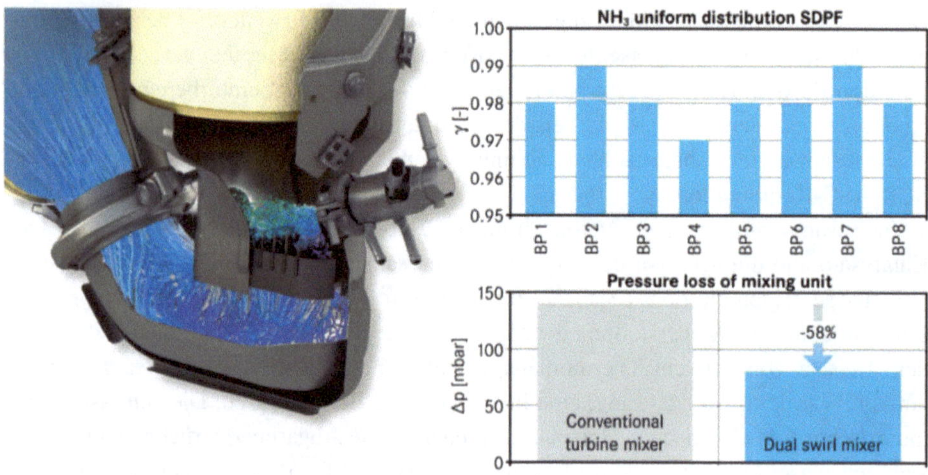

Abb. 6.30 Gleichverteilung und Druckverlust des Dual-Swirl-Mischers [2]

Ein weiterer wichtiger Trend ist die effektive Reduktionsmittelbereitstellung im ANB-System auch bei niedrigen Abgastemperaturen ($T < 150\,°C$). Hier stoßen herkömmliche AdBlue-basierte Systeme an eine physikalische Grenze, da die eindosierte Harnstoff-Wasser-Lösung ausreichend Abgasenthaltpie zum Verdampfen von Wasser und zur hydrolytischen und thermolytischen NH_3-Produktion benötigt. Neben der Entwicklung von Technologien zur gasförmigen NH_3-Bereitstellung wie AdBlue-Reformer oder das ASDS-System (Ammonia Storage and Delivery System) von Amminex werden auch Hydrolysebeschichtungen, elektrisch beheizte Injektoren und Mischelemente erforscht und unter Kosten-Nutzen-Aspekten bewertet [13]. Abb. 6.31 zeigt den Aufbau eines ASDS-Systems des Komponentenherstellers Amminex [12].

Zusammengefasst bedeutet RDE zwar eine große Herausforderung für die zukünftige Dieselfahrzeugentwicklung. Doch die Vielzahl an technologischen Weiterentwicklungen und deren großes Potential belegen eindrücklich, dass Niedrigstemissionskonzepte im gesamten Motorbetriebsbereich technisch machbar und z. T. schon in Anwendung sind.

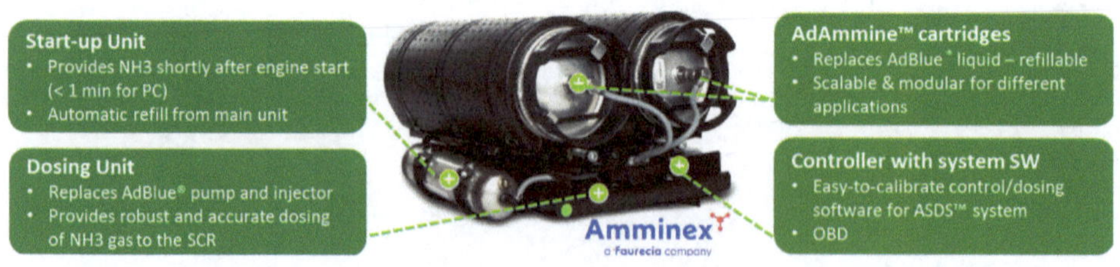

Abb. 6.31 Aufbau ASDS-System [12]

6.1.3 Systemdefinition

Technologie

In den vorangegangenen Abschnitten wurden einzelne technologische Bausteine bezüglich ihrer Funktion und Wirksamkeit beschrieben. Die Anpassung eines Pkw-Antriebs kann aufgrund des sich grundlegend geänderten Anforderungsprofils der gesetzlichen Rahmenbedingungen gegenüber einem EU5- oder auch initialen EU6-Stand technisch durchaus weitreichend sein. Verschiedene Fahrzeugklassen und Motortypen sind in unterschiedlichem Maße hiervon betroffen. Große und schwere Fahrzeuge des Premiumsegments wurden häufig schon mit einer geeigneten Basistechnologie des Motors und der Abgasnachbehandlung mit dem Übergang von EU5 zu EU6 ausgerüstet. Hingegen sind Kleinwagen bisher mit sehr kostengünstigen Technologiepaketen ausgerüstet (z. B. NSC-only-Abgasnachbehandlungssysteme). Die ingenieurmäßige Aufgabe besteht nun in der Systemdefinition des jeweils anwendungsspezifischen wirtschaftlich optimalen Technologiepakets. Schlüsseltechnologie hierbei ist die aktive NO_x-Abgasnachbehandlung. Abb. 6.32 zeigt schematisch verschiedene Technologieoptionen zur Darstellung eines Hochleistungsabgasnachbehandlungssystems. Charakteristisches Merkmal ist die Kombination von zwei unterschiedlichen Technologien, die sowohl die Abdeckung des Tieftemperaturbereiches als auch des Hochtemperaturbereiches ermöglichen.

Die SCR-Technologie bildet die Basistechnologie einer jeden Variante. Für den Tieftemperaturbereich kommt alternativ eine NO_x-Speichertechnologie oder ein elektrisch beheizter Katalysator, vorzugsweise auf 48-V-Basis, zum Einsatz. Als motorische Alternative oder auch ergänzend kann ein teilvariabler Ventilrieb den robusten Betrieb der NO_x-

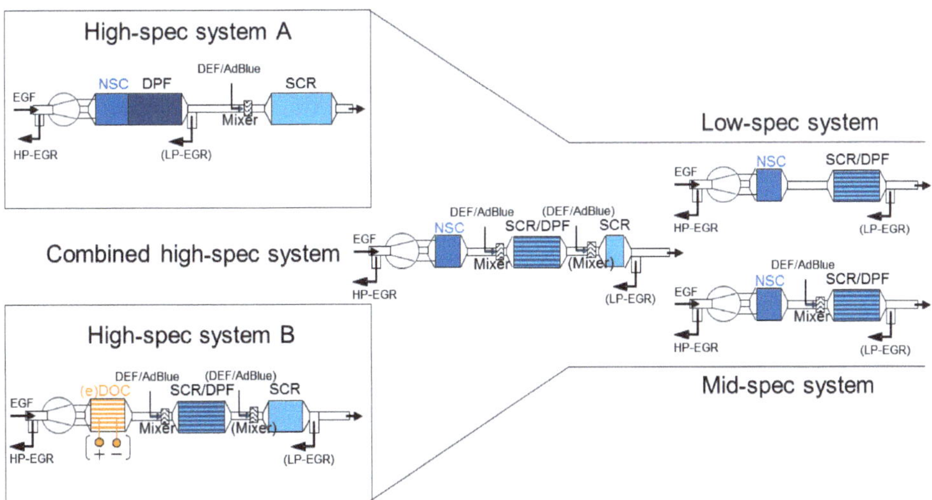

Abb. 6.32 Technologieoptionen zur Darstellung eines Hochleistungsabgasnachbehandlungssystems. (Quelle: IAV)

Katalysatoren unter Realfahrbedingungen sicherstellen. Je nach erforderlichem NO_x-Minderungspotenzial wird das Abgasnachbehandlungssystem skaliert werden. Bei einem großen NO_x-Minderungsbedarf kommen kombinierte Hochleistungssysteme (High Spec System A/B, Combined High Spec System) zum Einsatz. Je nach dem Einsatz motorischer Technologiebausteine und deren Systemarchitektur, zum Beispiel einer Niederdruckabgasrückführung (LP-EGR), kann der Einsatz eines zweiten Dosierventils zum Betrieb des zweiten SCR-Katalysators regelungstechnisch sinnvoll wirtschaftlich vertretbar sein. Bei einem mittleren NO_x-Minderungsbedarf kommt ein kombiniertes Basissystem (Mid Spec System) zum Einsatz. Bei einem sehr niedrigen NO_x-Minderungsbedarf kann es sinnvoll sein, ein kombiniertes und kostengünstiges Elementarsystem (Low Spec System) einzusetzen. Hier ist jedoch eine weitreichende Reduzierung der innermotorischen NO_x-Emissionen notwendig. Ein „Low-NO_x-Brennverfahren“ in Kombination mit einem hohen Elektrifizierungsgrad des Dieselantriebs könnte ein geeignetes Technologiepaket für definierte Fahrzeugklassen sein. Dieses System bedarf jedoch einer sorgfältigen regelungstechnischen Optimierung. Zeitlich gesehen wurde vom Gesetzgeber ein Phase-in bezüglich der NO_x-Endrohremissionen definiert. Mit Ablauf der Monitoring-Phase zur Bewertung der technischen Machbarkeit in der Anwendungsbreite des Serieneinsatzes, sind weitere konzeptionelle Entwicklungsschritte zu realisieren, um den Konformitätsfaktor (CF) von 2,1 auf ein Niveau von 1,5 zu entwickeln. Eine weitere Absenkung des Konformitätsfaktors unter 1,5 wird öffentlich diskutiert. Die Realisierbarkeit bedarf jedoch einer weitreichenden Anpassung der Antriebskonzepte [15] und einer Weiterentwicklung der PEMS-Messtechniktechnologie.

Systemansätze NO_x CF = 2,1

Die erste Aufgabe besteht in der Identifikation des technischen Bedarfs, um den gesetzlichen Anforderungen Rechnung zu tragen. Das heißt, im ersten Schritt ist ein geeignetes Technologiepaket zu definieren, welches in der Lage ist, in allen normalen und relevanten Fahrsituationen, die NO_x-Endrohremissionen bis zum maximal 2,1-fachen des gültigen NO_x-Grenzwertes unter Realfahremissionen zu betreiben. Auf Basis eines geeigneten EU6-Basis-Technologiepakets ist konzeptionell zur Erreichung eines Konformitätsfak-

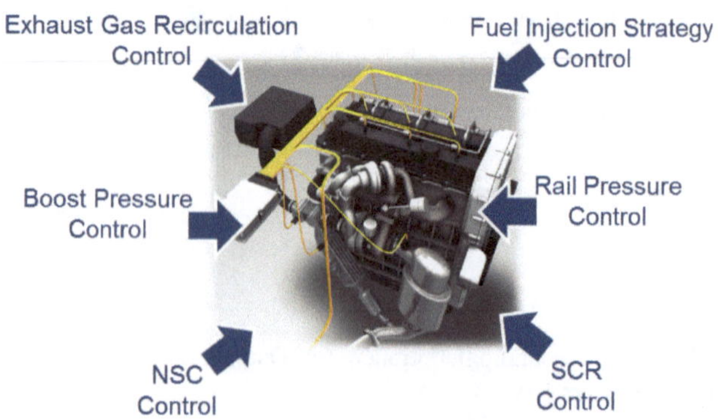

Abb. 6.33 Funktionale Stellhebel der Regelung und Steuerung eines Dieselmotors. (Quelle: IAV)

tors von 2,1 eine Anpassung der Verbrennungsführung auf die geänderten Anforderungen unter Realfahrbedingungen mithilfe der Motorsteuerung ausreichend. In erster Line besteht die Aufgabe in der vollständigen Erschließung des verfügbaren Hardwarepotenzials. Abb. 6.33 zeigt schematisch wichtige funktionale Stellhebel zur Optimierung des Pkw-Dieselmotors.

Systemansätze NO_x CF = 1,5

In der nächsten Ausbaustufe der Technologiepakete bedarf es deren Anpassung, um die Fahrzeuge in allen normalen und relevanten Fahrsituationen mit NO_x-Endrohremissionen bis zum maximal 1,5-fachen des gültigen NO_x-Grenzwerts unter Realfahremissionen zu betreiben. Abb. 6.34 zeigt exemplarisch ein RDE-Konzeptfahrzeug (E-Segment), welches wichtige technische Elemente vereint und aus einer EU5-Basisvariante mittels Systemarchitekturanpassung abgeleitet wurde.

Das ausgeführte Niedrigstemissionsforschungsfahrzeug ist mit einem ANB-High-Spec-System B konzipiert. Abb. 6.35 zeigt beispielhaft die Architektur des Hochleistungsabgasnachbehandlungssystems.

Wesentlicher Bestandteil des Konzeptes ist eine Hochleistungs-ANB. Sie beinhaltet einen elektrisch beheizten Katalysator (EHC) auf Basis eines Metallsubstrats in motornaher Position. Die Katalysatorbeschichtung des EHC wurde hinsichtlich eines verbesserten Anspringverhaltens bei gleichzeitig anforderungsgerechter NO_2-Ausbeute und HC-Konvertierungseffizienz optimiert. Der beschichtete DPF des Basisfahrzeugs wurde durch integrierten SCR/DPF gleichen Volumens ersetzt. Dessen Siliziumkarbidsubstrat besitzt eine optimierte, schmale Porenradienverteilung und erreicht damit ein niedriges Gegendruckniveau bei gleichzeitig erhöhter Washcoatbeladung im Vergleich zu früheren Technologien. Mit Hinblick auf ein besonders gutes NO_x-Reduktionsanspringverhalten wurde eine Kupfer-Zeolith-Beschichtung ausgewählt. Im Unterboden wurde ein zusätzlicher SCR-Katalysator angeordnet. Dessen Spezifikation entspricht weitgehend dem Standard aktueller SCR-Systeme für Pkw-Anwendungen.

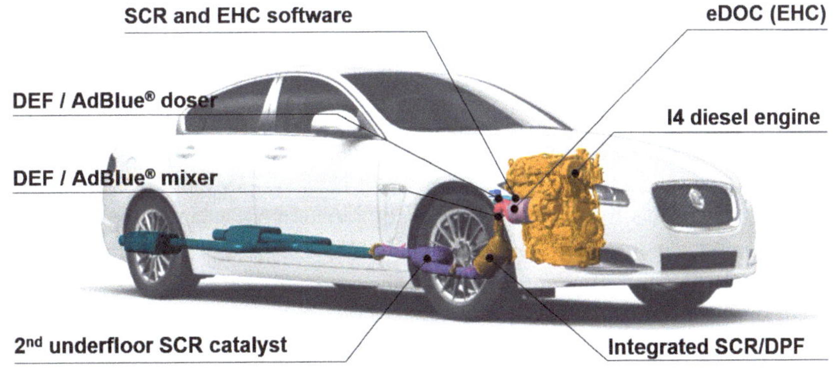

Abb. 6.34 RDE-Konzeptfahrzeug (E-Segment) [14]

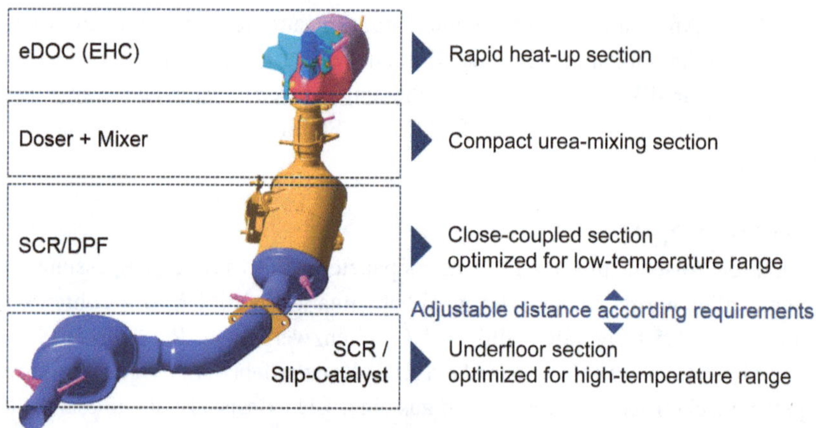

Abb. 6.35 Architektur des Hochleistungsabgasnachbehandlungssystems [10]

Entwicklungsmethodik

Die Einführung von RDE erfordert auch für die Entwicklungsmethodik große Veränderungen, um zukünftig robuste, gesetzeskonforme Antriebskonzepte entwickeln zu können [25]. Das Abprüfen im realen Fahrbetrieb mittels PEMS für die Fahrzeugzulassung vervielfacht den Parametereinflussraum auf die Abgasemissionen; zu berücksichtigende Einflussgrößen sind beispielsweise Fahrdynamik und Verkehrsdichte. Es ist experimentell unter Kosten-Nutzen-Aspekten nicht sinnvoll, ANB-Konzepte unter allen denkbaren Rand- und Umgebungsbedingungen zu analysieren. Außerdem lässt sich ein Straßentest aufgrund der stochastischen Eigenschaften des Straßenverkehrs nicht exakt wiederholen, was eine gezielte Systemanalyse und die Ableitung geeigneter applikativer Maßnahmen erheblich erschwert. Die weiterhin steigende Komplexität von modernen Dieselantrieben und komplexen ANB-Systemen erfordert bereits in der frühen Konzeptentwicklungsphase Ansätze zur Gesamtsystemoptimierung, um richtige Technologieentscheidungen treffen zu können. So muss die funktionale Konzepttauglichkeit von Hardware und Software frühzeitig nachgewiesen werden, oftmals lange bevor entsprechende Systemprototypen verfügbar sind. Die steigende Variantenvielfalt und verkürzte Entwicklungszeiten wirken problemverschärfend. Deshalb tritt an die Stelle des konventionellen Entwicklungsprozesses sukzessive ein modellbasierter Ansatz, welcher gesamte Prozessschritte virtuell abbildet. So ist es möglich, mittels einer simulationsbasierten Methodik RDE-Konzepte und Applikationen am Schreibtisch zu entwickeln [19]. Die Basis eines solchen Ansatzes beziehungsweise das Kernelement ist die Kombination eines Umgebungsmodells mit validierten, hochgenauen Modellen des Gesamtsystems. Abb. 6.36 zeigt beispielhaft eine Modellumgebung mithilfe derer eine effektive und effiziente Konzeption komplexer Antriebspakete realisiert werden kann.

Die hochleistungsfähigen Komponentenmodelle werden innerhalb der Offlinefahrzeugsimulation, als Model in the Loop (MiL) für Fahrzustandssimulationen und als Rapid-

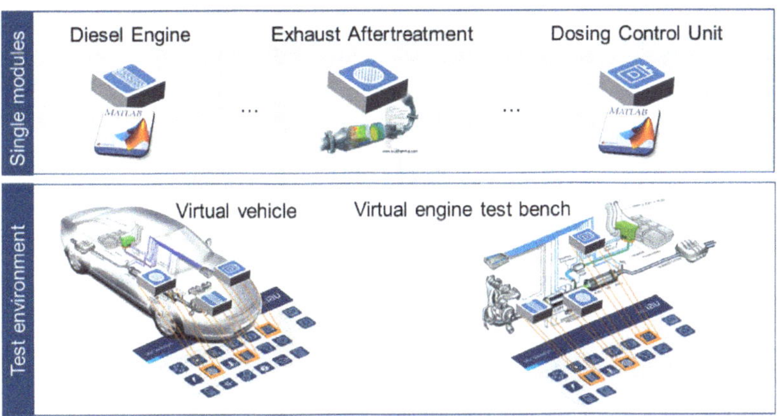

Abb. 6.36 Beispielhafte CAE-Modellumgebung zur effektiven und effizienten Konzeption komplexer Antriebspakete [16]

Prototype-Anwendungen am Motorprüfstand in Verbindung mit dem realen Motor eingesetzt (Component in the Loop, CiL). Die virtuelle Entwicklungsumgebung ist ein sehr leistungsfähiges Werkzeug in der Konzeptentwicklung, welche zur Kostenreduktion, Verkürzung der Entwicklungszeit und Sicherung der Ergebnisqualität unter wirtschaftlichen Aspekten unverzichtbar geworden ist. Schlüsselfaktoren für eine effektive Simulationsumgebung sind hohe Flexibilität der Modellumgebung und eine methodisch konsistente Struktur. Ein Umgebungsmodell (Abb. 6.37) enthält neben parametrierbaren klimatischen Bedingungen die Möglichkeit, Kartenmaterial zu importieren, die Verkehrsdichte vorzugeben und Fahrereigenschaften zu definieren. Somit kann die Planung von Straßentests digital am Rechner durchgeführt werden, um beliebige Szenarien zu erstellen, diese auf RDE-Konformität zu prüfen und simulativ zu testen [17].

Ein Modell des Gesamtsystems enthält validierte und hochgenaue Modelle von Motor, Fahrzeug und ANB inklusive der Steuerung (Abb. 6.38). Dieser virtuelle Applikationsarbeitsplatz (VCD) umfasst neben den beschriebenen Teilmodellen zur Systemabbildung auch die entsprechenden Tools und Prozesse zur Simulationsautomatisierung und Erstellung von steuergerätefähigen Applikationsständen sowie deren Übertragung in reale Versuchsträger [17].

In Abb. 6.39 sind Ergebnisse eines simulativen ANB-Konzeptvergleichs mittels VCD auf einer exemplarischen RDE-Route für ein mittleres Fahrzeugsegment dargestellt. Alle ANB-Konzepte verfügen über mehrere aktive NO_x-Minderungssysteme (System A: NSC-cDPF-SCR, System B: NSC-SCR/DPF-SCR, System C: DOC-SCR/DPF-SCR). Die Ergebnisse wurden für Standardumgebungsbedingungen erzeugt. Variiert wurde in der Simulation der Fahrereinfluss (Normal Driving, Severe Driving), um die Konzepte gegeneinander zu bewerten. Es ist zu erkennen, dass sich die unterschiedlichen Fahrstile sowohl auf die Fahrdauer als auch auf die NO_x-Rohemissionen auswirken. Der aggressive Fahrstil mit dem häufigeren Beschleunigen und Verzögern sowie eine abschnittsweise

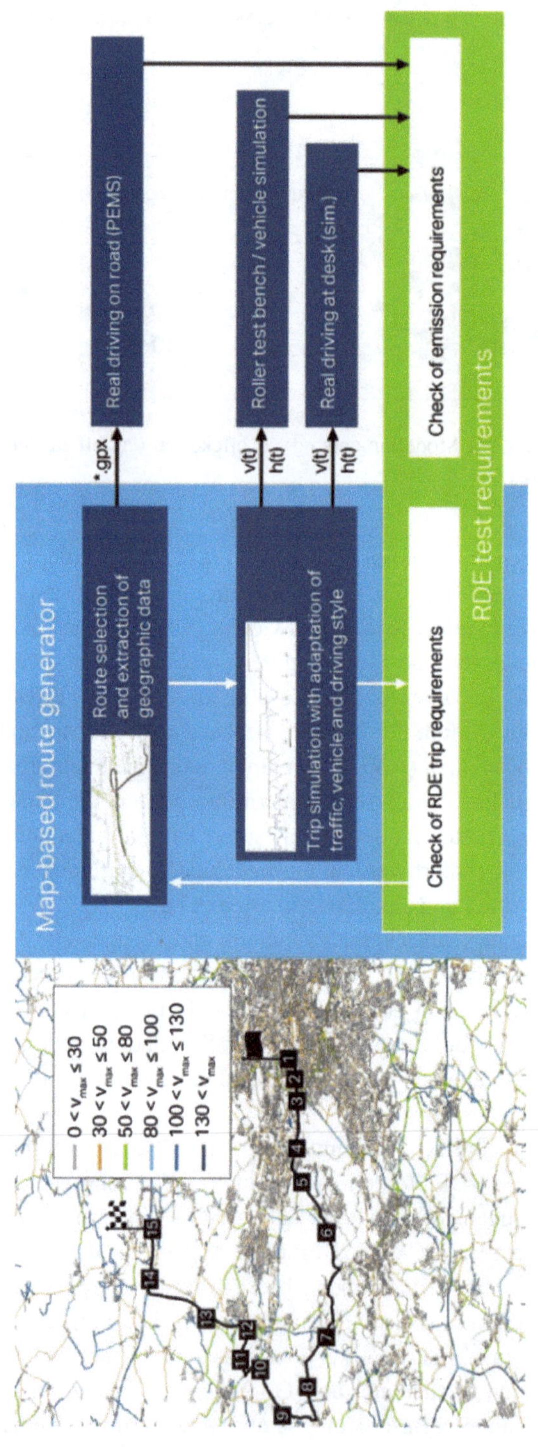

Abb. 6.37 CAE-Umgebungsmodell [17]

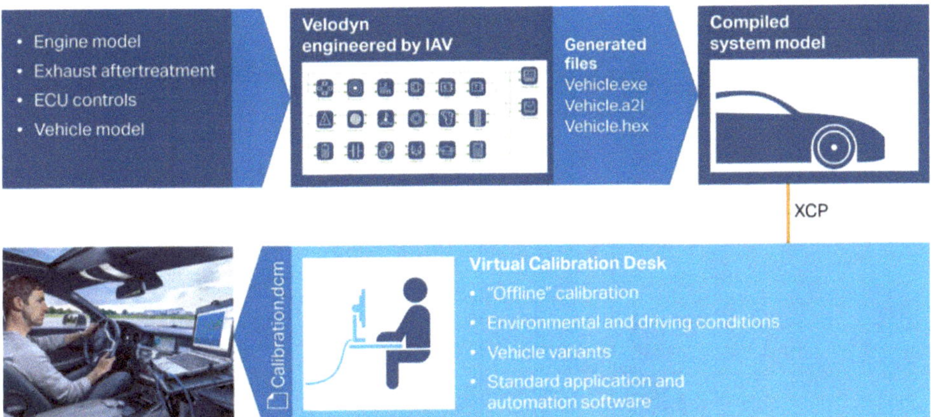

Abb. 6.38 Modell des Gesamtsystems inklusive hochgenauer Modelle von Motor, Fahrzeug und Abgasnachbehandlung und deren Steuersystemen [17]

erhöhte Geschwindigkeit führen zu einem starken Anstieg der NO_x-Rohemissionen. Alle drei ANB-Konzepte sind bei normalem Fahrstil in der Lage, die Emissionen auf dieser RDE-Strecke um mehr als 90 % abzusenken. Ausschlaggebend dafür sind hauptsächlich die SCR-Komponenten. Es kann kein signifikanter systembedingter Vorteil beobachtet werden. Konzept 2 mit motornahem NSK und SCR/DPF zeigt tendenziell die höchsten Konvertierungsraten. Auch bei aggressivem Fahrstill liegen die Konvertierungsraten robust bei ca. 90 % und gehen nur um 2–5 Prozentpunkte zurück.

Dies verdeutlicht sehr anschaulich, was zukünftige Dieselantriebe in Verbindung mit Hochleistungs-ANB-Konzepten leisten können, um die RDE-Anforderungen zu erfüllen. Ausschlaggebend ist ein ausreichend dimensioniertes und auf das Gesamtsystem abgestimmtes ANB-Konzept.

6.2 Ottomotoren-Pkw

Ein starker Fokus der Entwicklung von Benzinmotoren liegt in der CO_2-Emissionsreduzierung. Ist für die Automobilhersteller aktuell noch ein CO_2 Flottenverbrauch von 130 g/km verbindlich, so sind es im Jahr 2021 nur noch 95 g/km. Ein Mittel, die Effizienz der Motoren insbesondere in der Teillast zu steigern, ist das Downsizing. Unterstützt durch die Entwicklungen im Bereich der Aufladung nimmt der Marktanteil downgesizter direkteinspritzender Turbomotoren seit Jahren stetig zu. Die Abgasturboaufladung sowie das zur Steigerung des Anfahrdrehmoments hilfreiche Spülen (Scavenging) unterstützen zudem den Einsatz verbrauchsoptimierter Getriebeübersetzungen. Zur Abgasnachbehandlung kommt ein 3-Wege-Katalysator zum Einsatz, welcher bei einem Kraftstoff-Luft-Verhältnis von Lambda (λ) = 1 die verbleibenden CO-, HC- und NO_x-Emissionen nahezu vollständig in CO_2, H_2O und N_2 umwandelt.

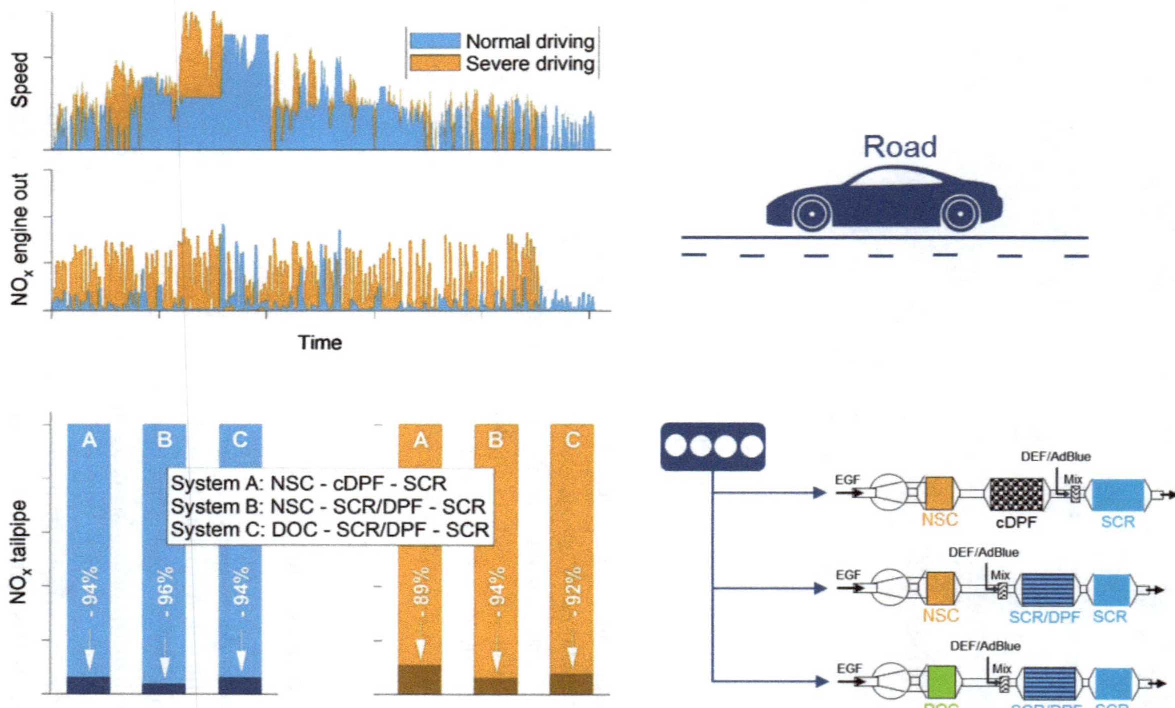

Abb. 6.39 Ergebnisse eines simulativen ANB-Konzeptvergleichs mittels VCD auf einer exemplarischen RDE-Route. (Quelle IAV)

Zum Bauteilschutz wird das Kraftstoff-Luft-Gemisch in Nennleistungsnähe angereichert. Die hierbei zusätzlich eingespritzte Kraftstoffmenge entzieht dem Brennraum Verdampfungswärme, wodurch die Abgastemperatur zum Schutz von Abgasturbolader und Katalysator abgesenkt werden kann. Ab dem 1. September 2017 wird der „Neue Europäische Fahrzyklus" (NEFZ) für Typgenehmigungen neuer Fahrzeugtypen vom „Worldwide Harmonized Light Vehicles Test Cycle" (WLTC) abgelöst (s. Kap. 2 „RDE Gesetzgebung-Grundlagen"). Ergänzend kommt im Rahmen der Abgasnorm Euro 6d-TEMP ein zusätzlicher Straßentest (Real Driving Emissions, RDE) hinzu. Im Rahmen des WLTC werden die Komponenten CO, HC (NMHC), NO_x, PM und PN limitiert. Im ersten Schritt werden im RDE-Testverfahren die NO_x-Emissionen und die Partikelanzahl überprüft. Der Partikelanzahlgrenzwert gilt vorerst nur für direkteinspritzende Motoren. Insbesondere der neue RDE-Straßentest stellt neue Herausforderungen an die Ottomotoren-Entwicklung, da er im Gegensatz zum NEFZ ein deutlich größeres Drehzahl/Last-Spektrum des Motors abdeckt, sowie eine deutlich größere Dynamik und Vielfalt in den Randbedingungen (Umgebungstemperaturen und -drücke) aufweist.

6.2.1 Technologien Ottomotor

Ottomotoren gehören weltweit betrachtet zu der Hauptantriebsquelle von Personenkraftwagen. Ihre Weiterentwicklung hat eine unverändert hohe Priorität. Neben der Reibungsminimierung und Optimierung des Thermomanagements, der Elektrifizierung von Nebenaggregaten und der Verwendung alternativer Kraftstoffe muss vor allem das Brennverfahren für zukünftige Ottomotoren weiterentwickelt werden. Es werden drei Handlungsfelder für die ottomotorische Brennverfahrensentwicklung identifiziert, welche im Anschluss näher erläutert werden sollen:

- Anfahrdrehmoment
- Bauteilschutz
- Kennfeldweite Effizienzsteigerung und Emissionsreduktion

Anfahrdrehmoment

Durch Spülen mittels Ventilüberschneidung kann die Frischgasladung erhöht und somit auch das Drehmoment der Motoren im Anfahrbereich deutlich verbessert werden. Während des Spülens sind die Ein- und Auslassventile gleichzeitig geöffnet. Durch das vorhandene Spülgefälle (Saugrohrdruck > Abgasdruck) kann das heiße, sich noch im Zylinder befindliche Restgas durch die einströmende kalte Frischluft ausgespült werden. Hierdurch reduziert sich die Klopfneigung und es können frühere Zündwinkel und damit auch effizientere Verbrennungsschwerpunktlagen ermöglicht werden. Des Weiteren wird durch das Spülen der Abgasmassenstrom erhöht und das Enthalpieangebot für den Abgasturbolader gesteigert, wodurch dieser einen höheren Ladedruck zur Verfügung stellen kann. Durch die Erhöhung des Frischluftmassenstroms verschiebt sich der Betriebspunkt im Verdichterkennfeld von der Pumpgrenze weg, hin zu Bereichen mit besseren Wirkungsgraden. Diese Effekte sorgen für eine deutliche Steigerung des Drehmomentniveaus bei geringen Motordrehzahlen (Anfahrdrehmoment). Hohe Spülraten sind jedoch mit einem stark verdünnten Abgas verbunden (Lambda $\gg$ 1), weshalb die NO_x-Reduktion im Drei-Wege-Katalysator eingeschränkt ist. Um eine vollständige Konvertierung der Abgaskomponenten CO, HC und NO_x bei Einsatz eines Drei-Wege-Katalysators zu gewährleisten, müssen die Spülraten so stark reduziert werden, dass ein Lambda $\approx$ 1-Betrieb im Abgas gewährleistet werden kann. Lässt man im Brennraum ein leistungsoptimales, fettes Kraftstoff-Luft-Gemisch in Höhe von Lambda $\approx$ 0,9 zu, welches zudem das Klopfverhalten positiv beeinflusst und damit frühere Zündwinkel zulässt, ist es weiterhin möglich, das Spülen in diesem Betriebsbereich zu nutzen. Die Spülraten sind hierbei jedoch deutlich geringer als bei heutigen Applikationen und liegen dann im Bereich von rund 10 %. Die Verringerung der Spülrate ist mit einer Absenkung des Drehmomentniveaus verbunden, Abb. 6.40.

Die aktuellen Entwicklungen im Bereich der Aufladung von Ottomotoren zeigen großes Potenzial, dieses Leistungsdefizit zu kompensieren. Dazu muss ein hohes Ladedruckniveau bei geringen Motordrehzahlen zur Verfügung gestellt werden können. Abb. 6.40 zeigt aktuelle Entwicklungstendenzen der Aufladetechnik. Neben der Optimierung von Lagerung, Aerodynamik und Massenträgheit der aktuell genutzten Aufladeaggregate sind es unter anderem Verdichter mit variablem Trim, welche im Fokus der Entwicklung stehen. Mehrstufige Aufladeeinheiten ermöglichen es, eine hohe Motorleistung mit einem hohen Anfahrdrehmoment zu kombinieren. Die fortschreitende Elektrifizierung des Antriebsstrangs ermöglicht den Einsatz von elektrisch angetriebenen Aufladesystemen, wie z. B. einer elektrischen Zusatzaufladung oder einer elektrisch unterstützten Aufladung. Die Kombination einer elektrischen Zusatzaufladung mit einem Abgasturbolader ermöglicht es, hohe Motorleistungen mit einem hohen Anfahrdrehmoment zu kombinieren, wobei

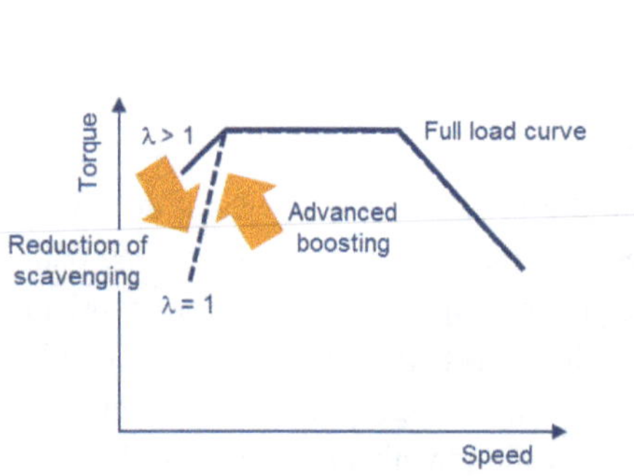

Advanced boosting systems

- Optimization of Standard TC
  - Bearing
  - Aerodynamic efficiency
  - Reduction of inertia (TiAL)
  - Variable Trim Compressor
- Multistage boosting
  - SC-VNT (Serial compressor variable nozzle turbine)
  - Two-stage boosting
  - Mechanical compressor + TC
- Electrification and electrified multistage boosting systems
  - eCompressor
  - eCompressor + TC
  - Electrically assisted TC
  - eCompressor + Two-stage TC
  - EAVS (Electrically assisted variable supercharger)
  - EAVS + TC
  - Electrically assisted SC-VNT

Abb. 6.40 Aktuelle Entwicklungstendenzen der Aufladetechnik. (Quelle: IAV)

gleichzeitig ein exzellentes Transientverhalten dargestellt werden kann. Weiterhin entfällt im Vergleich zu einem zweistufigen Aufladesystem die zweite Turbine, wodurch sich Vorteile in der Ladungswechseleffizienz und im Aufheizverhalten der Abgasnachbehandlungskomponenten ergeben. Die Positionierung der elektrischen Zusatzaufladung bietet hinsichtlich des Packages Flexibilität, da sie unabhängig von der Abgasseite des Motors erfolgen kann. Eine Alternative stellt die Integration eines 48 V Startergenerators (ISG) dar. Im Falle einer Lastanforderung kann dieser mit einer elektrischen Leistung von bis zu 12 kW unterstützen, welche direkt auf die Kurbelwelle des Motors übertragen wird.

Bauteilschutz

Moderne Ottomotoren fetten aus Gründen des thermischen Bauteilschutzes im Nennleistungsbereich das Kraftstoff-Luft-Gemisch an. Insbesondere downgesizte Motoren, welche eine sehr hohe spezifische Leistung aufweisen, haben einen hohen Anreicherungsbedarf. Die aus den hohen Prozesstemperaturen und -drücken resultierende Klopfsensibilität erfordert späte Verbrennungsschwerpunktlagen, welche sich ohne die Gemischanreicherung in kritisch hohen Abgastemperaturen äußern würden. Daher wird das Gemisch zum Schutz von Abgasturbolader und Katalysator angereichert, wobei der Brennraumladung durch die Verdampfung des zusätzlich eingespritzten Kraftstoffs Wärme entzogen wird. Die Abgastemperatur wird somit gesenkt. Nachteilig äußert sich die Anfettung in erhöhten CO- und HC-Rohemissionen. Diese können durch den unterstöchiometrischen Betrieb nicht im Katalysator zu CO_2 und H_2O oxidiert werden. Abb. 6.41 zeigt Alternativen zur Gemischanreicherung bei Nennleistung. Einige dieser Technologien sollen im Weiteren genauer erläutert werden.

Eine Möglichkeit, den Bereich mit stöchiometrischem Kraftstoff-Luft-Gemisch auszuweiten, liefern wassergekühlte Abgaskrümmer und wassergekühlte Turbolader. Diese reduzieren jedoch nur den Anfettungsbedarf und haben keine positive Wirkung auf die

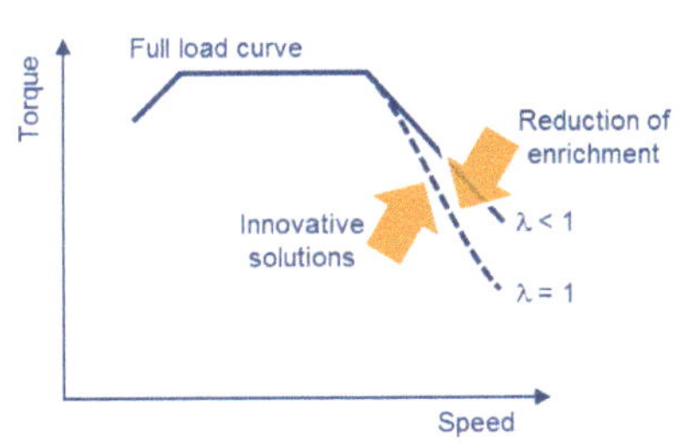

Innovative solutions
- Cooled engine parts
- Waste heat recovery
- Chiller
- Derating
- Hybridization
- High-temperature materials
- eBooster + new TC matching
- External cooled EGR
- H_2O injection
- Variable compression ratio (VCR)
- Pre-chamber spark plug

Abb. 6.41 Alternativen zur Gemischanreicherung. (Quelle: IAV)

Klopfneigung. Abb. 6.42 zeigt den Zylinderkopf eines Ottomotors mit wassergekühltem Abgaskrümmer.

Weitaus mehr Potenzial bietet eine Wassereinspritzung, wobei das Wasser in das Saugrohr oder direkt in den Brennraum eingespritzt werden kann. Der Abb. 6.43 können die Potenziale beider Varianten entnommen werden. Durch die Verdampfung des Wassers im Brennraum kann die Verbrennungstemperatur abgesenkt werden. Dadurch reduziert sich die Klopfneigung und es können frühere Verbrennungsschwerpunktlagen realisiert werden. Die Gesamteffizienz wird hierbei deutlich gesteigert. Darüber hinaus verringert sich der Ladedruckbedarf, wobei durch den damit einhergehenden geringeren Abgasgegendruck wiederum ein Vorteil hinsichtlich Restgasgehalt und Klopfneigung zu verzeichnen ist.

Bis zur Serienreife dieser Technologie sind jedoch noch einige Herausforderungen zu lösen. Insbesondere die Wasserbereitstellung stellt eine noch zu lösende Aufgabe dar. Das Befüllen eines zusätzlichen Tanks mit destilliertem Wasser stellt keine optimale Lösung dar [27].

Eine weitere Möglichkeit, den Bereich wirkungsgradoptimaler Verbrennungsschwerpunktlagen zu erweitern, bietet aufgrund der klopfmindernden Wirkung die externe Abgasrückführung. Bei konventionellen Ottomotoren kommt in der Schwachlast die ungekühlte interne AGR zum Einsatz, welche durch Ventilüberschneidungen realisiert wird. Hierfür ist der Einsatz von variablen Ventilsteuerzeiten notwendig. Die interne Abgasrückführung dient hierbei einerseits der Minimierung des Zündverzugs und somit der Erhöhung der Verbrennungsstabilität, andererseits können aber auch die Wandwärme- und die Ladungswechselverluste verringert werden. Die interne AGR wirkt sich positiv auf den Wirkungsgrad in der Teillast aus.

Im klopfrelevanten Bereich bei höheren Motorlasten kann die gekühlte externe Abgasrückführung eingesetzt werden. Entsprechende Systeme benötigen einen zusätzlichen Kühler und ein Regelventil.

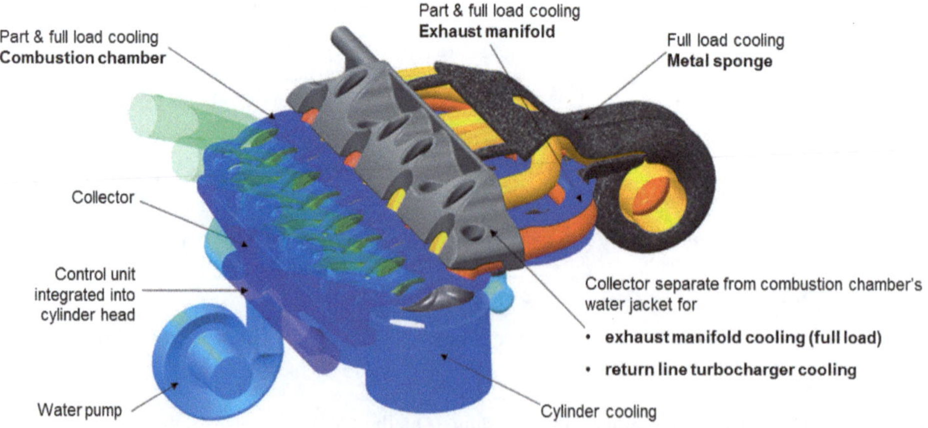

Abb. 6.42 Zylinderkopf eines Ottomotors mit wassergekühltem Abgaskrümmer. (Quelle: IAV)

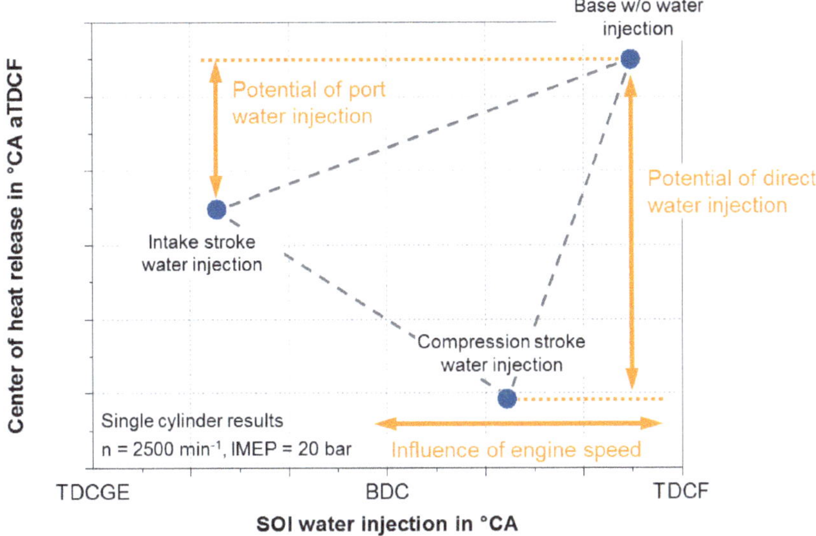

Abb. 6.43 Wassereinspritzung – Potenzialvergleich. (Quelle: IAV)

Im Falle der Abgasentnahme vor Turbine und der Beimischung nach Verdichter spricht man von einer Hochdruckabgasrückführung (HD-AGR). Wird das Abgas nach der Turbine entnommen, durch einen AGR-Kühler geleitet und vor dem Verdichter eingeleitet, wird von einer gekühlten Niederdruckabgasrückführung (ND-AGR) gesprochen. Abb. 6.44 zeigt beispielhaft die Niederdruck-AGR-Strecke des Nissan MR16 DDT. Mithilfe der externen Abgasrückführung kann einerseits durch die Entdrosselung die Ladungswechselarbeit in der Teillast reduziert werden, andererseits kann durch die geänderte Gaszusammensetzung der Prozesswirkungsgrad verbessert werden. Durch das zusätzliche Abgas im Brennraum werden die Verbrennungstemperatur und damit die Klopfneigung reduziert und es können deutlich frühere Verbrennungsschwerpunktlagen realisiert werden. Gleichermaßen verringern sich die Wandwärmeverluste. Durch die näher am thermodynamischen Optimum liegenden Verbrennungsschwerpunktlagen kann zudem das Abgastemperaturniveau abgesenkt werden. Vorteile der HD-AGR sind im Allgemeinen in Nennleistungsnähe zu finden und machen sich im Vergleich zur ND-AGR in einem verbesserten Ladungswechselwirkungsgrad bemerkbar. Daraus resultiert ein höheres Leistungspotenzial bei Lambda = 1. Nachteilig macht sich das nicht vorhandene Spülgefälle an beziehungsweise in der Nähe der unteren Volllast bemerkbar, weshalb dort keine HD-AGR genutzt werden kann. Vorteile der ND-AGR sind in einem im Vergleich zur HD-AGR erweiterten Betriebsbereich zu sehen. Um mithilfe der externen Abgasrückführung eine möglichst große CO_2-Minderung zu erzielen, sind relativ hohe AGR-Raten notwendig. Abhängig vom AGR-Konzept und vom Betriebspunkt kann die Gesamt-AGR-Rate bis zu ca. 35 % betragen. Sehr hohe AGR-Raten verlängern jedoch die Zündverzüge und Brenndauern und können zu Zündaussetzern führen. Die Stabilität der Verbrennung ist

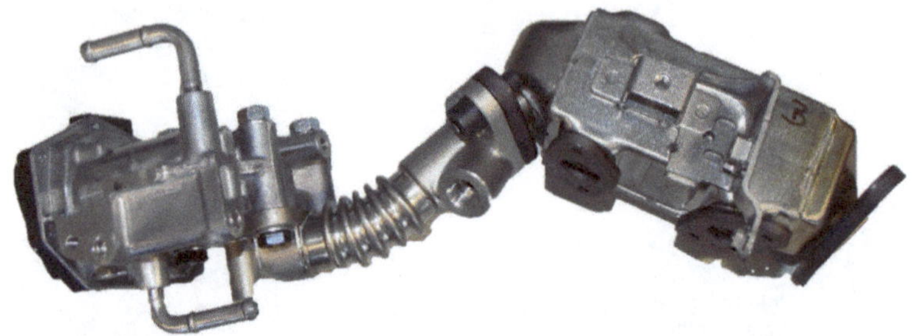

Abb. 6.44 Niederdruck-AGR-System des Nissan MR16 DDT. (Quelle: IAV)

ein begrenzender Faktor. Leistungsfähige Zündsysteme, welche den Zündverzug verkürzen, helfen, das volle Potenzial der externen AGR auszuschöpfen. Das gleiche gilt für alle Maßnahmen, die der Erhöhung der Brenngeschwindigkeit dienen. Hierzu zählen einerseits Modifikationen am Einspritzsystem für eine schnellere und verbesserte Gemischaufbereitung (höhere Einspritzdrücke, kleinere Düsenlöcher, größere Düsenlochanzahl), aber auch eine angepasste Ladungsbewegung. Der Einsatz der externen Abgasrückführung erfordert darüber hinaus Anpassungen des Aufladesystems und des Basistriebwerks, um ein möglichst großes CO_2-Minderungspotenzial zu erschließen. Die maximal realisierbare AGR-Rate wird durch die Leistung des Abgasturboladers und die maximal zulässigen Zylinderdrücke limitiert. Eine weitere große Herausforderung stellt die präzise transiente Regelung der AGR-Rate dar. Die HD-AGR hat hier konzeptbedingt aufgrund der geringeren Volumina einen Vorteil in Form einer schnelleren Systemreaktion. Die Phlegmatisierung des verbrennungsmotorischen Betriebs im Hybridverbund vereinfacht den Einsatz der externen AGR.

Kennfeldweite Effizienzsteigerung und Emissionsreduktion

Abb. 6.45 zeigt weitere Brennverfahrenstechnologien zur Effizienzsteigerung und Reduktion von Emissionsbestandteilen, welche bei zukünftigen Ottomotoren zum Einsatz kommen werden.

Alternativ zur Ladungsverdünnung durch Abgas kann das Kraftstoffgemisch auch durch einen hohen Luftüberschuss verdünnt werden (Magerbrennverfahren). Gegenüber der Abgasrückführung bietet dieses Brennverfahren aufgrund der besseren kalorischen Gemischeigenschaften Wirkungsgradvorteile. Abb. 6.46 zeigt Versuchsergebnisse einer Lambdavariation für verschiedene Lasten bei einer Drehzahl von $n = 1350\,\text{min}^{-1}$. Es ist zu erkennen, dass in Hinblick auf niedrigen Kraftstoffverbrauch bei gleichzeitig niedriger NO_x-Emission ein Lambda-Wert von $\lambda = 2$ anzustreben ist.

Eine große Herausforderung bei Magerbrennverfahren ist die Sicherstellung der Zündfähigkeit des Gemischs. Eine Variante, das zu ermöglichen, besteht in der Verwendung der Kammerkerze. Innerhalb einer Vorkammer befindet sich zum Zeitpunkt der Zündung ein im Vergleich zum restlichen Zylinder deutlich fetteres und damit zündfähiges Gemisch. Das entflammte Teilvolumen entzündet anschließend das Gemisch im Zylinder. Als Nach-

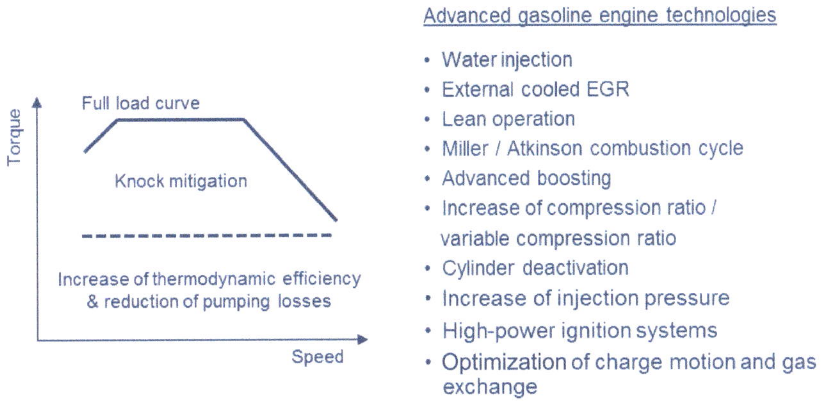

Torque
Full load curve
Knock mitigation
Increase of thermodynamic efficiency
& reduction of pumping losses
Speed
Advanced gasoline engine technologies
• Water injection
• External cooled EGR
• Lean operation
• Miller / Atkinson combustion cycle
• Advanced boosting
• Increase of compression ratio / variable compression ratio
• Cylinder deactivation
• Increase of injection pressure
• High-power ignition systems
• Optimization of charge motion and gas exchange

Abb. 6.45 Ottomotorische Brennverfahrenstechnologien. (Quelle: IAV)

Lean combustion
Load section n = 1350 min⁻¹
BMEP = 2 bar
BMEP = 4 bar
BMEP = 8 bar
BSFC in g/kWh
PMEP in bar
COV in %
Spec. NOx-emission in g/kWh
λ

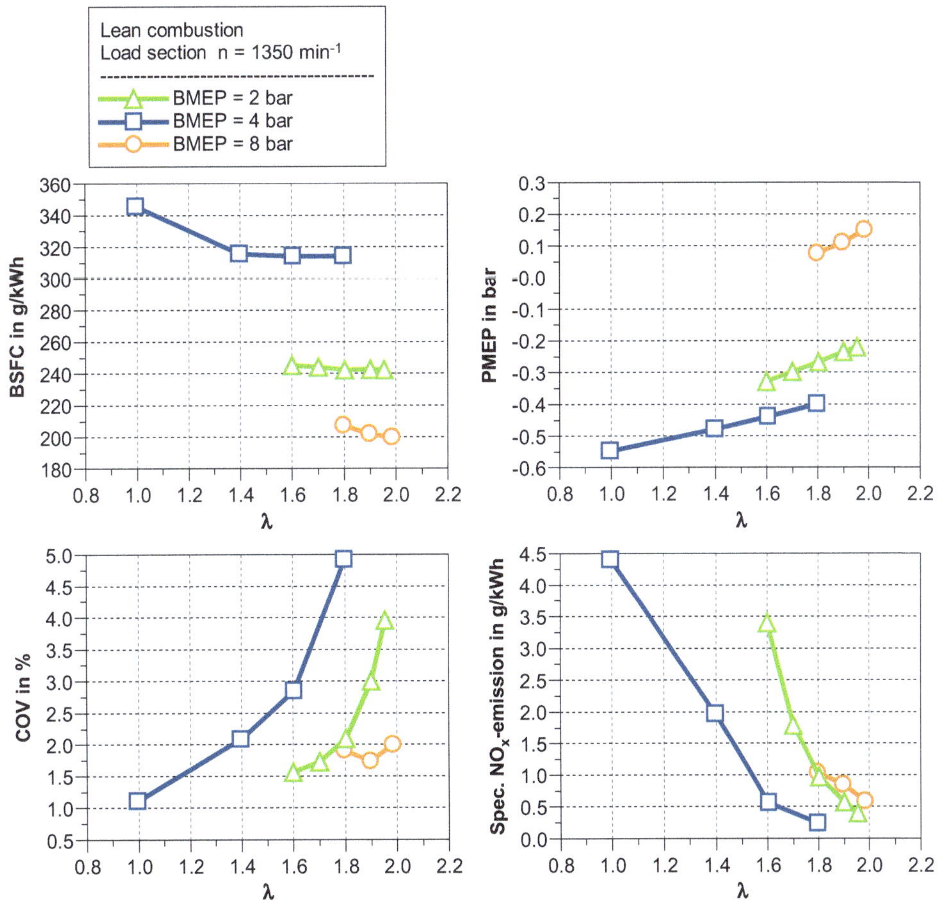

Abb. 6.46 Potenzial des Magerbrennverfahrens. (Quelle: IAV)

teil für das Magerbrennverfahren muss der Aufwand hinsichtlich der Abgasnachbehandlung genannt werden. Aufgrund des Luftüberschusses können die bei der Verbrennung entstehenden Stickoxide (NO_x) im Drei-Wege-Katalysator nicht bzw. nicht vollständig reduziert werden. Es müssen somit spezielle NO_x-Nachbehandlungssysteme (LNT bzw. SCR) zum Einsatz kommen.

Das Verdichtungsverhältnis bestimmt maßgeblich die Effizienz des Verbrennungsmotors. Je höher die Verdichtung, desto höher der thermische Wirkungsgrad. Bei konventionellen Ottomotoren wird das Verdichtungsverhältnis durch das Klopfen und durch die maximalen Zylinderdrücke an der Volllast limitiert. Für einen hohen thermodynamischen Wirkungsgrad ist eine hohe Verdichtung nötig, für eine hohe Motorleistung bei aufgeladenen Motoren ein tendenziell geringes Verdichtungsverhältnis. Die Auslegung eines festen Verdichtungsverhältnisses steht damit im Zielkonflikt zwischen Wirkungsgrad und Motorleistung. Die Möglichkeit, das Verdichtungsverhältnis betriebspunktselektiv zu variieren, kann diesen Konflikt auflösen. Abb. 6.47 zeigt unterschiedliche Möglichkeiten, das Verdichtungsverhältnis zu variieren. Mithilfe von variablen Ventilsteuerungen ist es möglich, die Kompressionsphase eines Motors zu verkürzen und damit die Expansionsphase in Relation zur Kompressionsphase zu verlängern. Das kann durch ein sehr frühes Schließen des Einlassventils (Miller) oder aber durch ein spätes Einlassventilschließen (Atkinson) umgesetzt werden [18]. Das Miller-Verfahren ist beispielsweise beim Audi-Motor EA888 Gen3b umgesetzt [19].

Dieser Motor nutzt ein Brennverfahren mit verkürzter Kompression durch ein frühes Einlassventilschließen (FES). Das geometrische Verdichtungsverhältnis wurde auf 11,7

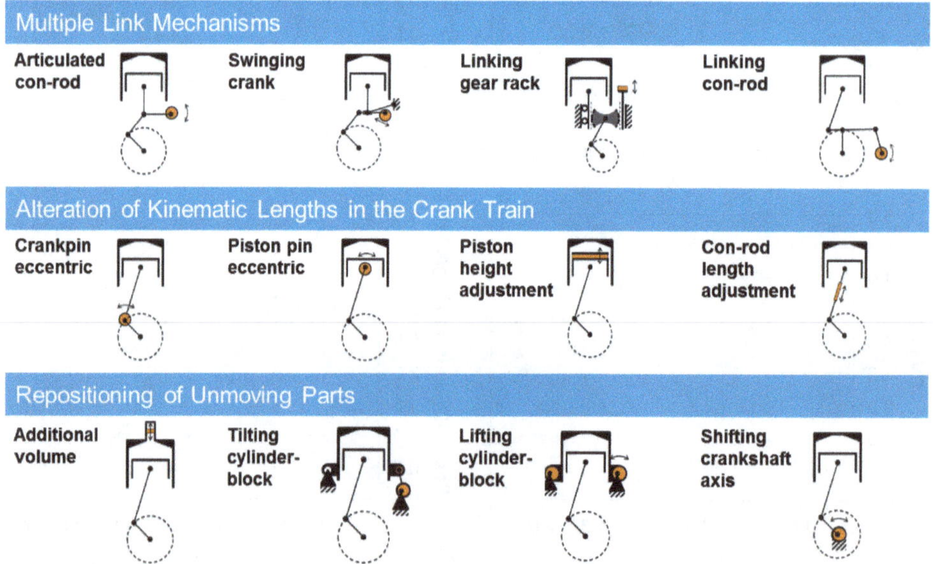

Abb. 6.47 Varianten des variablen Verdichtungsverhältnisses. (Quelle: IAV)

angehoben, wodurch sehr gute Teillastwirkungsgrade erzielt werden. Durch den Einsatz des Audi-Valvelift-Systems auf der Einlassseite ist es möglich, bei höheren Motorlasten auf einen breiteren Einlassnocken (170°KW) umzuschalten und in Kombination mit der Abgasturboaufladung die erforderlichen hohen Füllungen zu realisieren.

Durch die verkürzte Kompression kann die Drosselklappe im Teillastbetrieb stärker geöffnet und die Drossel- bzw. Pumpverluste verringert werden. Die Ansaugluft erfährt durch die Zwischenexpansion beim Miller-Brennverfahren eine zusätzliche Abkühlung, was gleichzeitig die Klopfneigung verringert. Abb. 6.48 zeigt bespielhaft den Einfluss beider Ansätze auf den Ladungswechsel des Ottomotors.

Eine weitere Möglichkeit, die Effizienz der Motoren zu erhöhen, bietet die Zylinderabschaltung, wie sie beispielsweise bei einer Vielzahl von Automobilherstellern schon seit längerer Zeit im Einsatz ist. Die Zylinderabschaltung erfolgt durch die Deaktivierung der Ein- und Auslassventile sowie der Einspritzung. Die gestiegene Teillasteffizienz ergibt sich durch die Betriebspunktverschiebung zu spezifisch besseren Kraftstoffverbräuchen. Es sinken die Gaswechselverluste und es verringern sich die Wandwärmeverluste durch die Minimierung der effektiven Brennraumoberfläche. Als nachteilig ist zu erwähnen, dass weiterhin der Reibmomentanteil aller Zylinder vorhanden bleibt. Über die Abschaltung der Einspritzung und Ventile hinausgehende Konzepte der Zylinderabschaltung befinden sich in der Entwicklung [20, 21].

Die Elektrifizierung bzw. Hybridisierung des Antriebsstrangs bietet interessante Möglichkeiten bei der Definition der Betriebsstrategie des Verbrennungsmotors. Durch das sehr schnelle Ansprechen der E-Maschine bei einer Lastanforderung (Boosten) kann der Verbrennungsmotor optimal im Transientbetrieb unterstützt werden. Weiterhin kann der Verbrennungsmotor durch eine Lastpunktverschiebung in verbrauchsgünstigen Betriebsbereichen betrieben werden. Fahrzeugsegeln (Fahrgeschwindigkeit bleibt konstant) mit abgeschaltetem Verbrennungsmotor und erweiterte Start-Stopp-Funktionen sind zusätzliche Anwendungen. Ein hohes Rekuperationspotenzial ermöglicht zudem die Rückgewinnung von kinetischer Energie. Abb. 6.49 zeigt für verschiedene Systeme die Abhängigkeit von den Systemkosten und das CO_2-Einsparpotenzial.

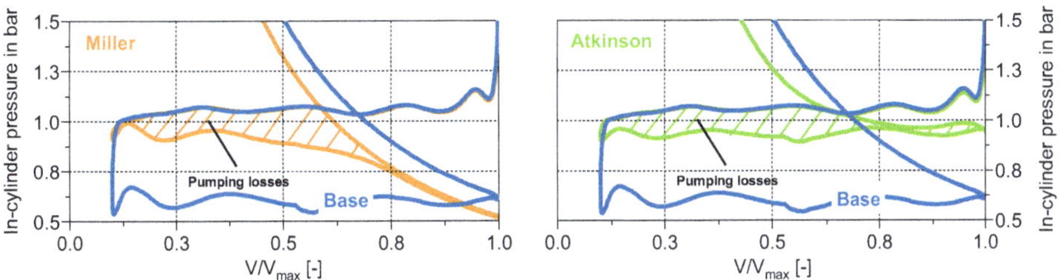

Abb. 6.48 Ladungswechsel beim Miller- und Atkinson-Brennverfahren. (Quelle: IAV)

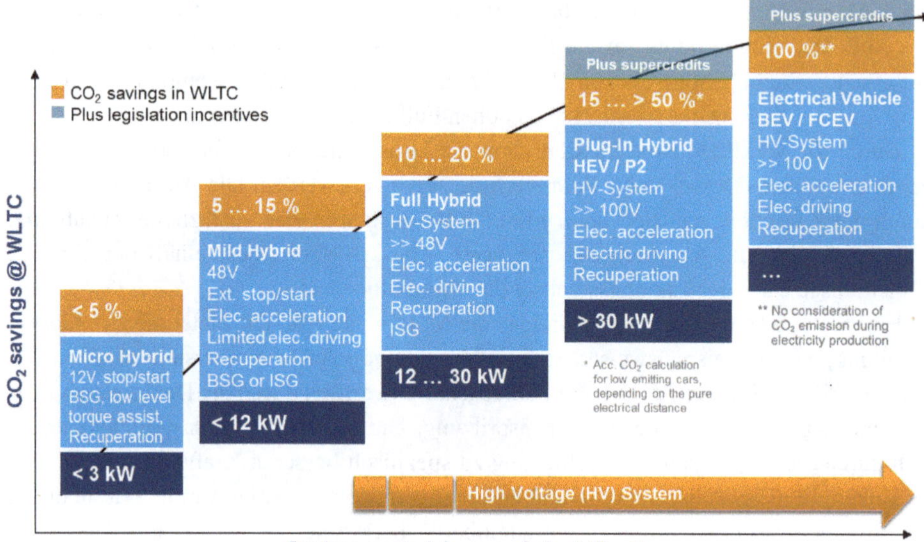

Abb. 6.49 Potenzial der Elektrifizierung des Antriebsstrangs. (Quelle: IAV)

6.2.2 Technologien Abgasnachbehandlung

Schadstoff- und Partikelemissionen

Der Großteil der gasförmigen Emissionskomponenten wird unmittelbar nach dem Start des noch nicht betriebswarmen Motors emittiert, weil der Drei-Wege-Katalysator noch nicht seine Light-off-Temperatur erreicht hat. Um eine schnelle Aktivierung des Katalysators zu erreichen, werden Motorheizmaßnahmen zum gezielten Aufheizen des Katalysators verwendet. Diese äußern sich negativ in einem erhöhten Kraftstoffverbrauch und Rohemissionsniveau. Mit elektrisch beheizten Katalysatoren kann ein deutlich früheres Anspringen des Katalysators erreicht werden. Fahrzeuge mit einem stark hybridisierten Antriebsstrang, welche rein elektromotorisch fahren können, bieten den Freiheitsgrad, solch ein aktives Katalysatorsystem vor dem Start des Verbrennungsmotors zu beheizen. Ebenfalls kann auch der Verbrennungsmotor zuvor aufgeheizt werden, sofern ausreichend elektrische Energie zur Verfügung steht.

Direkteinspritzende Ottomotoren sind aufgrund der relativ kurzen Gemischaufbereitungszeit kritisch bezüglich der Entstehung ultrafeiner und damit besonders gesundheitsschädlicher lungengängiger Partikel. Ein Großteil der Partikel wird unmittelbar nach dem Start des noch nicht betriebswarmen Motors emittiert. Die Partikelmasse ist von geringerer Bedeutung, relevanter sind die Größe und die Anzahl der Partikel. Ab 2017 müssen Ottomotoren mit Direkteinspritzung im WLTC einen Grenzwert von 6×10^{11} Partikel/km einhalten. Für den RDE muss der 1,5-fache WLTC-Wert eingehalten werden. Regulatorische und gesellschaftliche Anforderungen führen aus heutiger Sicht mittelfristig zu einem flächendeckenden Einsatz von Partikelfiltern beim Ottomotor mit Direkteinspritzung. Ana-

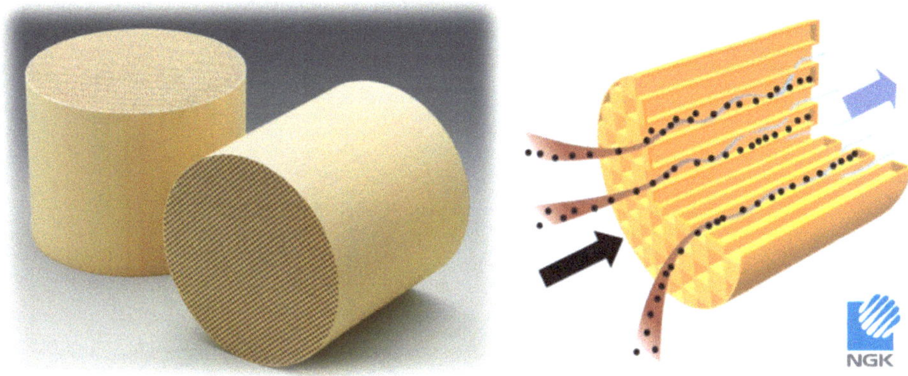

Abb. 6.50 Monolith eines Ottopartikelfilters [22]

log zur Funktionsweise des Dieselpartikelfilters wird auch beim Ottopartikelfilter (GPF) das Abgas durch wechselseitig verschlossene Kanäle geleitet, wodurch sich die Partikel an der Oberfläche der Kanäle ablagern. Die sich langsam aufbauende Rußschicht erhöht die Filtrationseffizienz zusätzlich. Abb. 6.50 zeigt beispielhaft einen Monolithen eines Ottopartikelfilters [22]. Die Regenerationsstrategie eines GPFs hängt von der konkreten Fahrzeuganwendung und der Position des Partikelfilters ab. Aufgrund des im Vergleich zum Dieselmotor hohen Abgastemperaturniveaus kann bei motornahen GPF-Positionen möglicherweise auf eine regelmäßige aktive Regeneration verzichtet werden.

Abb. 6.51 zeigt die PN-Filtrations-Effizienz für verschiedene Fahrzyklen, welche von der Firma NGK [22] mit einem Demonstrator auf Euro 5 Basis nachgewiesen wurde. Die Effizienz des getesteten unbeschichteten, auf Gegendruck optimierten GPF liegt bei den Messungen über unterschiedlichen Fahrzyklen zwischen 63 und 85 %. Signifikante Effizienzsteigerungen sind durch optimierte und im Markt verfügbare GPF Technologien darstellbar. Die Partikelanzahl liegt in allen Messungen unterhalb der zulässigen Grenzwerte.

Der Einsatz eines Ottopartikelfilters zählt neben den innermotorischen Maßnahmen unbestritten zur einfachsten, aussichtsreichsten und sichersten Lösung, die Partikelanzahl zu reduzieren.

Für das Layout der Abgasanlage ergeben sich verschiedene Optionen, welche zusätzlich zu den standardmäßig verbauten Drei-Wege-Katalysatoren (TWC) beschichtete oder unbeschichtete GPF enthalten können. Auch der alleinige Einsatz eines beschichteten GPF (Vier-Wege-Katalysator) ist denkbar. Als problematisch kann sich das Verhalten bei häufig wiederholenden Motorstartvorgängen unter kalten Umgebungsbedingungen darstellen. Während des Kaltstarts emittiert der Motor nicht nur eine hohe Partikelanzahl, sondern auch eine hohe Partikelmasse, wodurch der Filter stark beladen wird. Sollten anschließend jeweils nur Kurzstrecken zurückgelegt werden, ohne dass die nötigen Temperaturen für den Rußabbrand erreicht werden, steigt die Beladung des GPFs sehr schnell an und resultiert in einem deutlichen Anstieg des Abgasgegendrucks. Dieses Verhalten hat Einfluss auf die im

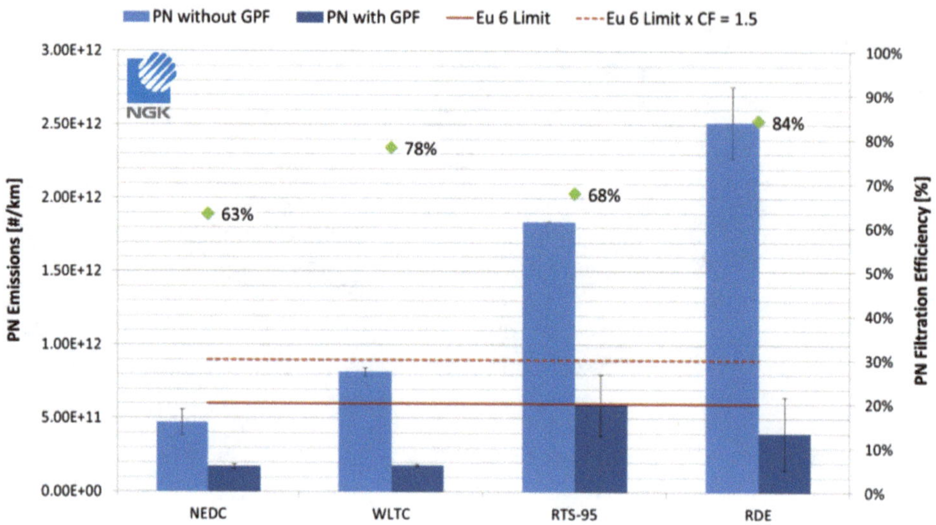

Abb. 6.51 PN-Filtrations-Effizienz für verschiedene Fahrzyklen [22]

Zylinder verbleibende Restgasrate und ist im klopfrelevanten Bereich des Motorkennfelds kritisch. Ein Brennverfahren mit geringer Partikelemission ist daher zwingend erforderlich. Die Erhöhung des Einspritzdrucks, Modifikationen der Einspritzdüsengeometrie und der Ladungsbewegung, variable Verdichtungsverhältnisse und wirkungsgradoptimale Verbrennungsschwerpunktlagen bieten ein entsprechendes Potenzial.

6.2.3 Systemdefinition

Die Entwicklung zukünftiger Ottomotoren stellt die Entwickler vor große Herausforderungen. Gesetzgebung, Kunde und Öffentlichkeit haben teilweise miteinander konkurrierende Wünsche und Anforderungen an zukünftige Verbrennungsmotoren. Die weitere Entwicklung von Ottomotoren bewegt sich im Spannungsfeld aus CO_2- und Emissionsgrenzwerten einerseits, Motorleistung und Fahrfreude andererseits. Aufgrund der aktuellen öffentlichen Diskussion über das Emissionsverhalten auf der Straße müssen zukünftige Motoren nicht nur konform mit der Gesetzgebung sein, sondern auch dem Wunsch der Öffentlichkeit nach jederzeit sauberen Motoren Rechnung tragen. Zum Erreichen der Ziele stehen insbesondere durch die Elektrifizierung des Antriebsstrangs viele unterschiedliche Komponenten und Technologien zur Verfügung. Alle diese Komponenten stehen miteinander sowohl technisch als auch kostenseitig im Wettbewerb. Die verschiedenen Technologiebausteine müssen sinnvoll miteinander kombiniert werden, um eine maximal mögliche Effizienz zu erzielen. Ein beispielhafter Prozess für die Systemdefinition, beginnend beim Benchmark und endend bei einem fertigen Antriebsstrangkonzept, kann der Abb. 6.52 entnommen werden.

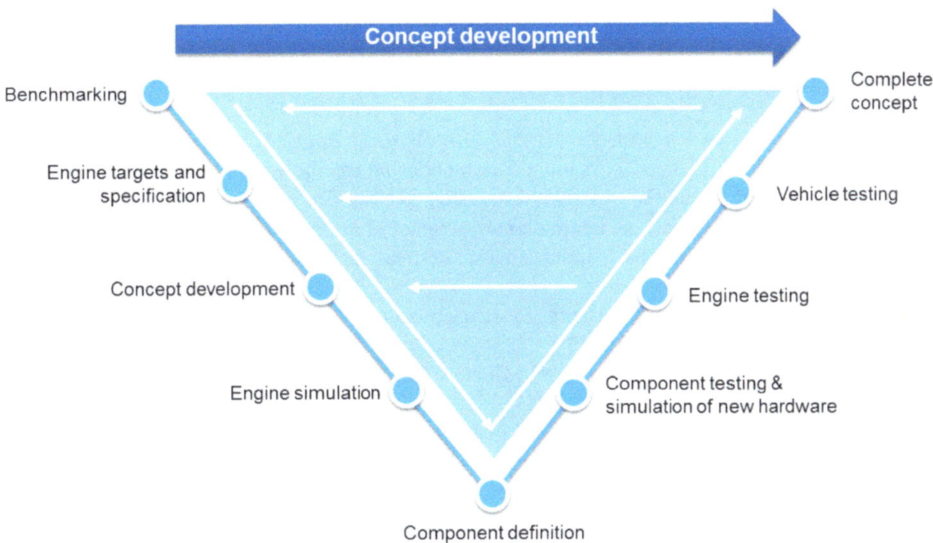

Abb. 6.52 Entwicklungsprozess für zukünftige Ottomotoren. (Quelle: IAV)

Literatur

1. Lückert, P.; et al: OM 656 – The New 6-Cylinder Top Type Diesel Engine of Mercedes-Benz. 38. Internationales Wiener Motorensymposium 2017
2. Lückert, P.; et al: The New Mercedes-Benz 4-Cylinder Diesel Engine OM654 – The Innovative Base Engine of the New Diesel Generation, 24th Aachen Colloquium Automobile and Engine Technology 2015
3. Berndt, R.; et al: Mehrstufige Aufladung für Downsizing mit abgesenktem Verdichtungsverhältnis MTZ 09/2015, S. 26–35
4. Brauer, M.; et al: Continuously Variable Compression Ratio for Downsizing Diesel Engines – Approach to Improving Efficiency, Emissions and Performance, 36. Internationales Wiener Motorensymposium 2017
5. Steinparzer, F. et al: The New Six-Cylinder Diesel Engines from the BMW In-Line Engine Module, 24th Aachen Colloquium Automobile and Engine Technology 2015
6. Lörch, H. et al: NSC/SDPF System as Sustainable Solution for EU 6b and Up-coming Legislation, 23rd Aachen Colloquium Automobile and Engine Technology 2014
7. Bunar, F. et al: SCReaming for Integration: Applying SCR/DPF to Passenger Cars, 4th IAV MinNO$_x$ Conference 2012
8. Grubert, G. et al: Passenger Car Diesel meeting Euro 6c Legislation: The next Generation LNT Catalyst Systems, 5th IAV MinNO$_x$ Conference 2015
9. Nazir, T. et al: Electrically Heated Catalyst (EHC) Development for Diesel Applications, JSAE Conference 2015
10. Hartland, J. et al: Diesel Exhaust Gas Aftertreatment System to Meet Future Low Emissions Requirements, 5th IAV MinNO$_x$ Conference 2015
11. Gelbert, G. et al: NH_3-Füllstandsregelung für SCR-Katalysatoren auf Basis echtzeitfähiger physikalischer Modelle, MTZ 2017

12. Johannessen, T.: Solid ammonia SCR: A robust platform for China NS-VI/6, 7th International Diesel Engine Summit 2017
13. Hansen, K. F. et al: Solid Ammonia Storage for 3rd generation SCR, 4th IAV MinNO$_x$ Conference 2012
14. Bunar, F. et al: High Performance Diesel NO$_x$-Aftertreatment Concept for Future Worldwide Requirements, 23th Aachen Colloquium Automobile and Engine Technology 2014
15. Severin, Ch. et al.: Potential of Highly Integrated Exhaust Gas Aftertreatment for Future Passenger Car Diesel Engines, 38. Internationales Wiener Motorensymposium 2017
16. Adelberg, St. et al: Model based diesel exhaust aftertreatment development for EU6-RDE, JSAE Conference 2014
17. Adelberg, St. et al: Modellbasierte Systemapplikation als Schlüssel für effiziente RDE-Serienentwicklung, ATZ extra 2017
18. Scheidt, Dr. M. et al: Kombinierte Miller-Atkinson-Strategie für Downsizing-Konzepte, MTZ5/2014
19. Wurms, Dr. R. et al: Der neue Audi 2.0l Motor mit innovativem Rightsizing – ein weiterer Meilenstein der TFSI-Technologie, 36. Wiener Motorensymposium 2015, Wien
20. Roß, Dr. J. et al: Neue Wege zum variablem Hubvolumen – was kommt nach der Zylinderabschaltung am Ottomotor? 33. Wiener Motorensymposium 2012, Wien
21. Doller, S. et al: IAV-Zuschaltkonzept zur CO_2-Reduktion bei Ottomotoren, MTZ12/2013
22. Water, D. et al: Performance of advanced Gasoline Particulate Filter Material for Real Driving Conditions, SIA Powertrain Conference, 2017
23. Schrade, F. et al: Physio-Chemical Modeling of an Integrated SCR on DPF (SCR/DPF) System. SAE Conference, 2012
24. Gaiser, G. et al: Zero delay light-off – eine neues Kaltstartkonzept mit einem Latentwärmespeicher integriert in ein Katalysatorsubstrat, FAD-Konferenz, 2007
25. Steinbach, M. et al: Model supported calibration process for future RDE requirements, Stuttgarter Motorensymposium, 2015
26. Kishi, A. et al: Model based calibration for Euro 6 Diesel engine application projects, IAV Powertrain Calibration Conference, Tokyo 2016
27. Böhm, M. et al: Ansätze zur Onboard-Wassergewinnung für eine Wassereinspritzung, ATZ S.54–59, 01/2016

Vorgehensweise bei der Applikation 7

Boris Bunel, Markus Grubmüller, Helmut Jansen und Khai Vidmar

Die sichere Beherrschung der Schadstoffemissionen unter Real Driving Bedingungen stellt in Verbindung mit der gleichzeitig erforderlichen Absenkung der CO_2-Fleet-Average-Werte *die* Herausforderung für die Entwicklung neuer verbrennungsmotorischer Antriebssysteme dar.

Im Fokus der Entwicklung steht das Gesamtsystem, bestehend aus einer Verbrennungskraftmaschine (VKM, Leistung/Drehmoment und primäre Emissionsquellen), einem Abgasnachbehandlungssystem (Emissionsminderer) und einem, in steigendem Maße elektrifizierten, Antriebsstrang (Motordrehzahl- und Momentmodulator; Abb. 7.1).

Der kontrollierte Betrieb wird von den jeweiligen Steuergeräten sichergestellt, deren Applikationsqualität, insbesondere im RDE-Emissionskontext, an der Ergebnisrobustheit gegenüber Quereinflüssen im *Real-World-Kundenbetrieb* gemessen wird. Das Abrücken von exakt reproduzierbaren Randbedingungen zeigt sich in unterschiedlicher Weise, wie zum Beispiel durch:

- Fahrstil
- Streckenwahl und Verkehrsbedingungen
- Umgebungsbedingungen

B. Bunel (✉) · M. Grubmüller · H. Jansen · K. Vidmar
AVL List GmbH
Graz, Österreich
E-Mail: boris.bunel@avl.com

M. Grubmüller
E-Mail: markus.grubmueller@avl.com

H. Jansen
E-Mail: helmut.jansen@avl.com

K. Vidmar
E-Mail: khai.vidmar@avl.com

H. Tschöke (Hrsg.), *Real Driving Emissions (RDE)*, ATZ/MTZ-Fachbuch,
https://doi.org/10.1007/978-3-658-21079-3_7

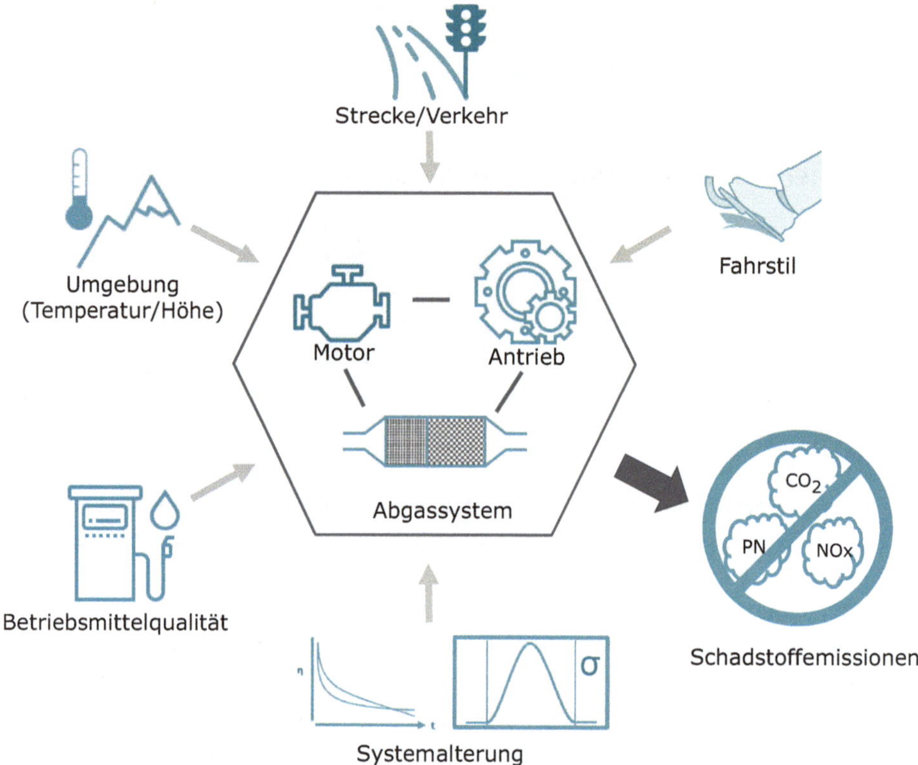

Abb. 7.1 System und Quereinflüsse. (Quelle: AVL)

- Betriebsmittelqualität (Kraft- und Schmierstoffe, Zusatzstoffe)
- Systemalterung und Bauteilfertigungsstreuung

Real Driving Bedingungen stellen neben den Anforderungen an Hardware, Software und Messsysteme auch sehr hohe Anforderungen an die Kalibrierung und Validierung der zuständigen Steuergeräte. Denn für eine robuste RDE-Entwicklung ist entscheidend, nicht nur jene Fahrmanöver zu identifizieren, die das jeweils aktuelle RDE-Ergebnis signifikant geprägt haben, sondern alle Fahrmanöver aufzuzeigen, die das RDE-Gesamtergebnis prägen könnten.

Zusammengefasst bedeutet das, dass in der Entwicklung nicht nur Emissionen im gesamten Betriebsbereich des Motorkennfelds zu optimieren, sondern auch jegliche kundenrelevante Art von Dynamik oder ungünstige Vorgeschehnisse abzudecken sind.

Abb. 7.2 zeigt dies in Form einer Klassifizierung von Emissionsherausforderungen für Otto- und Dieselmotoren.

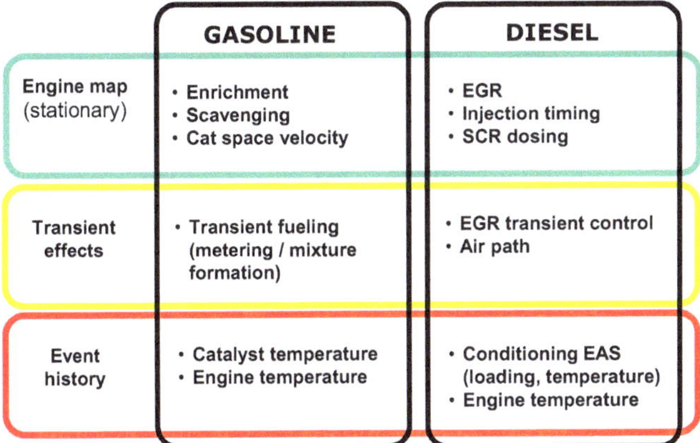

Abb. 7.2 Emissionsherausforderungen für Otto- und Dieselmotoren [1]

Auf die Subsysteme übertragen, ergeben sich daraus die Hauptzielrichtungen für die Steuergeräteapplikation:

- VKM-Rohemissionen in allen Betriebsbedingungen minimieren,
- Wirkungsgrad des Abgasnachbehandlungssystems maximieren,
- mögliche Querwirkungen auf die Fahrbarkeit und den Kraftstoffverbrauch emissionsneutral kompensieren.

7.1 Personenkraftwagen mit Dieselmotoren

Die applikative Optimierung der Schadstoffemissionen eines Dieselmotors erfolgt in drei Hauptschritten. Der erste Schritt bildet die Optimierung der Verbrennungsparameter im stationären Betrieb und unter Standardbedingungen. In der danach folgenden Transientoptimierung wird auf das Verhalten während der Last- und Drehzahlsprünge sowie bei Betriebsartwechsel fokussiert, dies auch unter Standardbedingungen. In einem dritten Schritt wird diese Bedatung auf extremere Umgebungsbedingungen – sogenannte *Non-Standard-Bedingungen* – ausgeweitet.

Die Herangehensweise für die Dieselemissionskalibrierung wird in den folgenden Abschnitten genauer erklärt.

7.1.1 Optimierung im stationären Betrieb

Der Dieselmotor fährt in verschiedenen Verbrennungsmodi, welche alle dem übergeordneten Ziel der Erreichung minimaler Emissionen dienen. Der für den Dieselmotor typische Magerbetrieb wird durch weitere Betriebsarten ergänzt. Unter anderem sind dies:

- $DeNO_x$ – Fettbetrieb zur Regeneration des NO_x-Speicherkats
- DPF-Regeneration
- $DeSO_x$ (Entschwefelung des Abgassystems)
- Katheizen (aktives Aufheizen des Abgassystems)

In Summe werden die meisten Stickoxidrohemissionen im Magerbetrieb erzeugt, daher wird weiterhin der Schwerpunkt auf die Optimierung dieser Betriebsart gelegt. Die technologischen Ergänzungen – beispielweise der kombinierte Einsatz von Hoch- und Niederdruck-AGR – sind weitere Freiheitsgrade und Hebel, die in eine Betriebsstrategie und im Optimierungsvorgang integriert werden müssen. Für ein typisches Euro-6d-Dieselsystem können es relativ schnell über zehn Parameter werden (Einspritzung, Aufladung, Abgasrückführung, etc.), die für die Rohemissionsoptimierung zu variieren sind.

Durch die Optimierung im gesamten Betriebsbereich des Motorkennfelds werden die Komponenten hohen thermischen und mechanischen Belastungen ausgesetzt. Die für die Rohemissionsoptimierung erforderlichen hohen Abgasrückführraten und Ladedrücke können, besonders bei hohen Motorlasten, zu einer starken Beanspruchung des Abgasrückführsystems und der Aufladung führen. Bei einer falsch gewählten Strategie kann dies zu einer Überschreitung der zulässigen Temperaturen im Hochdruck-AGR-Ventil und im Saugrohr führen. Der Einsatz von Niederdruck-AGR entspannt die Situation. Hoch- und Niederdruck-AGR werden sowohl zeitgleich als auch getrennt genutzt. Die Betriebsstrategie dieser zwei AGR-Strecken verfolgt das Ziel einer Minimierung der Emissionen und bei gleichzeitiger Einhaltung der thermischen und mechanischen Bauteilgrenzen, zusammen mit einer optimalen Regelbarkeit.

Die Rohemissionsoptimierung betrachtet den gesamten Betriebsbereich des Motorkennfelds und muss Rücksicht auf Komponentengrenzen nehmen. Im Optimierungsvorgang am Motorprüfstand werden diese Komponentengrenzen als Variationsgrenzen hinterlegt. Variationsmethoden wie „model-based iterative DoE“ [2] zielen darauf ab, dass sich während eines DoEs die Parametervariationen bis an die Betriebsgrenzen ausbreiten, ohne über das Limit zu gehen. Besonders im volllastnahen Bereich ist diese Methode eine hilfreiche Stütze für den Kalibrationsingenieur zur Zielerreichung. Die Optimierungsziele am Motorprüfstand sind sowohl strengere Abgasemissionen (überwiegend Stickoxid und Partikelmasse) als auch Verbrauch, Abgastemperaturen und Verbrennungsgeräusch (beispielsweise durch Auswertung des Zylinderdrucksignals ermittelt). Es hat sich mehrfach erwiesen, dass die frühzeitige Betrachtung eines objektivierten Verbrennungsgeräuschs die Anzahl der Optimierungsschleifen in einem Kalibrierprojekt erheblich reduziert.

Möglichst niedrige Stickoxidemissionen bei gleichzeitig niedrigem Verbrauch und geringen Rußemissionen erfordern intensive Untersuchungen und Variationen für eine sehr präzise Bedatung der Verbrennungsparameter. Der Einsatz von DoE ist bei der Anzahl der wirksamen Verbrennungsparameter unabdingbar. Adaptive Variationen in Echtzeit, wie zum Beispiel mittels Cameo Active DoE [3], ermöglichen dabei dem Kalibrationsingenieur eine schnellere Zielfindung. Die Abb. 7.3 zeigt, wie diese Methode durch eine

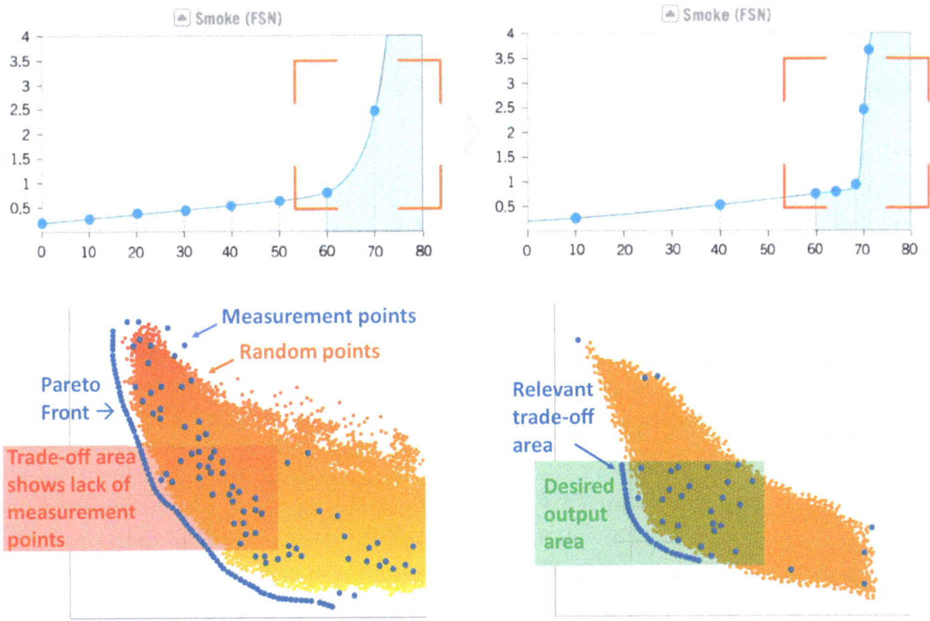

Abb. 7.3 Optimierung der Messpunktverteilung durch Einsatz eines adaptiven Versuchsplans. (Quelle: AVL)

Onlineauswertung der entstehenden Pareto-Front weitere Variationspunkte dort einfügt, wo der Trade-off noch nicht optimal abgebildet ist. Daraus resultiert, ohne zeitlichem Mehraufwand, eine viel genauere Abbildung des Motorverhaltens, welche in der anschließenden Auswertung zu einem besseren Optimum führt.

Auch wenn vergleichsweise seltener aktiv, sind die weiteren Betriebsarten (insbesondere DPF-Regeneration und Katheizen) auch für das gesamte Emissionsergebnis relevant und erfordern eine emissionsoptimierte Auslegung. Die für den Magerbetrieb beschriebenen Optimierungsschwerpunkte und -verfahren sind auch für diese weiteren Betriebsarten nutzbar.

Der Umstieg zwischen Magerbetrieb und anderen Betriebsarten wird über einen Betriebsartenkoordinator geregelt. Unterstützt durch immer genauere Beladungsmodelle (Ruß, Stickoxide, Schwefeloxide) steuert der Betriebsartenkoordinator die nötigen NO_x-Speicherkat- oder Dieselpartikelfilterregenerationen. Eine genaue Abbildung des Regenerationsfortschritts auf Basis von Entlademodellen ermöglicht einen möglichst kurzen und effektiven Verbleib in diesen Sonderbrennverfahren und mindert dadurch den damit verbundenen Mehrverbrauch.

Für die Nachbehandlung der Stickoxide ist hauptsächlich das SCR-System – bestehend aus SCR-Katalysator und AdBlue®-Dosierung – verantwortlich. Um die Stickoxidemissionen im gesamten Betriebsbereich des Motorkennfelds minimieren zu können, muss die Dimensionierung und Regelung dieses Systems optimiert werden. Der Entwicklungstrend geht in Richtung einer sequenziellen Anordnung von NO_x-Nachbehandlungselementen (NSC, SCR) sowie bei einem Twin-SCR-System: zwei SCR-Katalysatoren hintereinander mit jeweils einer vorgeschalteten AdBlue®-Dosierung. Diese Konfiguration ermöglicht ein schnelleres Aufheizen des ersten Katalysators, der dadurch früher den maximalen Konvertierungsgrad erreicht. In weiterer Folge ist der zweite SCR-Katalysator für eine maximale Effizienz bei höheren Temperaturen und Massenströmen ausgelegt.

Eine genaue Abstimmung der Katalysatormodelle, der Rohemissionsmodelle und der Regelkreise (Temperatur-, Lambda- und AdBlue®-Regelung) ist dabei essenziell, um Stickoxide effektiv zu reduzieren, ohne dass dabei ein unnötig hoher AdBlue®-Verbrauch oder ein Ammoniakschlupf entsteht.

7.1.2 Optimierung im transienten Betrieb

In der RDE-Gesetzgebung wird die Fahrweise während einer PEMS-Fahrt beurteilt und bewertet. Unterschiedliche Fahrweisen vom verbrauchsorientierten bis zum nervösen oder sehr sportlichen Fahrer decken sehr realistisch das Kundenspektrum ab. Daraus ergibt sich eine breite Palette an Last- und Drehzahlgradienten, die in der Optimierung zu berücksichtigen sind.

In einer Verbrennungskraftmaschine wird sowohl der Luftpfad (primär Ladedruck- und AGR-Regelung) als auch der Einspritzpfad (Kraftstoffmenge, Spritzbeginn und Einspritzdruck) betrachtet. Die Zeitkonstanten dieser zwei Pfade unterscheiden sich allerdings stark voneinander. Der Einspritzpfad hat eine relativ kurze Reaktionszeit. Dadurch können Änderungen von Einspritzmenge, Spritzbeginn, Druck und weitere Parameter sofort umgesetzt werden. Der Luftpfad ist träge, eine Umstellung im Ladedruck oder in der AGR-Rate lassen sich vergleichsweise langsamer herbeiführen.

Steile Last- und Drehzahlgradienten können dazu führen, dass Luftpfad- und Einspritzpfadparameter zeitlich versetzt sind, dadurch wird die Verbrennung negativ beeinflusst. Dies verlangt nach einer Verzögerung von Änderungen im Einspritzpfad, in Abhängigkeit von der Totzeit des Luftpfads. Würde bei einem positiven Lastsprung die für das gewünschte Moment nötige Einspritzmenge sofort freigegeben, würden aufgrund des daraus resultierenden Luftmangels Rußspitzen entstehen. Eine etablierte und effektive Gegenmaßnahme ist eine feine Abstimmung der funktionalen Rauchbegrenzung, die das transiente Eintauchen unter einem vordefiniertem Lambdawert vermeidet. Hohe Lambdawerte können zu einem Dynamiknachteil führen, daher ist eine gemeinsame Feinabstimmung durch Experten der Fahrbarkeit und Emissionen zielführend.

Um etwaige Stickoxiderhöhungen während der Last- und Drehzahlsprünge zu minimieren, können zusätzlich zu dieser kurzzeitigen Mengenbegrenzung die Luft- und Einspritzpfadparameter transient angepasst werden. Solche Optimierungen beruhen traditionell auf der Auswertung und auf dem Vergleich einzelner Zeitschriebe. Dennoch erweist sich diese Herangehensweise als langwierig und nicht effizient genug. Eine zielführende Methode ist die Optimierung auf Basis von Kennwerten eines Transientverhaltens (beispielweise NO_x-Emissionsintegral nach einem Lastsprung). Eine Onlineberechnung solcher Kennwerte ermöglicht zudem ihre Integration in einem adaptiven DoE-Test, wodurch die Variation der Luft- und Einspritzpfadparameter schneller und effektiver wird [4]. Die Abb. 7.4 zeigt, wie diese Methode am Motorprüfstand verwendet wird, um die Stickoxidemissionen bei einem Tip-in-Manöver zu reduzieren.

Zur dynamischen Optimierung gehört auch die Berücksichtigung der thermischen Trägheit der Motorkomponenten. Es ist beispielsweise vorteilhaft in Bezug auf Stickoxidemissionen während volllastnaher Lastsprünge, die AGR-Rate zu erhöhen oder für die Haupteinspritzung einen späteren Spritzbeginn einzustellen. Solche dynamischen Korrekturen bleiben aufrecht bis die Komponentengrenzen erreicht werden.

Bei der Abgasnachbehandlung werden auch Maßnahmen eingeführt, die das System in einem optimalen Temperaturbetriebsfenster halten. Dieses Wärmemanagement (heat-up, keep warm) wird beispielsweise durch einen zeitlich kurzen Einstieg in ein Sonderbrennverfahren oder ein elektrisches Katheizen umgesetzt.

Solche Umstiege zwischen Betriebsarten werden vom Betriebsartenkoordinator eingeleitet, denn für eine permanente Schadstoffminimierung ist auch ein effektives und verbrauchseffizientes Thermomanagement des Abgasnachbehandlungssystems erforderlich.

7.1.3 Optimierung für den Betrieb unter Non-standard-Bedingungen

Der Dieselmotor arbeitet prinzipiell mit Luftüberschuss. Nähert man sich dem stöchiometrischen Verhältnis, steigen die Rußemissionen. Der Motor reagiert allerdings auch auf Saugrohrlufttemperatur empfindlich, kältere Temperaturen führen in der Regel zu niedrigen Stickoxid- und Rußemissionen. Um bei Dieselmotoren die Stickoxidemissionen permanent niedrig zu halten, wird versucht, die AGR-Rate über Umgebungstemperatur und Höhe konstant zu halten. Dies hat zur Folge, dass bei Hitze und Höhe die Frischluftmasse geringer wird.

Mit diesem Hintergrund wirkt sich die Erweiterung auf kältere Umgebungstemperaturen eher positiv auf Rohemissionen aus, benötigt jedoch eventuell stärkere Maßnahmen im Wärmemanagement, um schneller die Betriebstemperatur der Abgasanlage zu erreichen. Auch die Kondensatbildung im Abgassystem wird berücksichtigt, um gegebenenfalls während dem Aufheizen die Abgassonden vor einem Thermalschock zu schützen.

Der niedrigere Luftdruck in der Höhe wirkt sich primär auf den Luftüberschuss und auf den Turboladerwirkungsgrad aus, da in der Höhe weniger Frischluftmasse zur Verfügung steht. Außerdem verlängert sich aufgrund des geringeren Ladedrucks der Zündverzug, wodurch die Verbrennung später stattfindet. Rußemissionen und Abgastemperaturen steigen dadurch, und können zu einer Reduktion der AGR-Rate in der Höhe führen.

Die geringere Frischluftmasse beeinträchtigt auch die Funktion des Abgasturboladers. Es wird versucht den Ladedruck über der Höhe konstant zu halten, wodurch das Druck-

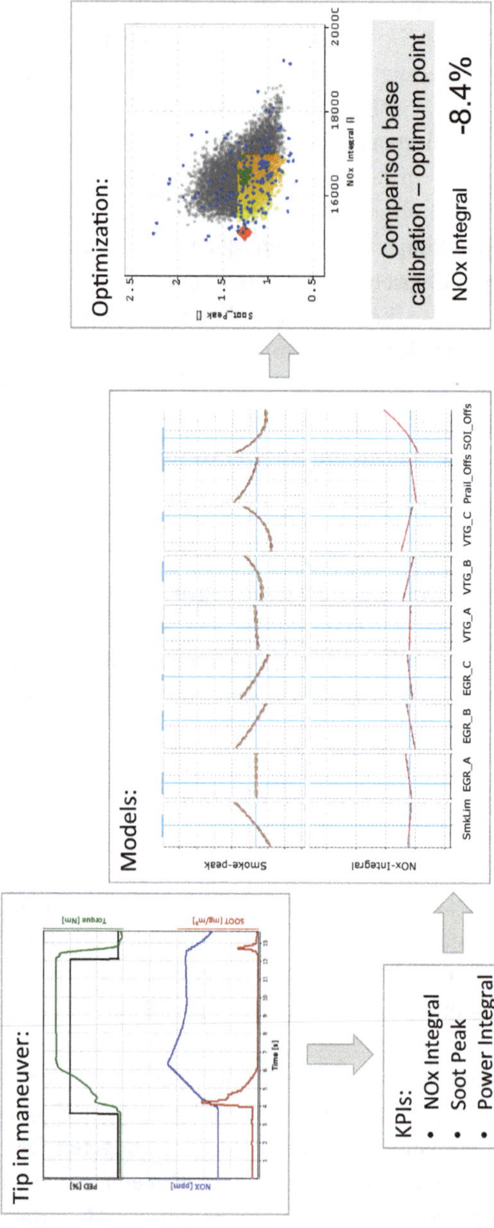

Abb. 7.4 Optimierung der Schadstoffemissionen bei einem Lastsprung. (Quelle: AVL)

verhältnis über dem Verdichter größer wird. Dies, kombiniert mit dem geringeren Massenstrom, bewegt den Verdichter näher an die Pumpgrenze. Sollwertekorrekturen im Luftpfad (wie z. B. Ladedruck oder AGR-Rate) oder potenzielle Leistungsreduktion zur Bekämpfung des Laderpumpens dürfen dennoch nur unter strikter Einhaltung der Tailpipe-Emissionsvorgaben erfolgen.

Die Umgebungstemperatur- und Höheneinflüsse auf AGR- und Ladedrucksollwert und -regelung sowie auf weitere Funktionen werden in der Motorsteuerung integriert und kalibriert. Die Emissionsoptimierung für Hitze, Kälte und Höhe ist zeit- und ressourcenaufwendig und wird im Normalfall auf einem Höhen-/Klimaprüfstand und später auf einer Klimarolle durchgeführt. Um diese Ressourcen zielgerichtet für Feinabstimmung und Validierungstätigkeiten zu nutzen wird ein steigender Anteil der Kalibrierung auf virtuellen Prüfständen durchgeführt. Stationärtests sowie Abgastests und sogar RDE-Fahrten werden auf Hardware-in-the-Loop-Systeme unter verschiedenen Umgebungsbedingungen simuliert. Mittels semiphysikalischer Abbildung des Motors und des Abgassystems liefert diese Simulation ein sehr realitätsnahes Ergebnis, welches sowohl für Emissionsoptimierung als auch für OBD und Systemdokumentation herangezogen werden kann.

Auch die entsprechende Sonderbrennverfahren müssen unter extremen Temperaturen und Höhen optimiert und abgesichert werden. Eine effektive und effiziente Funktion des Abgasnachbehandlungssystems ist selbstverständlich unter allen Umgebungsbedingungen einzuhalten. Deswegen ist die Genauigkeit von Emissionsmodellen für die exakte Dosierung von AdBlue essenziell. Auch die Regeneration von NO_x-Speicherkat und Partikelfilter muss unter allen Umgebungsbedingungen optimiert und abgesichert sein.

Die Sicherstellung der Ergebnisrobustheit gegenüber Quereinflüssen (Fahrstil, Streckenwahl, Verkehrs- und Umgebungsbedingungen) führt zu einer höheren Beanspruchung der Systemgrenzen. Komponenten des Dieselmotors (insbesondere des Abgasrückführsystems und der Aufladung) und des Abgasnachbehandlungssystems werden hohen Belastungen ausgesetzt, welche, wenn sie nicht überwacht werden, zu Systemschäden führen können. Um Komponenten kosteneffizient zu überwachen, werden virtuelle Sensoren implementiert. Die semiphysikalisch modellierten Temperaturen und Drücke werden für Motorschutzfunktionen herangezogen, um beispielweise im Falle einer Temperaturüberschreitung im Ansaugtrakt eine Ladedruck- oder sogar eine Drehmomentreduktion einzuleiten. Temperaturüberschreitungen im Abgastrakt, wie sie nach einem zu langen Verbleib im Fettbetrieb auftreten könnten, werden auf eine ähnliche Art und Weise vermieden. Die virtuellen Sensoren werden auch in Funktionen der Luftpfadregelung oder der On-Board-Diagnose eingesetzt, wo sie für die Überwachung der emissionsbeeinflussenden Sensoren, Aktoren und Systeme genutzt werden.

7.2 Personenkraftwagen mit Ottomotor

Im ottomotorischen Betriebskennfeld könne folgende Bereiche RDE-Emissionsrisiken mit sich bringen und sind daher zu vermeiden (Abb. 7.5, links oben):

- Spülbetrieb bei niedrigen Drehzahlen zur Anhebung des Drehmoments
- Anreicherung bei hohen Drehzahlen/Lasten als Bauteilschutzmaßnahme
- Überschreiten günstiger Katalysator-Raumgeschwindigkeiten bei hohen Abgasmassenströmen

Zusätzlich ergeben sich noch weitere Emissionsrisiken aus dynamischen Vorgängen im Motorstart und allgemeinen Kundenbetrieb, aus ungleichförmigem Erwärmungsgrad oder Lambdabetriebsfenster des Katalysators, sowie aus Alterungsvorgängen:

- Extreme Lastdynamik
- Sicherstellen des optimalen Lambdakonvertierungsfensters
- Temperatureffekte im Katalysator
- Langzeitstabilität der Emissionen
- Start-/Wiederstart-/Katheiz-/Warm-up-Strategien

Abb. 7.5 zeigt zusammenfassend die wesentlichen Herausforderungen im Überblick.

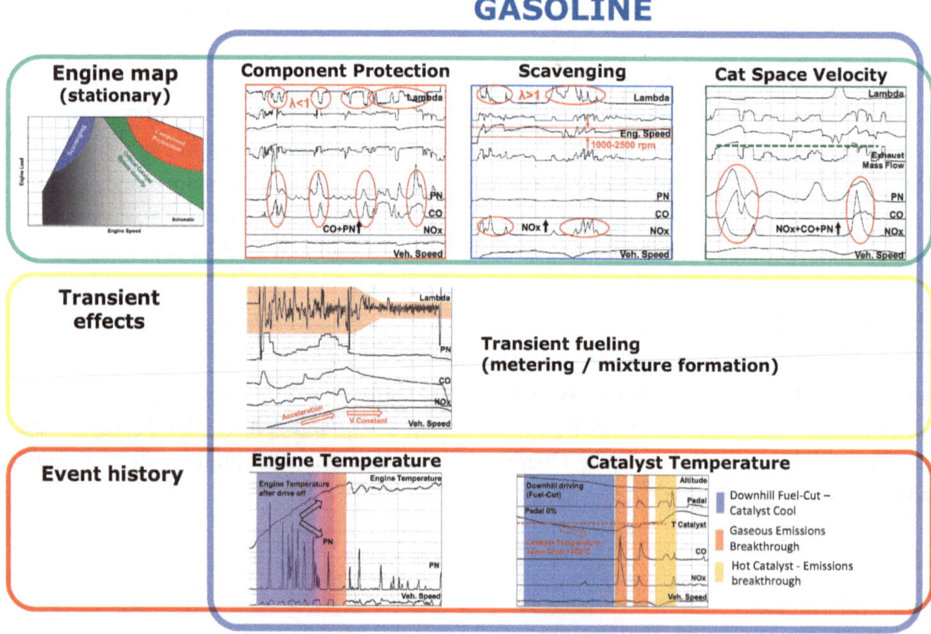

Abb. 7.5 Illustrationen zu Emissionsherausforderungen für Ottomotoren [1]

Neben den motorischen Einflüssen ist für die Tailpipe-Emission die Paarung von Motor und Fahrzeug ganz entscheidend, besonders in extremen Kombinationen niedriger Leistung/niedrigem Hubraum und hohem Fahrzeuggewicht, die es im RDE-Kontext bereits in der frühen Produktdefinitionsphase zu vermeiden gilt.

Drehmomentorientierte magere Spülstrategien (Abb. 7.5, Mitte oben) würden hierbei zwar Vorteile hinsichtlich des dynamischen Ansprechverhaltens im Bereich niedriger Drehzahlen und hoher Lasten zeigen, können bei zu intensiver Anwendung jedoch die NO_x-Konvertierung des Drei-Wege-Katalysators gefährden und sind im Sinne der NO_x-Emissionsrobustheit nicht empfohlen.

Eine weitere Möglichkeit ist die Applikation eines moderaten Spülbetriebs mit stöchiometrischem Abgaslambda. Dies führt jedoch zu fettem Gemisch im Brennraum und steht daher im direkten Trade-off zu CO_2- und auch zu PN-Emissionen, der je nach Randbedingung einem Summenemissionsoptimum zugeführt werden muss. Diese Strategie ist bezüglich absoluter Spülmenge durch die Exothermie im Katalysator begrenzt, da der Luftüberschuss des spülenden Ladungswechsels mit dem Kraftstoffüberschuss des fetten Brennraumgemischs im Katalysator reagiert. Um zu hohe Temperaturen und damit eine beschleunigte Katalysatoralterung bzw. nachhaltige Schädigung zu vermeiden und die Emissionsrobustheit zu maximieren, kann diese Strategie daher nur in begrenztem Spülratenrahmen umgesetzt werden, erlaubt aber, auf bestes Trade-off-Verhalten optimiert, gute und robuste Summenergebnisse.

Alternative Verbrauchs- bzw. CO_2-neutrale Hardwarelösungen wie z. B. elektrische Zusatzaufladung oder VTG-Lader setzen sich zunehmend durch. Zudem ist es mit Hubraumanhebung („rightsizing“) und/oder geänderter Getriebeauslegung in Kombination mit Elektrifizierung (Phlegmatisierung der Verbrennungskraftmaschine) und Verbrauchsoptimierung am Grundmotor und Fahrzeug möglich, beste Gesamteigenschaften zu kombinieren.

Weitere Schritte zur Maximierung der NO_x-Robustheit betreffen die weitere Steigerung der dynamischen Qualität des optimalen Lambdakonvertierungsfensters des Drei-Wege-Katalysators rund um die stöchiometrische Mittellage.

Eine maximierte Regelgüte der Vor- und Nachkatlambdaregelung im Transientbetrieb ist sicherzustellen, da jede Lambdaabweichung vom stöchiometrischen Gemisch zu einer Emissionsspitze führen kann.

Besonders wichtig ist ein optimales Luft-/Kraftstoffverhältnis beim Ottomotor im Nachstartbereich, wo Quereinflüsse der Kraftstoffqualität und variable Umgebungsbedingungen (Temperatur/Höhe) bezüglich Vorsteuerungsqualität eine Herausforderung für den Applikateur darstellen. Hier hilft eine schnelle Lambdaregelfreigabe der Vorkatlambdasonde, die bei Euro-6d-Konzepten mit passenden Hardwarelösungen bereits nach wenigen Sekunden darstellbar ist. Voraussetzung hierfür sind moderne Lambdasonden, mit denen das auch im Tieftemperaturbereich serienrobust möglich wird, ohne dass eine Schädigung der Sonde durch Wassertropfen im Abgas die Folge ist.

Die Applikationsqualität der Hinterkatlambdaregelung und -vorsteuerung spielt ebenso eine sehr große Rolle, das Katalysatorkonvertierungsfenster RDE-robust zu erreichen.

Die punktgenaue minimale Fettverschiebung der Kraftstoffvorsteuerung im Promillebereich kann für RDE-Anforderungen die NO_x-Stabilität bei Beschleunigungen und hohen spezifischen Lasten nachhaltig verbessern. Insbesondere muss auf den Bedarf bei gealterten Systemen eingegangen werden, da es die Emissionsrobustheit über Lebensdauer zu maximieren gilt, auch wenn die Sauerstoffspeicherkapazität reduziert ist.

Transiente detaillierte Optimierung von Schub- und nachfolgenden Katausräumphasen spielen im Trade-off zwischen NO_x- und PN/CO-Robustheit ebenso eine wichtige Rolle. Hierbei sind zwei Zielrichtungen hervorzuheben:

- Vermeidung von zu starkem Fettbetrieb, da hierdurch PN generiert werden.
- Vermeidung von NO_x-Emissionen in nachfolgenden Beschleunigungsphasen durch Minimierung eingeschränkter Sauerstoffspeicherfähigkeit.

Neben der Kontrolle des Konvertierungsfensters bezüglich Lambda ist natürlich das Sicherstellen eines ausreichenden Katalysatortemperaturniveaus entscheidend. Dazu zählt eine konsequent optimierte durchgängige Katalysatorheizstrategie nach Motorstart über den gesamten Betriebstemperaturbereich zur schnellstmöglichen Light-off-Erreichung, besonders bei dynamischer Kaltabfahrt. Ebenso ist ein Warmhalten des Katalysators bei Schub- oder Stoppphasen sicherzustellen.

Obwohl für RDE momentan noch nicht reglementiert, ist die stetige Minimierung von CO-Emissionen von großer Bedeutung. Wie Abb. 7.5, links oben zeigt, ist deren Hauptanteil auf den Anreicherungsbedarf aus thermischen Bauteileschutzgründen des Motors bei hohen Drehzahlen und Lasten nahe dem Nennleistungsbereich zu beziehen.

Wie im Abschn. 6.2 bereits genannt, erlauben Hardwaremaßnahmen Verbesserungen durch weiterentwickelte Brennverfahren und geänderte Ladungswechselauslegung sowie durch einen erweiterten Temperaturbereich der Abgasturbine. Auch eine aktive Kühlung der Abgase vor der Turbine mittels integriertem oder wassergekühltem Abgaskrümmer erlaubt eine Verringerung des bauteilschutzbedingten Anreicherungsbedarfs im Rahmen der fahrzeugseitig möglichen Kühlleistung.

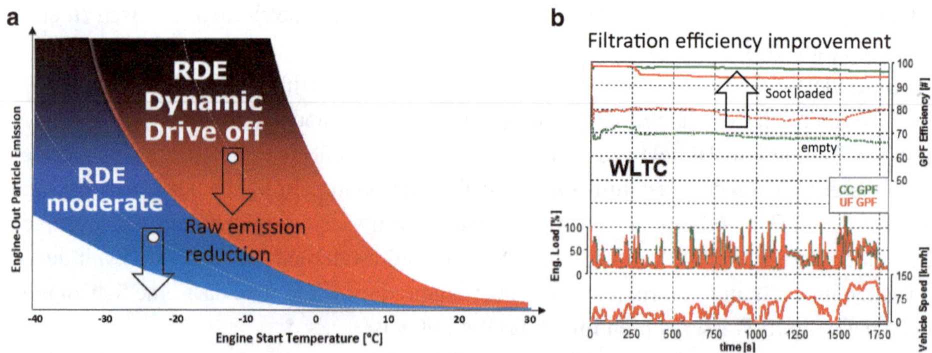

Abb. 7.6 Partikelanzahlrohemissionsniveau Euro 5 als Funktion von Tieftemperatur und Fahrstil (**a**) (Quelle: AVL) und dem gegenüberstehende GPF-Filtrationseffizienzpotenziale (**b**) [5]

Das Verdünnen der Zylinderladung mit Abgas (AGR) stellt eine weitere Maßnahme zur Verminderung bzw. Vermeidung der Anreicherung dar [1].

Die Ausnutzung der neuen Freiheitsgrade in der Applikation, die sich durch die Möglichkeiten dieser Technologiepakete ergeben, bildet die Grundlage des vollständigen stöchiometrischen Kennfeldbetriebs. Weiters erlauben verbesserte Qualitäten der Abgastemperaturmodelle den Motor hinsichtlich Temperaturniveau von Bauteilen noch definierter zu betreiben. Wichtig ist dabei, eine thermische Belastung der Abgasnachbehandlungskomponenten über Lebensdauer niedrig zu halten, damit ihre Alterungsbeständigkeit erhalten bleibt.

Beim Dieselmotor ist, bedingt durch den flächendeckenden Einsatz des Dieselpartikelfilters (DPF) mit höchsten Filtrationseffizienzen >99,5 %, das Thema Partikelanzahlemission auch unter RDE-Bedingungen trotz hohem Partikelrohemissionsniveau gut beherrschbar. Ebenso kommen bei Ottoabgasnachbehandlungssystemen mittlerweile flächendeckend Partikelfilter (GPF) zum Einsatz, obwohl die Partikelrohemissionen vor Filter um ein Vielfaches niedriger ausfallen.

Beim Dieselmotor ist die Partikelentstehung ein grundsätzliches Charakteristikum der heterogenen Gemischbildung. Aus dieser resultiert letztendlich ein sich schnell ausbreitender Rußkuchen im DPF, der als zusätzliches Filtermedium wirkt. Aufgrund der niedrigen Abgastemperaturen des Dieselmotors können respektable Beladungsmengen mittelfristig im Filter als Grundbeladung verbleiben, die nie völlig regeneriert werden.

Im Gegensatz hierzu bildet sich beim homogenen Ottomotor dieser Rußkuchen durch die Häufigkeit günstiger Regenerationsbedingungen als Folge der hohen Ottoabgastemperaturen in Kombination mit niedrigen Rohemissionen reduziert aus, wird aber über Laufzeit durch einen Aschekuchen in selber Funktion ergänzt. Umso wichtiger ist die Maximierung der substratbezogenen, insbesondere dynamischen Filtrationseffizienz, wie sie Abb. 7.6b zeigt. Ziel ist es, bereits bei geringsten Beladungsmengen höchste Filtrationseffizienz darstellen zu können.

Des Weiteren ist aber auch eine hohe GPF-Beladungsmenge in der Größenordnung von 10 g bereits als überkritisch zu bewerten, da der Ruß bei Selbstregeneration in Schubphasen mit Sauerstoff bei hohen Ottoabgastemperaturen bereits bauteilzerstörend wirken kann.

Wichtig ist also die Kombination aus

- niedrigster Partikelanzahlrohemission in allen Betriebsbereichen,
- hoher Filtrationseffizienz des GPFs in allen Beladungszuständen,
- GPF-Schutz-Applikationsstrategien, um unkontrollierten Abbrand zu verhindern.

Bei dynamischem Hochlastbetrieb ist neben einer GPF-Anwendung die PN-minimierte Grundapplikation des Motors im betriebswarmen Bereich die Grundvoraussetzung zur Erreichung niedrigster RDE-Konformitätsfaktoren für PN. Hierzu werden partikelminimierte Benzin-Mehrfach-Direkteinspritz-Strategien angewendet. Mit der Inkludierung von Kaltstart und Kaltabfahrt durch das RDE-Paket 3 intensiviert sich nun der Fokus

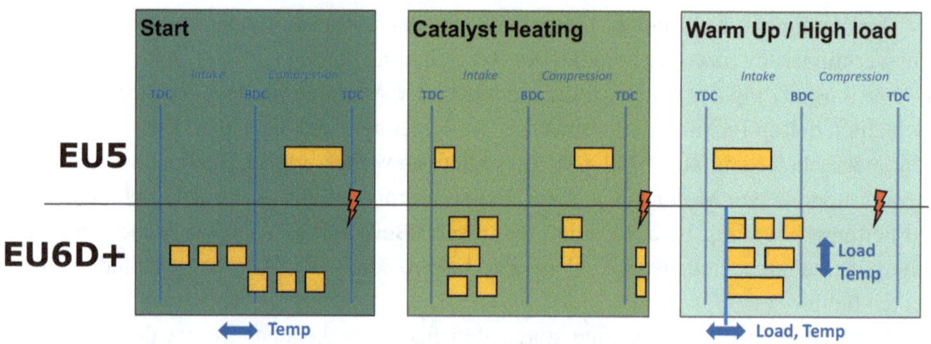

Abb. 7.7 Partikelanzahloptimale Direkteinspritzstrategien [7]

partikeloptimaler Benzinmehrfachdirekteinspritzung für RDE-Applikationen trotz GPF weiter besonders stark auf PN-optimalen Kalt- und Kaltdynamikbetrieb.

Dieser versteht sich nach RDE-Emissionsstrategieanforderungen (AES/BES) in seiner Strategie stetig PN-optimal bis hin zu Tiefsttemperaturen und trägt damit zur GPF-Beladungs-/Regenerationsbedarfsminimierung bei. Abb. 7.6a illustriert die exponentielle Zunahme des Partikelanzahlrohemissionsniveaus einer Euro-5-Kalibrierung als Funktion von Tieftemperatur und Fahrstil. Hieraus ergibt sich die Notwendigkeit RDE-relevanter innermotorischer PN-Minimierung, um in Kombination mit maximierten GPF-Filtrationseffizienzen die Konformitätsfaktorziele der EU für PN von 1,5 maximal robust unterschreiten zu können.

Innermotorische Maßnahmen zur Partikeloptimierung erfordern für jeden Betriebszustand das beste Zusammenspiel aus optimierten Hardwarevoraussetzungen und partikeloptimierter Kalibrierung. Ziel ist hierbei, minimale Brennraumbauteilbenetzung durch Kraftstoff umzusetzen, da sie eine Hauptursache für Diffusionsverbrennungsherde ist.

Dynamikfunktionen und Mehrfacheinspritzstrategien zielen darauf ab, Eindringtiefe und Bauteilbenetzungsrisiko bei gegebenen Hardwarebedingungen weiter zu minimieren. Dynamische Optimierungsprozesse und systemindividuelle Detailbestimmung erfordern:

- das Treffen der jeweiligen dynamischen Betriebsparameteroptima,
- deren Optimierung über Motortemperatur und Last/Drehzahl,
- den nahtlosen Übergang zwischen den Betriebsmodi.

Abb. 7.7 zeigt einen Überblick klassischer Einspritzstrategien für Euro-5-Kalibrierungen im Vergleich zu beispielhaft gewählten aktuellen Ansätzen sowie die wichtigsten Veränderungen, die systemindividuell zu adaptieren sind. Euro-6d-Lösungen erfordern beste Startperformance und Katheizstabilität bis hin zu Tiefsttemperaturen mit PN-minimalen Schichtmengen [7].

7.3 Prozesse für eine serientaugliche Kalibrierung und Validierung

Die hohe Systemkomplexität und die größere Anzahl von Quereinflüssen haben enorme Auswirkungen auf die Entwicklung, Kalibrierung und Validierung für ein robustes und abgesichertes Produkt in Serie. Dies gilt gleichbedeutend für Diesel- wie auch für Ottomotoren.

Sowohl für die Otto- als auch für die Dieselabgasnachbehandlung ist die wichtigste Herausforderung, die Abgasemissionen in den verschiedenen Alterungszuständen während der Lebensdauer trotz steigender Systemkomplexität robust einzuhalten.

Dies spiegelt sich sowohl in einer robustheitsorientierten Definition der Hardware des Abgasnachbehandlungssystems als auch in der gleichartigen Definition der Entwicklungsziele der Emissionskalibrierung wieder. Hieraus ergibt sich sowohl die Anforderung bezüglich Dimensionierung der Hardware, als auch die Anforderung an die Applikationsrobustheit, um die erforderliche Stabilität über der Laufzeit darstellen zu können. Die Systemrobustheit über die Lebensdauer wird auch durch intelligente Softwarelösungen sichergestellt:

- Lern- und Adaptionsfunktionen, die die Systemstreuung über der Laufzeit kompensieren können (Sensor und Aktuatoren – Drift)
- Laufzeitkorrigierte Wirkungsgrad- und Beladungsmodelle
- Betriebsstrategien, die durch genauere Abgassystemmodelle und vorausschauende Algorithmen den Wechsel zwischen Normalbetrieb und Sonderbrennverfahren verbrauchs- und emissionsoptimiert gestalten.

Die Abb. 7.8 zeigt am Beispiel einer Dieselmotorenapplikation, welche der unkontrollierbaren Größen hinsichtlich Produktionstoleranzen und Umweltbedingungen zu hohen Emissionswerten bei einem typischen Euro-6d-System beitragen. Man erkennt, dass grenzwertige Sensoren und Aktuatoren aus der SCR-Regelung sowie Umgebungsbedingungen und Faktoren, welche die Rohemissionen erhöhen, vertreten sind. Solche Ursachenanalysen bringen wichtige Erkenntnisse hinsichtlich Serientauglichkeit des Systems und unterstützen die Systementwicklung.

Ganz entscheidend für robuste RDE-Lösungen ist eine breite Validierung und Robustheitsbewertung. Um zu vermeiden, dass jede Fahrzeugvariante einzeln intensiv vermessen werden muss, wird mit sehr hoher Priorität auf eine Gleichbedatungsstrategie gesetzt. Fahrzeugvarianten mit ähnlichen Eigenschaften (Antriebsystem, Gewichtsklassen, Widerstand und dergleichen) werden in Variantenfamilien gruppiert, welche in maximierter Schnittmenge dieselbe Kalibrierung teilen (s. Abschn. 3.1).

Es werden dann innerhalb dieser Variantenfamilien sogenannte Eckvarianten definiert. Solche Eckvarianten werden auf Emissionen und weitere Schlüsseleigenschaften intensiv abgesichert. Durch Stichversuche und statistische Auswertungen werden Zwischenvarianten mit einem identischen Absicherungsgrad für den Serieneinsatz freigegeben.

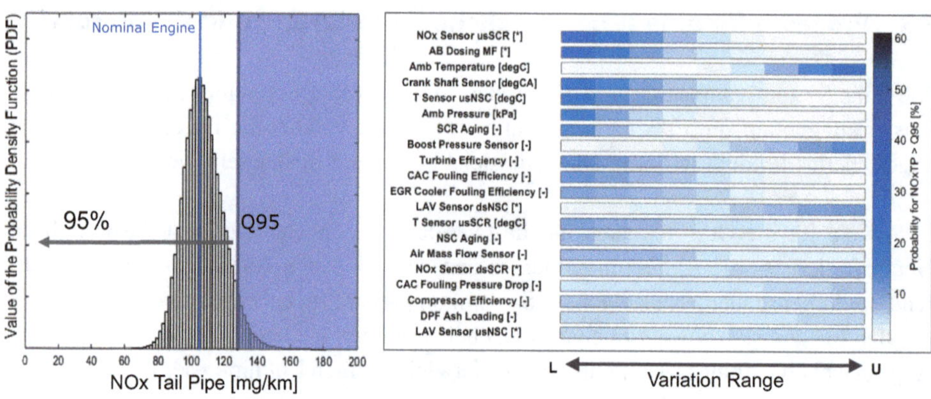

Abb. 7.8 Beispiel einer Ursachenanalyse für Diesel-NO_x-Emissionen [8]

Die Abb. 7.9 zeigt, wie der Testaufwand innerhalb einer Variantenfamilie mit demselben Dieselmotor auf Eck- und Zwischenvarianten bei einem typischen Euro-6d-System aufgeteilt wird.

Trotz Gleichbedatungsstrategien erhöht die Vielzahl emissionsrelevanter Einflussfaktoren der RDE Randbedingungen naturgemäß den Absicherungsaufwand in einem Maße, dass er im Rahmen eines Fahrzeugentwicklungszyklus nicht mehr vollständig im realen Experiment auf der Straße getestet werden kann. Es ist also zusätzlich eine Entwicklung kompakter und relevanter Ersatzprüfszenarien in Ersatzprüfumgebungen und eine Verlagerung in die virtuelle Welt erforderlich [6].

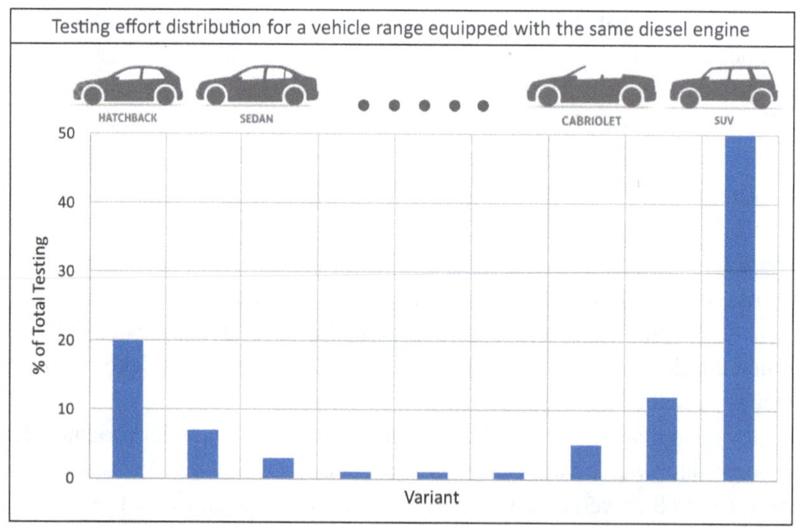

Abb. 7.9 Beispiel für die Testaufwandsverteilung innerhalb einer Fahrzeugfamilie. (Quelle: AVL)

Dazu sind drei wichtige Kriterien zu erfüllen [6]:

- Reproduktion: Real-World-Fahrmanöver müssen in Prüfumgebungen realitätsgetreu wiederholbar dargestellt werden können, um eine Analyse und eine daraus folgende Optimierung zu ermöglichen. Dies ist eine etablierte Grundvoraussetzung heute verwendeter State-of-the-Art-Prüfsysteme.
- Reduktion: Um Entwicklungszeit und -kosten einzuhalten, müssen kompakte repräsentativ-herausfordernde Entwicklungstests als RDE-Ersatzszenarien entwickelt und herangezogen werden.
- Virtuelle Integration: Durch die Anwendung virtueller Prüfstände (beispielsweise Hardware-in-the-Loop(HiL)-Prüfstände mit Echtzeitmotor- und Abgassystemsimulation) können viele Testszenarien virtuell geprüft werden. Hochgenaue Modelle bilden die Basis, um sehr kosteneffizient in kurzer Zeit zu serienreifen Lösungen zu kommen.

Abb. 7.10 zeigt beispielhaft einen Überblick über den Entwicklungsworkflow im V-Prozess und den Übertrag von RDE-Entwicklungsaktivitäten von der Straße in die, im Sinne der virtuellen Integration stufenweise simulativ unterstützten und in der Regel hoch automatisierten Ersatzprüfumgebungen. Dadurch ist eine Verteilung der intensiven Absicherungsaufwände für RDE-Anforderungen effizient möglich.

Abb. 7.11 ergänzt weiterführend mit höherem Detaillierungsgrad beispielhaft eine Prozessübersicht der Emissionsserienapplikation für RDE mit ihren Prüfumgebungen.

Die Abbildung beschreibt die einzelnen Arbeitsschritte in ihren Entwicklungsumgebungen, die letztlich zur Serienfreigabe erforderlich sind. Um den Leser den Detailablauf näherbringen zu können, werden nun drei einzelne eingeblendete Abschnitte genauer erklärt.

Die Abb. 7.12 beschreibt die Phase der Grundauslegung. Der Ablauf beginnt mit der AES/BES Strategiedefinition im Konzeptansatz, jeweils abgestimmt auf das Antriebsstrangkonzept und die Fahrzeugvariantenmatrix auf Basis des zu applizierenden Technologiepakets für Motor- und Abgasnachbehandlung.

Die modellbasierte Umgebung dient dazu, in einer ersten Konzeptsimulation durch Zusammenbau von 1-D-Motormodell und Abgasnachbehandlungsmodell erste Betriebsstrategieentscheidungen vorwegzunehmen und Softwareanforderungen auf ihre Richtigkeit zu prüfen bzw. im Bedarfsfall auch Softwareerweiterungen zu definieren und nach Bereitstellung zu testen.

Stationär- und simplifizierte Transienttests am Motorprüfstand dienen dazu, Parameterdefinitionen für Sonderbetriebsmodi (z. B. Kat/GPF-Heizen) durchzuführen und hieraus Basisapplikationsparameter mit hohem Emissionsquereinfluss (z. B. EGR-Rate, Mehrfacheinspritzstrategie) zu bedaten und den jeweils besten Trade-off zwischen den Zielkriterien zu ermitteln.

In einem ersten Schritt werden Emissionszyklen in iterativer Verbesserung klassisch auf dem Rollenprüfstand appliziert. Diese Vorgehensweise erfordert wegen der zwischen den Tests notwendigen Abkühlphasen des Fahrzeugs (im speziellen des Motors und des

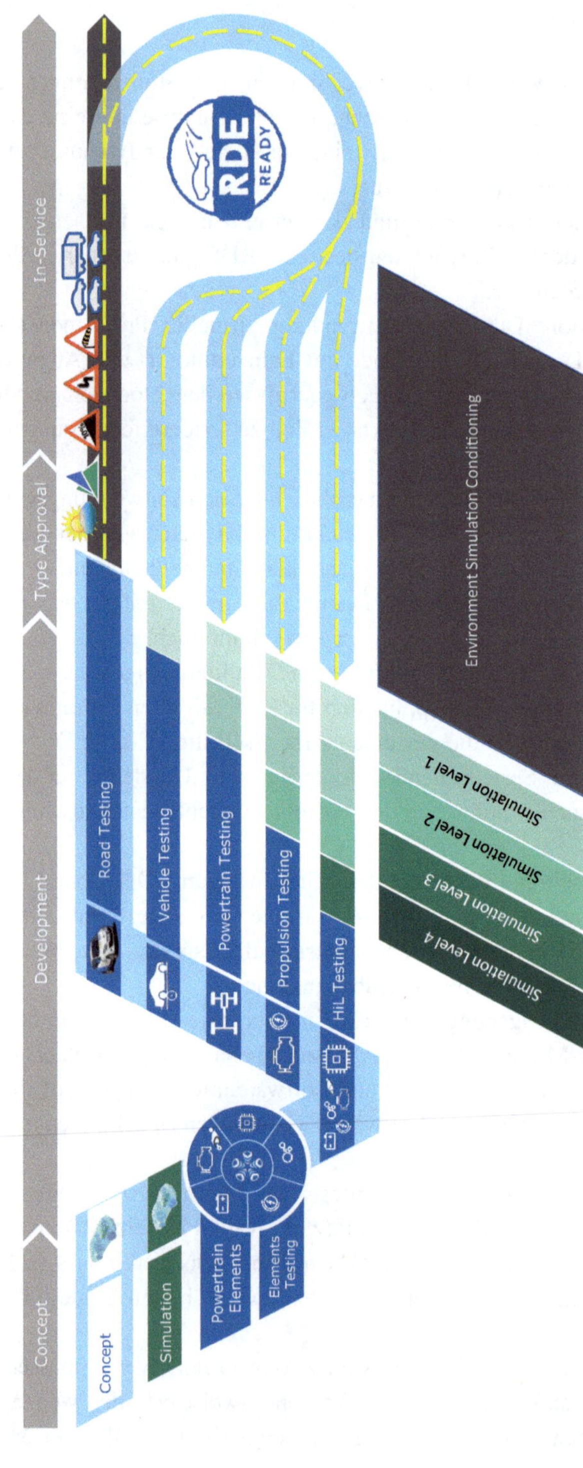

Abb. 7.10 Prozessübersicht RDE-Entwicklung – Prüfumgebung [9]

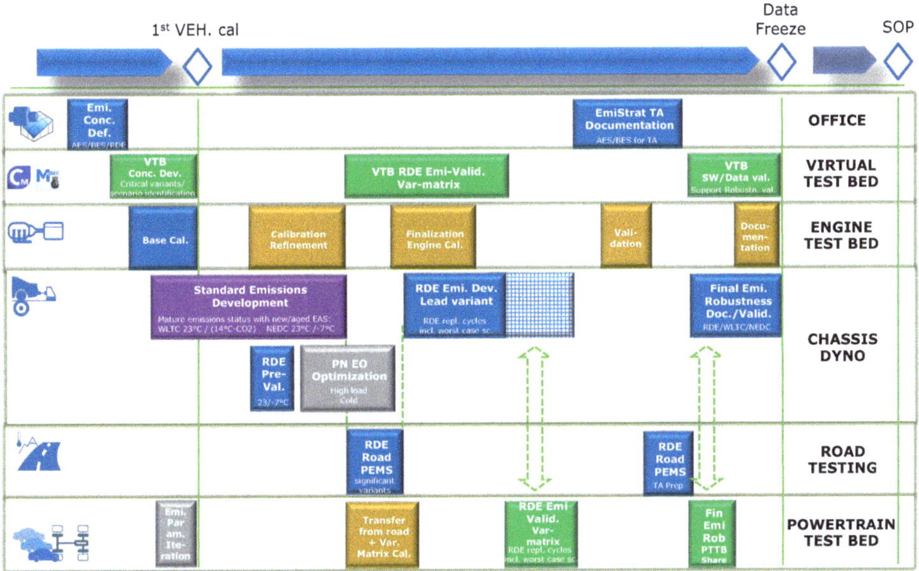

Abb. 7.11 Prozessübersicht Emissionsserienapplikation RDE-prüfumgebungsverteilt, D/GPF-Workflow exkludiert (*orange* dieselspezifisch, *grau* ottospezifisch). (Quelle: AVL)

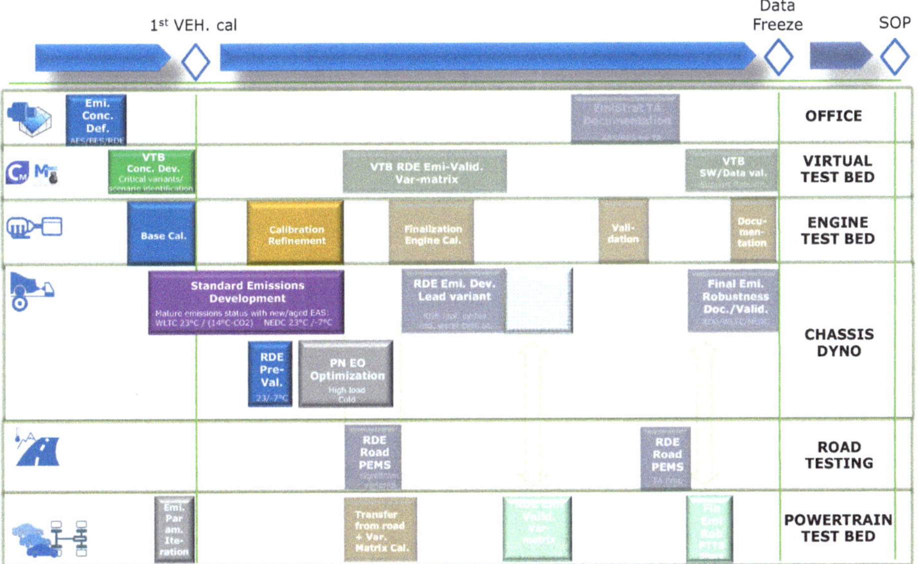

Abb. 7.12 Prozessübersicht Emissionsserienapplikation RDE – Teil 1 – Grundauslegung. (Quelle: AVL)

Abgasnachbehandlungssystems) viel Zeit. Daher kommt zunehmend ein parallel betriebener Powertrainprüfstand zur Anwendung, auf dem die Motor-Getriebe-Einheit im Verbund mit der Simulation des Restfahrzeuges aufgebaut wird. Im Rahmen dieses Aufbaus werden Schnellkühleinrichtungen installiert, um alle emissionsrelevanten Komponenten definiert in kurzer Zeit für eine iterative Optimierung/Validierung von Kaltzyklensequenzen wieder auf die gewünschte Starttemperatur rückkühlen zu können. Diese Prüfstände laufen in einer „24/7"-Automatisierung, inklusive der Möglichkeit, vorgefertigte Datensätze automatisiert zu laden, um detaillierte Parametervariationen mit Zyklusrelevanz unter Zuhilfenahme von DoE-Ansätzen durchzuführen.

Nach Auswertung der prinzipiellen Zusammenhänge aus den DoE-Untersuchungen werden die unterschiedlichen Parameter hinsichtlich Schadstoffemissionen und Abgastemperaturen optimiert und die Übergänge zwischen Betriebsarten möglichst momenten- und akustikneutral gestaltet.

Ist eine erste Robustheitsstufe der Emissionsstrategien bei klassischen Emissionstestbedingungen erreicht, folgt direkt die Erweiterung Richtung Hochlast/Hochdynamik, um im Sinne der RDE Gesetzgebung ein Abstecken/Voroptimieren der Strategie über den gesamten Betriebstemperaturbereich mit besonderem Fokus auf PN/PM-Emissionen im Kaltbetrieb beim Ottomotor zu erhalten.

Die Abb. 7.13 beschreibt die Phase der Feinanpassung. In dieser Phase können sinnvoll die RDE-Straßentests mit PEMS gestartet werden. Diese dienen dazu, eine erste Real-Life-Referenz zu schaffen und Projekt/Antriebsstrang/Betriebsstrategie spezifische emissionskritische Sondermanöver zu dokumentieren, die in die RDE-Ersatzzyklus-Feinanpassung einfließen müssen. Aus den Straßenmessungen werden hierzu die kritischen Betriebsbedingungen detektiert und kategorisiert hinsichtlich ihrer Verursachungsquellen. Auf dieser Basis wird ein Satz an RDE-Ersatzzyklen mit speziellem Projektbezug erstellt, die zur Applikation am Rollenprüfstand der Feinoptimierung der Leadvariante dienen. Variationsparameter wie Fahrdynamikwähloptionen oder ggf. Getriebeabstufungen/Schwungmassenklassen/Variantenableitungen der Bedatungen werden mit ihren geänderten Randbedingungen direkt in der HiL-Umgebung und in kompakter Vorauswahl zeitnah am Powertrainprüfstand quergeprüft, um die möglichst breite Emissionsrobustheit der Leadvariantenapplikation sicherzustellen. Mit den Summenerkenntnissen aus den Fahrzeug-, Powertrain- und HiL-Tests wird die Kalibrierung mit ihren Ableitungen feinjustiert. Der Übertrag der Leadvariantenapplikation auf die Derivatapplikationen kann in diesen Prüfumgebungen durch Einstellen der Schwungmassenklasse bzw. der relevanten Antriebsübersetzungen leicht validiert werden.

Die Abb. 7.14 beschreibt die Phase der Serienabsicherung. Während nach Abschluss der Leadvariantenapplikation erste Dokumentationsvorbereitungen bezüglich Strategie zur Typprüfung (AES/BES) begonnen werden, dient die RDE-Absicherung mit PEMS auf der Straße wiederum der Real-Life-Validierung mit ausgesuchten Eckvarianten unter Extrembedingungen. Die gesamte Breite an Betriebsbedingungen wird in einer Prüfmatrix aus HiL-, Rollen- und Powertrainprüfstandstests final validiert, bevor die Typprüfung erfolgen kann. Hervorzuheben ist dabei der stetig steigende Anteil der si-

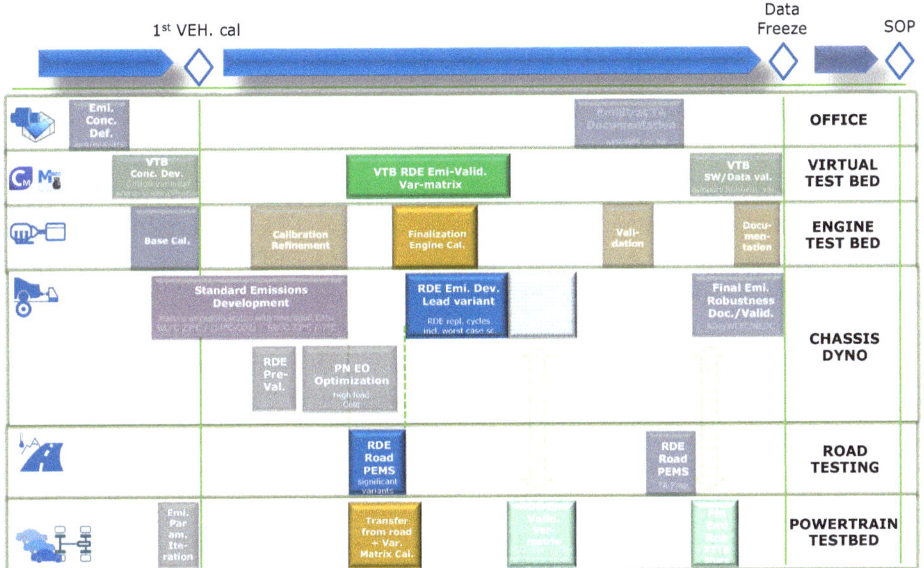

Abb. 7.13 Prozessübersicht Emissionsserienapplikation RDE – Teil 2 – Feinanpassung. (Quelle: AVL)

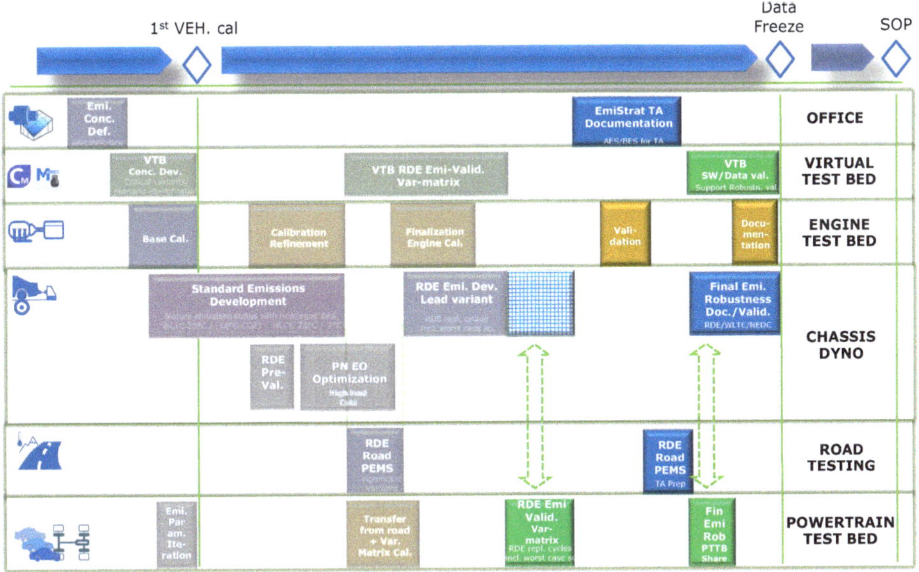

Abb. 7.14 Prozessübersicht Emissionsserienapplikation RDE – Teil 3 – Serienabsicherung. (Quelle: AVL)

mulativen Möglichkeiten im Rahmen der Entwicklung und Validierung. Beginnend bei langjährig etablierten iterativen ECU-Software- und Datenstandsvalidierungen bis hin zur dynamischen RDE-Emissionsentwicklung im HiL-Umfeld lässt sich heute insbesondere die Simulation extremer Umweltbedingungen am Rechner kosten- und zeiteffizient darstellen.

Dennoch bleibt die klassische Erprobungsfahrt im RDE-Kontext im Hinblick auf Kälte/Hitze und Höhenbedingungen als Validierungsinstrument entlang des Entwicklungsprozesses nach wie vor von großer Bedeutung und wurde zur RDE-Absicherung sinnhaft um den Einsatz mobiler PEMS-Emissionsmesstechnik ergänzt (s. Kap. 5 „RDE-Messtechnik“).

Die Ergebnisrobustheit auf Quereinflüsse im Real-World-Kundenbetrieb auf Alterungs- und Bauteilfertigungsstreuungseffekte wird durch innovative Methodik in der Kalibrierung und in der Projektabwicklung sichergestellt. Produkteigenschaften wie Schadstoffemissionen, Betriebskosten und Fahrbarkeit werden kontinuierlich in Form übergeordneter Projektziele objektiviert und bewertet. Der dafür nötige holistische Ansatz kommt, in stark steigendem Maße, der Elektrifizierung des Antriebstrangs entgegen.

Literatur

1. Fraidl, G. et al.: „RDE – Challenges and Solutions“, 38. Internationales Wiener Motorensymposium, Wien, Mai 2015
2. Scheidel, S.; Vogels, M.: Model-based iterative DoE in highly constrained spaces – International Calibration Conference, Berlin, 2017
3. Keuth, N.; Koegeler H.-M.; Fortuna, T.; Vitale G.: DoE and beyond: The evolution of the model based development approach how legal trends are changing methodology, Design of Experiments (DoE) in Powertrain Development, June 2015
4. Scheidel, S.; Gande, M.: DOE-based transient maneuver optimization, 7th International Symposium on Development Methodology, Wiesbaden, November 2017
5. Reinharter, C.: "Investigation of Gasoline Particulate Filters System Requirements and their Integration in Future Passenger Car Series Applications", Master Thesis University of Graz/AVL List GmbH, Graz, October 2015
6. Fraidl, G. et al.: Von RDE zu RDD – Erfordert RDE auch „Real Driving Diagnostics?“, 12. Internationales Symposium für Verbrennungsdiagnostik, Baden-Baden, Mai 2016
7. Vidmar, K. et al.: Partikeloptimale Benzindirekteinspritzung – Eine Voraussetzung für RDE, Tagung Diesel- und Benzin-Direkteinspritzung, Berlin, Dezember 2014.
8. Schüßler, S.; Piffl, M.; Grubmüller, M.; Grün, P.; Hollander, M.; Mitterecker, H.: In Field Robustness based on Virtual Development Environment, 38. Internationales Wiener Motorensymposium, Wien, April 2017
9. Engeljehringer, K.: Abgasgesetzgebung WLTP/RDE/EVAP – AVL Techday Emission, Bietigheim-Bissingen, Mai 2017

RDE-Konzepte Nutzfahrzeuge 8

Lukas Walter und Gernot Graf

8.1 Einleitung und gesetzliche Rahmenbedingungen

Die Emissionsgesetzgebung für Nutzfahrzeuge schreibt schon seit mehreren Jahren die Einhaltung von Emissionsgrenzen im realen Fahrbetrieb vor. In den USA gibt der Gesetzgeber bereits seit 2005 die Möglichkeit, die Einhaltung der Emissionsgrenzen von Nutzfahrzeuge im Betrieb mit PEMS zu überprüfen.

In Europa hat man mit der Gesetzgebung Euro VI für Nutzfahrzeuge ab 2013 die Zertifizierung nach In-Service-Conformity(ISC)-Anforderungen sowie der Demonstration der Emissionseinhaltung in regelmäßigen Zeitabschnitten bis zu der vorgeschriebenen Emissionsdauerhaltbarkeit eingeführt.

Die meisten größeren Märkte weltweit werden in Zukunft Gesetzgebungen ähnlich zu Euro VI einführen. Damit werden auch die ISC-Anforderungen übernommen. Nach derzeitiger Planung der Gesetzgebungsschritte kann man davon ausgehen, dass bis 2023 mehr als 80 % des Produktionsvolumens von Nutzfahrzeugen eine Gesetzgebung erfüllen müssen, bei der Emissionen im realen Zyklus auf der Straße nachgewiesen werden.

Abb. 8.1 zeigt dazu die Details der weltweiten Ausrollung solcher Vorschriften.

Zusätzlich sind weitere Schritte der Emissionsgesetzgebung zu erwarten. Abb. 8.2 zeigt den Trend der Gesetzgebung der größten Märkte bis 2030.

Auch nach Euro VI oder ähnlichen Gesetzgebungen werden weitere Verschärfungen für konventionelle Emissionsgrenzwerte erwartet, so wie auch für die Real-Driving-Emission, die CO_2-Emission bzw. den Kraftstoffverbrauch. Diese neuen Gesetzgebungen wer-

L. Walter (✉) · G. Graf
AVL List GmbH
Graz, Österreich
E-Mail: lukas.walter@avl.com

G. Graf
E-Mail: gernot.graf@avl.com

H. Tschöke (Hrsg.), *Real Driving Emissions (RDE)*, ATZ/MTZ-Fachbuch,
https://doi.org/10.1007/978-3-658-21079-3_8

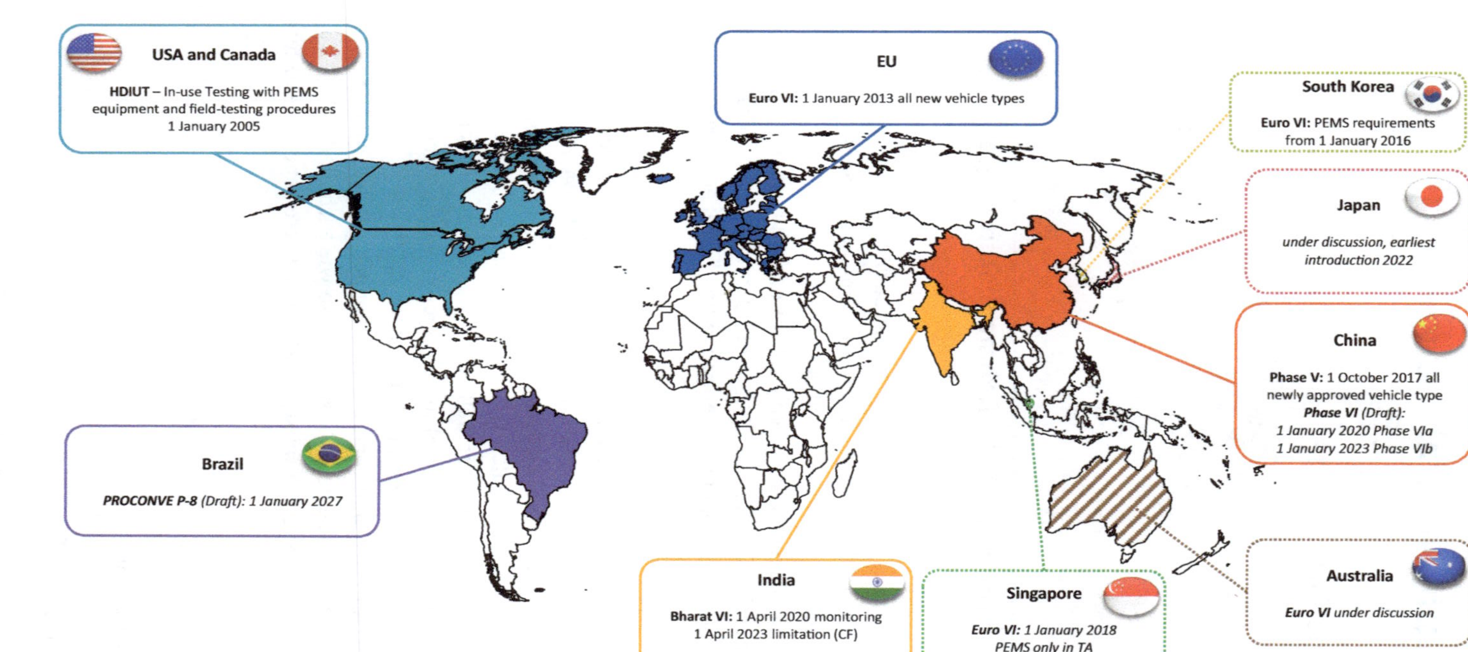

Abb. 8.1 ISC-Anforderungen weltweit. (Quelle: AVL)

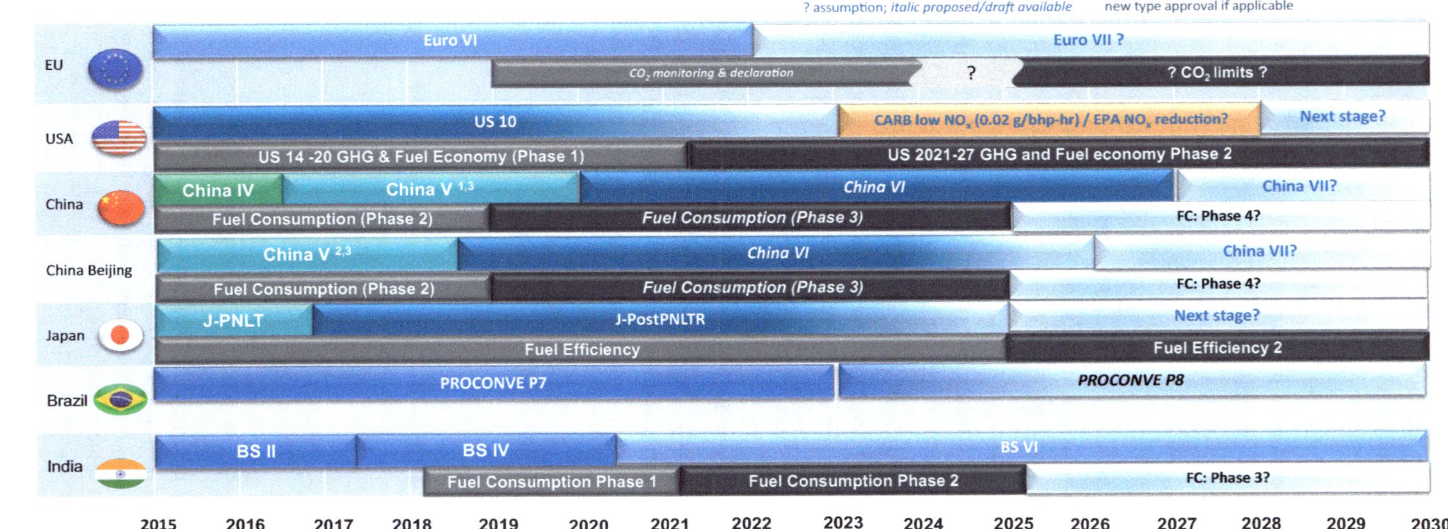

Abb. 8.2 Gesetzgebung für Nutzfahrzeuge weltweit. (Quelle: AVL)

den zusätzlich zur Reduktion der Emissionsgrenzwerte auch neue Testzyklen (USA) und verschärfte Randbedingungen für die ISC beinhalten.

Wie in Abb. 8.2 auch zu sehen ist, wird es hinsichtlich Kraftstoffverbrauch und CO_2-Emissionen weitere Schritte in den Gesetzgebungen geben. Wenn man diese im Detail analysiert, ist zu erkennen, dass dafür viele Regionen unterschiedliche Methoden und Prozeduren verwenden. Diese fokussieren in unterschiedlicher Weise auf die Zertifizierung im realen Fahrbetrieb. Allerdings sind bis heute dafür Systemsimulationsprogramme vorgesehen, die die CO_2-Emission bzw. den Kraftstoffverbrauch in den von der Applikation abhängigen Zyklen ermitteln.

Tab. 8.1 zeigt die derzeit gültigen Grenzwerte für Nfz in Europa, die seit 2013 gelten. Die Einhaltung dieser Grenzwerte wird bei der Zertifizierung am Motorprüfstand im stationären Zyklus (WHSC) und transienten Zyklus (WHTC) überprüft.

Zusätzlich zu der Zertifizierung am Motorprüfstand müssen die Emissionen für die Typengenehmigung auch im realen Fahrzyklus nachgewiesen werden. Dabei gilt für HC, CO und NO_x-Emissionen ein Conformity Factor von 1,5 (Tab. 8.2). Für die Partikelmasse und die Partikelanzahl gibt es derzeit noch keine Grenzwerte für ISC. Allerdings ist zu erwarten, dass in Zukunft, vermutlich ab 01.09.2019, für die Partikelanzahl ein Grenzwert implementiert wird. Dazu werden derzeit die passenden Messmethoden entwickelt.

Zusätzlich zu den Anforderungen für die Typenzulassung der Nutzfahrzeuge müssen diese auch während eines Useful Life die ISC erfüllen. Dazu ist die Definition der Fahrzeugklassen wichtig (Tab. 8.3.)

Der Fahrzeughersteller muss innerhalb von 18 Monaten nach der Typengenehmigung für jede Motorenfamilie ein Fahrzeug mit einem PEMS messen und die ISC demonstrieren. Danach muss diese Demonstration alle zwei Jahre bis zum Ende des Useful Life, bzw. fünf Jahre nach Produktionsende der Fahrzeuge, wiederholt werden. Das Useful Life ist

Tab. 8.1 Euro-VI-Emissionsgrenzwerte für Motorzertifizierung. (Quelle: AVL Emission Report, www.avl.com/legislation-services)

Emission limits in [mg/kWh]								
	CO	THC	NMHC	CH_4	NO_x[a]	NH_3 (ppm)	PM mass	PM number (#/kWh)
WHSC (CI)	1500	130	–	–	400	10	10	$8{,}0 \times 10^{11}$
WHTC (CI)	4000	160	–	–	460	10	10	$6{,}0 \times 10^{11}$
WHTC (PI)	4000	–	160	500	460	10[c]	10	[b]$6{,}0 \times 10^{11}$

[a] The admissible level of NO_2 component in the NO_x limit value may be defined at a later stage
[b] The limit value shall apply as from the dates set out in row B of Table 1 of Appendix 9 of Annex I to Regulation (EU) No 582/2011 (new types: 01.09.2014; all vehicles: 01.09.2015)
[c] It is proposed that the NH_3 limit value should not apply to positive ignition engines
Note: PI = Positive Ignition, CI = Compression Ignition

Tab. 8.2 Conformity Factor für ISC. (Quelle: AVL Emission Report, www.avl.com/legislation-services)

Pollutant	Maximum allowed conformity factor
CO	1,50
THC (for compression ignition engines)	1,50
NMHC (for positive ignition engines)	1,50
CH_4 (for positive ignition engine)	1,50
NO_x	1,50
PM mass (the Commission will consider to introduce a conformity factor when sufficient information is available on appropriate monitoring techniques)	–
PM number (the Commission will consider to introduce a conformity factor when sufficient information is available on appropriate monitoring techniques)	–

Tab. 8.3 Definition der Fahrzeugklassen. (Quelle: AVL Emission Report, www.avl.com/legislation-services)

Motor vehicles constructed for the carnage of passengers: – with at least four wheels or – with three wheels and a maximum weight over 1 tonne – [articulated vehicles of two non-separable, articulated units shall be considered as single vehicles]	
M1	Vehicles designed and constructed for the carriage of passengers and comprising no more than eight seats in addition to the driver's seat.
M2	Vehicles designed and constructed for the carriage of passengers, comprising more than eight seats in addition to the driver's seat, and having a maximum mass not exceeding 5 tonnes.
M3	Vehicles designed and constructed for the carriage of passengers, comprising more than eight seats in addition to the driver's seat, and having a maximum mass exceeding 5 tonnes.
Motor vehicles with at least four wheels designed and constructed for the carriage of goods.	
N1	Vehicles designed and constructed for the carriage of goods and having a maximum mass not exceeding 3,5 tonnes.
N2	Vehicles designed and constructed for the carriage of goods and having a maximum mass exceeding 3,5 tonnes but not exceeding 12 tonnes.
N3	Vehicles designed and constructed for the carriage of goods and having a maximum mass exceeding 12 tonnes.

abhängig von der vorgeschriebenen Kilometerzahl für die Emissionsdauerhaltbarkeit, die für spezifische Fahrzeugklassen definiert ist (Tab. 8.4).

Entsprechend der Fahrzeugklassen (Tab. 8.3) müssen die Fahrzeuge während der PEMS-Messung verschiedene Fahranteile im Stadtgebiet, im Überland- und im Autobahnverkehr absolvieren. Das ISC-Ergebnis wird nach den definierten Anteilen der Fahranteile ermittelt (Abb. 8.3).

Tab. 8.4 Definition der Emissionsdauerhaltbarkeit für Fahrzeugklassen. (Quelle: AVL Emission Report, www.avl.com/legislation-services)

Vehicle Category	Durability (km or years, whichever is sooner)	
M1, N1 and M2	160.000 km	5 years
N2, Nswith a maximum technically permissible mass not exceeding 16 tonnes and M3 Class I, Class II and Class A, and Class B with a maximum technically permissible mass not exceeding 7,5 tonnes	300.000 km	6 years
N3 with a maximum technically permissible mass exceeding 16 tonnes and M3, Class III and Class B with a maximum technically permissible mass exceeding 7,5 tonnes	700.000 km	7 years

Der gesetzlich vorgeschriebene PEMS-Test zur Überprüfung der Realfahremissionen bei der Zertifizierung und bei ISC-Tests ist, wie schon erwähnt, unter gesetzlich definierten Randbedingungen durchzuführen. Zu den Randbedingungen zählen neben der Fahrzeugbeladung die Streckenzusammensetzung, die Außentemperaturen (−7 °C bis ca. +35 °C), die Höhenlage (bis ca. 1750 m) sowie ein definierter Fahrzeugzustand zu Testbeginn.

Die Emissionen während der Kaltstartphase (bis zum Erreichen einer Kühlmitteltemperatur von 70 °C, spätestens aber 15 min nach Motorstart) werden in der Emissionsauswertung derzeit nicht berücksichtigt.

Die Auswertung der Fahremissionen erfolgt mit der Moving-Average-Window(MAW)-Methode und beruht auf dem Prinzip der gleitenden Mittelungsfenster (s. Kap. 4 „Datenauswertung und Bewertung"). Die Emissionen werden dabei nicht für den gesamten Datensatz, sondern für „Fenster" mit einer definierten Länge/Dauer ermittelt, wobei die Länge dieser Fenster der verrichteten Arbeit im transienten Test WHTC oder der in diesem Test emittierten CO_2-Masse des Motors entspricht.

Für die Auswertung werden nicht alle Fenster herangezogen, sondern nur sogenannte gültige Fenster. Mit der Einführung der Gesetzgebung Euro VI A in 2013 sind während

Tolerance +/- 5%	M1, N1	M2, M3, N2 (other than Class I, II, A)	M2 & M3 Class I, II, A	N3
Urban (0–50 km/h)	34%	45%	70%	20% / *30%**
Rural (50–70 km/h)	33%	25%	30%	25%
Motorway (> 75 km/h)	33%	30%	0%	55% / *45%**

* change of trip share planned

Abb. 8.3 Fahranteile der Fahrzeugklassen. (Quelle: AVL)

der PEMS-Messung jene Arbeitsfenster gültig, deren mittlere Leistung mindestens 20 % der maximalen Motorleistung entsprechen. Dieser Leistungsschwellwert wird mit der Gesetzgebung Euro VI D auf 10 % reduziert, wodurch die durchschnittliche Last der validen Messpunkte, und damit des Fahrzyklus, reduziert wird. Zusätzlich muss die PEMS-Messung mit dem Stadtanteil begonnen werden. Dadurch wird das Erreichen der ISC für Fahrzeuge mit Zyklen von geringer Last, z. B. im Stadtbetrieb, schwieriger.

Die Diskussionen in der Öffentlichkeit zur Problematik der Dieselabgase und Abweichung der Emissionen im Realbetrieb von denen am Zertifizierungsprüfstand führten zu einer Sensibilisierung der breiten Öffentlichkeit. Es ist nicht zu vermitteln, warum Realemissionen höher sind als bei der Zertifizierung am Motorprüfstand. Dies wird bei Einführung einer nächsten gesetzlichen Anforderung (auch als Euro VII diskutiert) zu einer Reduktion der Konformitätsfaktoren auf eins (CF = 1) führen.

Derzeit werden mit PEMS Messungen nur gasförmige Emissionen erfasst, an einem gesetzlichen definierten Verfahren zur Bestimmung der Partikelanzahl mit mobilen Messsystemen wird derzeit gearbeitet. Dieses Verfahren soll 2019 eingeführt werden.

Die schlechte Luftqualität in Ballungszentren und das Überschreiten der Luftgütelimits (Immissionswerte), beziehungsweise die geforderten Luftsanierungsmaßnahmen der lokalen Behörden, üben einen weiteren Druck in Richtung Emissionsabsenkung aus.

Es ist absehbar, dass die bisher ausgenommenen Emissionen der Kaltstartphase bzw. der Stadtanteil in Zukunft in der Auswertung der Emissionen verstärkt berücksichtigt werden.

Hohe Stickoxidbelastungen und die damit verbundenen Luftgütegrenzwertüberschreitungen in Städten werden auch in Europa zu einer deutlichen Reduktion der NO_x-Abgaslimits für Nfz führen. Unterstützt wird dies durch den Trend aus den USA, speziell aus Kalifornien, wo bereits an einer deutlichen Verschärfung der NO_x-Limits gearbeitet wird, um die anhaltend hohe Ozonbelastung in bestimmten Gebieten zu reduzieren.

Die bereits heute geltenden, aber insbesondere zukünftig zu erwartenden gesetzlichen Anforderungen, stellen eine besondere Herausforderung für die Entwicklung dar. Diese stellen sowohl an die Technologiepakete als auch an die Entwicklungsmethodik hohe Ansprüche.

8.2 Anforderungen an die Entwicklung

Die Herausforderungen für die Entwicklung bestehen darin, ein modulares Emissionskonzept zur Verfügung zu stellen, das die ISC für verschiedene Fahrzeuge mit Hoch- und Niedriglastzyklen sowie Einbausituationen möglich macht. Die ausgewählten Komponenten sowie die Regelungssoftware und Kalibrierung müssen die hohen Reduktionsraten des Abgasnachbehandlungssystems zur Darstellung niedrigster Emissionen über eine Kilometerleistung von bis zu 700.000 km darstellen können.

Zusätzlich müssen die Fahrzeuge kraftstoffeffizient betrieben werden. Des Weiteren fordert die Nutzfahrzeuganwendung immer längere Kilometerleistungen für Wartung und Dauerhaltbarkeit.

Nachfolgend wird der Fokus auf die Abgasnachbehandlungstechnologien für die jetzigen strengen Gesetzgebungen diskutiert. Diese erfordern einerseits die Einführung eines Dieselpartikelfilters (DPF) zur Erreichung der Partikelmasse- und Partikelanzahlgrenzwerte, sowie die Applikation eines SCR-Systems zur Erreichung der NO_x-Grenzwerte (s. auch Abschn. 6.1.2).

Abb. 8.4 zeigt die relevanten Komponenten zur Emissionsreduktion. In Abhängigkeit der Applikation bzw. aufgrund von verschiedenen Randbedingungen müssen ausgehend von einem Grundkonzept verschiedene Komponenten anhand von Simulationen sowie Versuchen zusätzlich ausgewählt werden, zum Beispiel:

- PM-Sensor für DPF-Überwachung bei höheren Engine-Out-Soot-Emissionen,
- HC-Doser für aktive Partikelfilterregeneration auch unter ungünstigen Bedingungen.

Ebenso ist für die ISC-Erfüllung die Auswahl der optimalen SCR-Technologie unter Berücksichtigung verschiedenster Randbedingungen in höchstem Maße relevant. So sind beispielweise Eisenzeolithe eine bewährte Technologie für Offroadanwendungen, sie

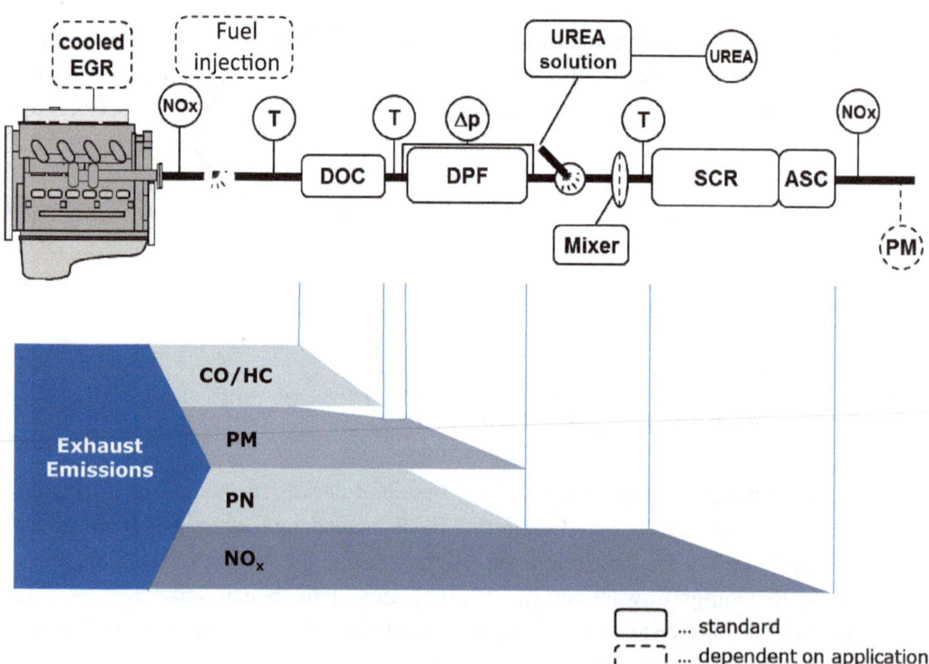

Abb. 8.4 Übersicht über Hauptkomponenten zur Emissionsreduktion. (Quelle: AVL)

1 → 3 = *best* → *worst*

System Property	V/Ti/W	Fe/Z	Cu/Z	Fe/Z + Cu/Z
Low-temp. SCR performance	1	3	1	1
High-temp. SCR performance	2	1	2	1
High-temp. durabiltiy	3 (<530°C)	2 (<650°C)	1 (<750°C)	2
Performance in low NO2	1	3	1	1
Performance in high NO2	3	1	2	1
Sulfur tolerance	1	2	3 (needs DeSOx)	3
HC tolerance	1	3 (reversed >600°C)	1	3
SCR cost	1	2	3	3
Total PGM cost (DOC+ASC)	1	3	2	2
In shape for NO2 legislation	2	1	2	2
In shape for NO2 legislation	1	3	2	2

Abb. 8.5 SCR Technologie Bewertungsmatrix. (Quelle: AVL)

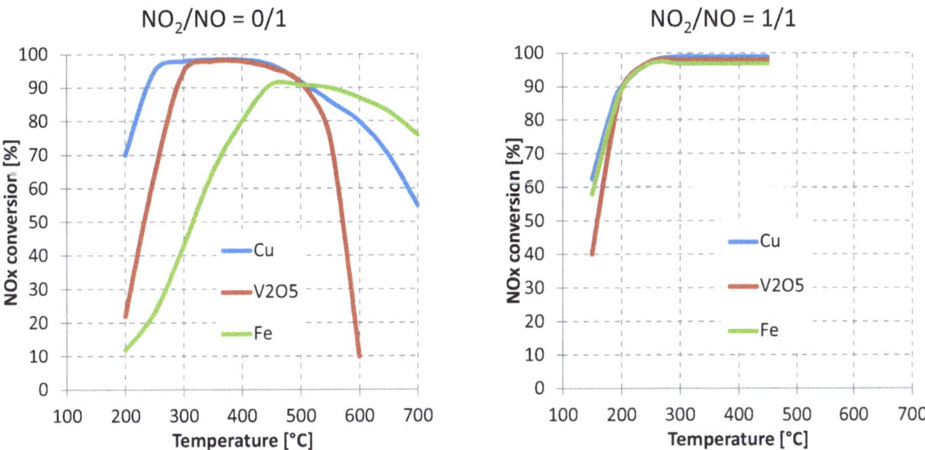

Abb. 8.6 Erzielbare NO$_x$-Umsatzraten für verschiedene SCR-Materialien in Abhängigkeit des NO$_2$/NO-Verhältnisses. (Quelle: AVL)

verfügen jedoch über eine ungenügende Niedertemperaturreaktivität gegenüber Kupferzeolithen, wodurch diese für ISC-Anforderungen prädestiniert sind (Abb. 8.5 und 8.6).

8.3 Anforderungen an die Kalibrierung

Wie an die Motor- und Abgasnachbehandlungshardware stellt die ISC auch hohe Anforderungen an die Kalibrierung, gilt es doch die gesetzlichen Emissionslimits unter den gegebenen Randbedingungen zu erfüllen. Dies beinhaltet insbesondere die Einhaltung der Grenzwerte auch unter Worst-case-Bedingungen, wie beispielsweise niedrigen Umgebungstemperaturen, Schwachlastprofilen und hochdynamischen Lastprofilen.

Anhand der Arbeitsbereiche verschiedener SCR-Katalysatormaterialien (Abb. 8.7) ist unschwer zu erkennen, dass eine der Hauptherausforderungen der Kalibrierung darin liegt, geeignete Abgastemperaturen für eine effiziente Umsetzung der Abgase bereit zu stellen. Dies beinhaltet insbesondere eine Anhebung der Abgastemperatur zum schnellen Aufwärmen des Systems sowie das Halten des Temperaturniveaus unter folgenden Bedingungen:

- Motorwarmlauf nach Kaltstart
- Schwachlastbetrieb, z. B. Stop and Go in der Stadt
- Wiederauskühlen, z. B. während langer Leerlaufphasen
- Leerfahrten, d. h. geringe mittlere Motorleistung

Hierbei müssen auch die unterschiedlichen ISC-Anforderungen für verschiedene Fahrzeugklassen berücksichtigt werden. Abb. 8.8 zeigt einen Vergleich verschiedener Lastprofile für unterschiedliche Anwendungsfälle. Es ist ersichtlich, dass für eine Stadtbusanwendung mit geringen mittleren Temperaturen im Gegensatz zu einer Long-Haul-Anwendung gerechnet werden muss und die Motor- und Abgashardware daraufhin entsprechend auszulegen ist.

Wichtig ist in jedem Fall ein Abprüfen der Kalibration nicht nur unter den erwarteten Hauptbetriebsbereichen, sondern unter allen möglichen Randbedingungen. Um den Test- und Kalibrationsaufwand hierfür in Grenzen zu halten, wird ein signifikanter Teil der Kalibrationsarbeit am VTB (Virtual-Testbed) durchgeführt (Abb. 8.9; [1]). Hierbei handelt

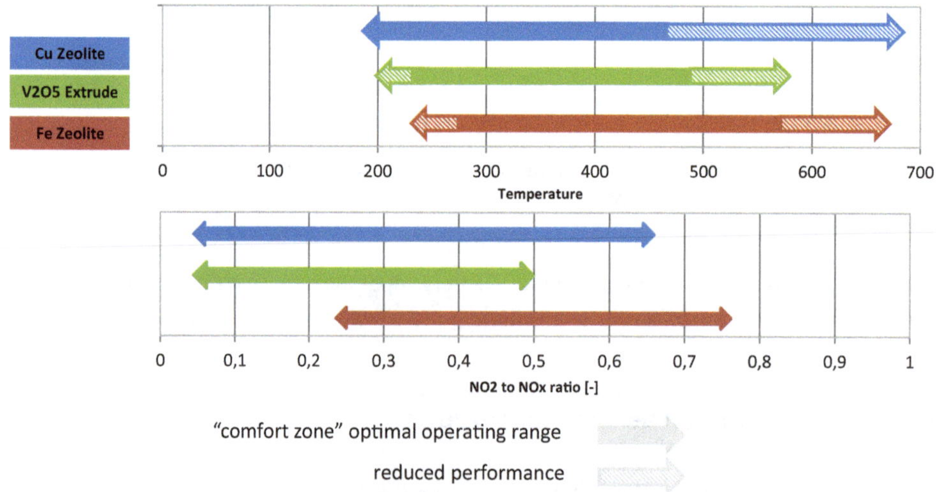

Abb. 8.7 Optimale Arbeitsbereiche für verschiedene SCR-Materialien. (Quelle: AVL)

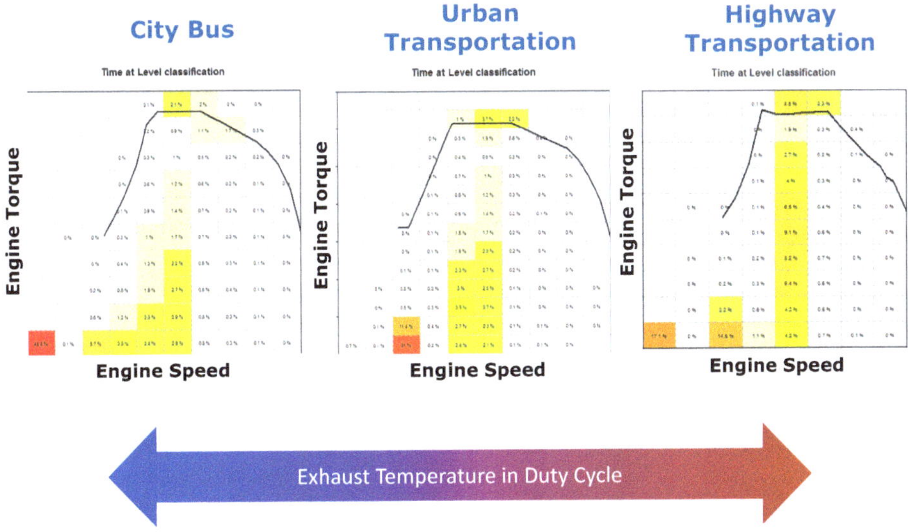

Abb. 8.8 Beispiel mittlerer Betriebsbereiche verschiedener Fahrzeuganwendungen. (Quelle: AVL)

es sich um eine Echtzeitsimulationsumgebung, in der Testzyklen unter vorgegebenen, frei wählbaren Umgebungsbedingungen durchgeführt werden können. Dadurch können relevante ECU-Sollwerte und eine Korrekturfunktion mit vergleichsweise geringem Aufwand vorbedatet werden. Eine aufwendige Abprüfung am realen Versuchsträger kann in einem darauf folgenden Schritt mit entsprechend verringertem Aufwand durchgeführt werden.

Wie bereits einleitend erwähnt ist eine der Hauptaufgaben der ISC-Kalibration, unter allen Umständen eine ausreichende Abgastemperatur sicherzustellen. Hierzu gibt es verschiedene Ansätze, je nach ausgewählter Hardware und Kalibrierstrategie (Abb. 8.10). Gemeinsam ist den Kalibrationsmaßnahmen, dass sich Heizmaßnahmen in der Regel negativ auf den Verbrauch auswirken, da ja ein Teil der Verbrennungswärme als Enthalpie dem Abgassystem zur Verfügung gestellt wird.

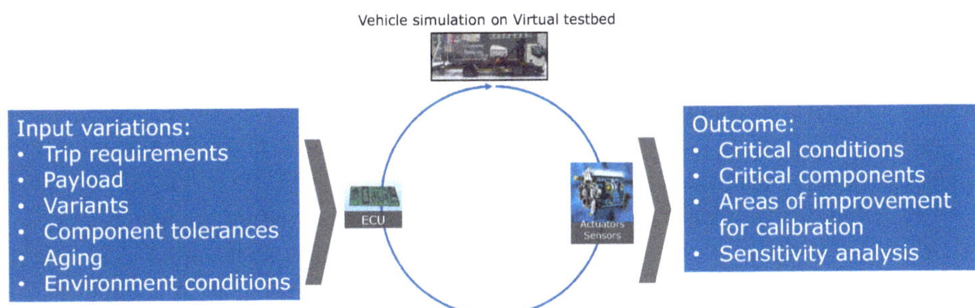

Abb. 8.9 ISC-Kalibration am virtuellen Prüfstand. (Quelle: AVL)

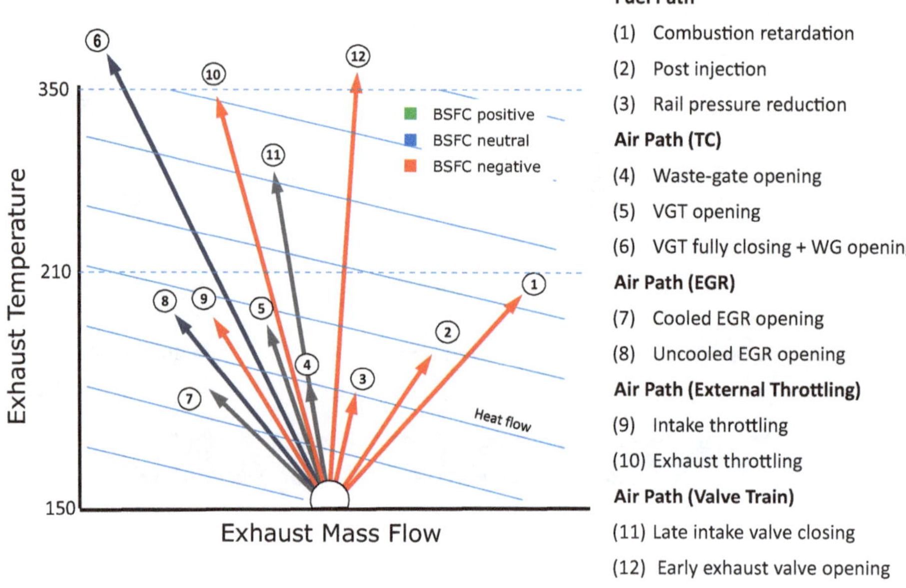

Abb. 8.10 Verschiedene HW- und Kalibrationsmaßnahmen zur Erhöhung der Abgasenthalpie. (Quelle: AVL)

Unterscheiden kann man hierbei zwischen Maßnahmen betreffend den Kraftstoffpfad (z. B. Verlagerung des Verbrennungsschwerpunkts nach spät über angelagerte Nacheinspritzung) und Maßnahmen für den Luftpfad (z. B. Drosseln mit Einlassdrosselklappe). Abgesehen vom Einfluss auf den Kraftstoffverbrauch wirken sich die Kalibrationsmaßnahmen auch größtenteils negativ auf die Motor-Roh-Emissionen (z. B. erhöhter Rauch, erhöhte HC-Emissionen) bzw. auf die Motorhaltbarkeit (z. B. Fuel-in-Oil, Soot-in-Oil) aus. Daher ist in jedem Fall eine sorgfältige und optimale Abstimmung unter Berücksichtigung sämtlicher Trade-offs und Limits notwendig.

Abb. 8.11 zeigt stellvertretend den Einfluss der Einlass- bzw. Abgasdrossel in einem Betriebspunkt auf die Abgastemperatur sowie andere relevante Messgrößen (spezifischer Verbrauch, Abgasmassenstrom, Saugrohrunterdruck). Man kann erkennen, dass mit der Abgasdrossel gegenüber der Einlassdrossel höhere Abgastemperaturen erzielt werden können. Dies ist bedingt durch eine höhere Ladungswechselarbeit, die mit der Abgasdrossel erzielt werden kann. Bei der Einlassdrossel ist man durch den erlaubten Unterdruck im Einlasssystem begrenzt.

Abb. 8.12 zeigt die Auswirkung der Abgasdrosselansteuerung im unteren Teillastbereich auf die Abgastemperatur vor DOC-Einlass während eines transienten Tests. Durch die Klappe kann sichergestellt werden, dass auch unter ungünstigen ISC-Bedingungen (kalte Umgebungstemperaturen, wenig Last) das Abgassystem schnell auf die notwendige Temperatur von über 200 °C gebracht wird.

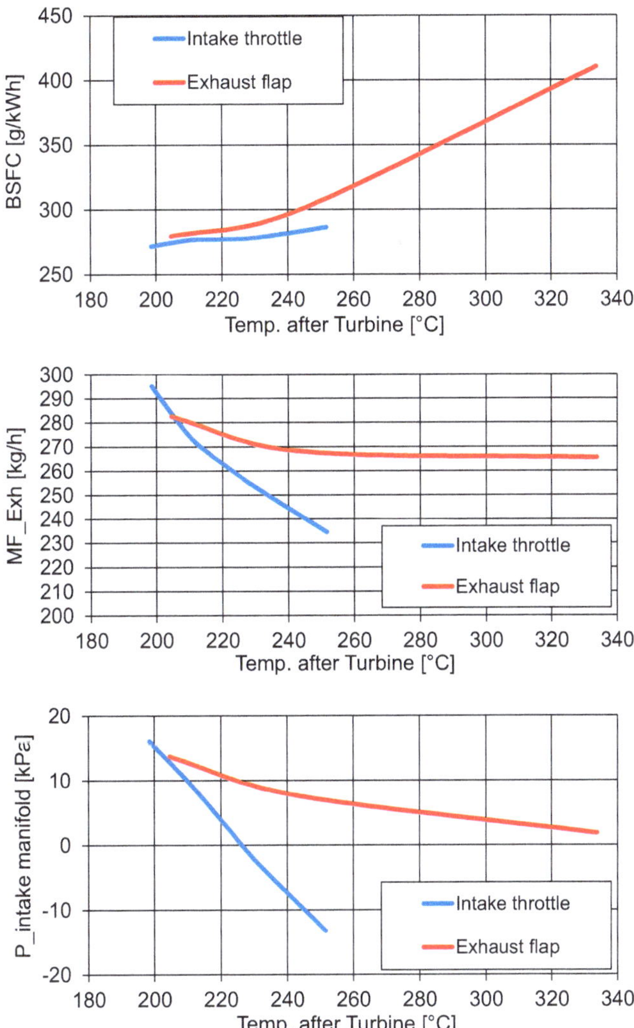

Abb. 8.11 Vergleich zwischen Abgas- und Einlassdrossel. (Quelle: AVL)

Eine weitere Kalibrationsaufgabe für die transiente Optimierung und somit für die Optimierung der Motoremissionen im realen Fahrbetrieb stellt die Kalibration von Lastsprüngen dar, z. B. unter Einbeziehung folgender Kalibrationsgrößen:

- Rauchlimitierung,
- EGRmin-Position,
- Turbolader VTG-Stellung,
- Raildruck-Offset,
- SOI-Offset.

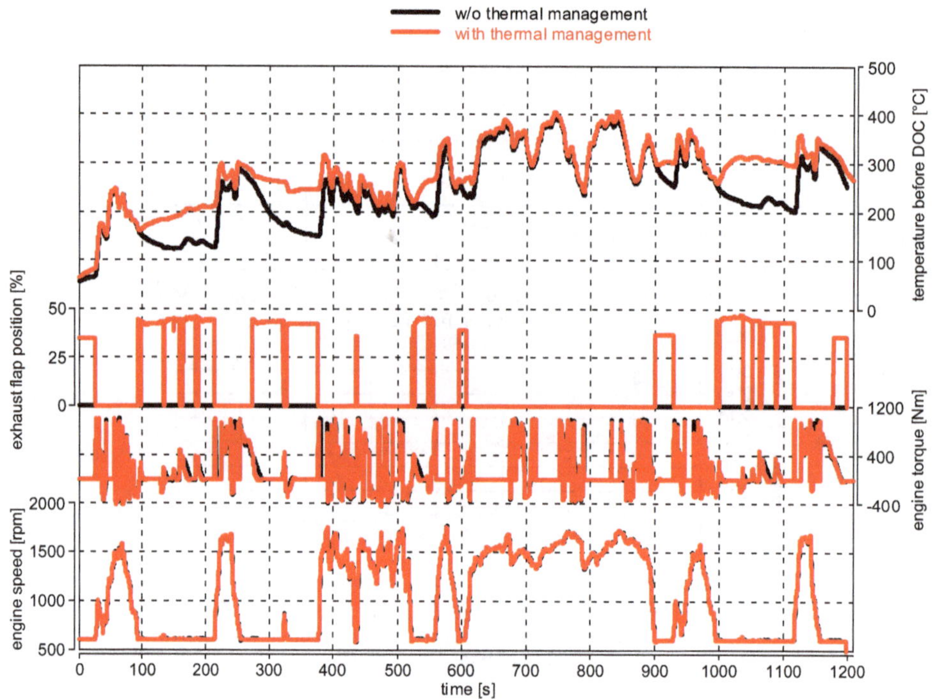

Abb. 8.12 Einfluss der Abgasdrossel im unteren Teillastbereich auf die Abgastemperatur vor DOC. (Quelle: AVL)

Für die Optimierung werden im 1. Schritt wiederholt Lastsprünge mit verschiedenen Einstellwerten anhand eines DoE's gefahren. In einem weiteren Schritt werden online sogenannte KPI's (Key Performance Indicators) berechnet, z. B. NO_x-Integral oder der Rauch-Spitzenwert, Abb. 8.13.

Wichtig ist hierbei, dass die Einstellwerte während des transienten Vorgangs nicht konstant gehalten, bzw, auch nicht nur mit einem Offset versehen werden. Vielmehr ist es erforderlich auch die Kennfeld-Form zu variieren, um ebenso die Information über die Auswirkung der Form auf die KPI's zu erhalten. Abb. 8.14 zeigt die Kennfeld-Form Variation anhand sog. Spline-Funktionen, welche das Kennfeld in drei Bereiche aufteilt und für die drei diskreten Kennfeldwerte eine entsprechend geglättete Kennfeldform erzeugt.

Schlussendlich kann anhand der gewonnen Modelle eine optimale Kalibration erzeugt werden, welche sämtliche ISC-Randbedingungen (z. B. NO_x-Integral) erfüllt. Abb. 8.15 zeigt die modellierten Abhängigkeiten von zwei der transienten KPIs (Rauchspitze und Stickoxidintegral) während eines Tip-In-Vorgangs in Abhängigkeit der Eingangsparametervariationen. Daraus lassen sich wichtige Erkenntnisse ableiten, beispielsweise wie sich die VTG-Variationen in unterschiedlichen Lastbereichen (A, B, C) auf die Ausgangsgrößen auswirken.

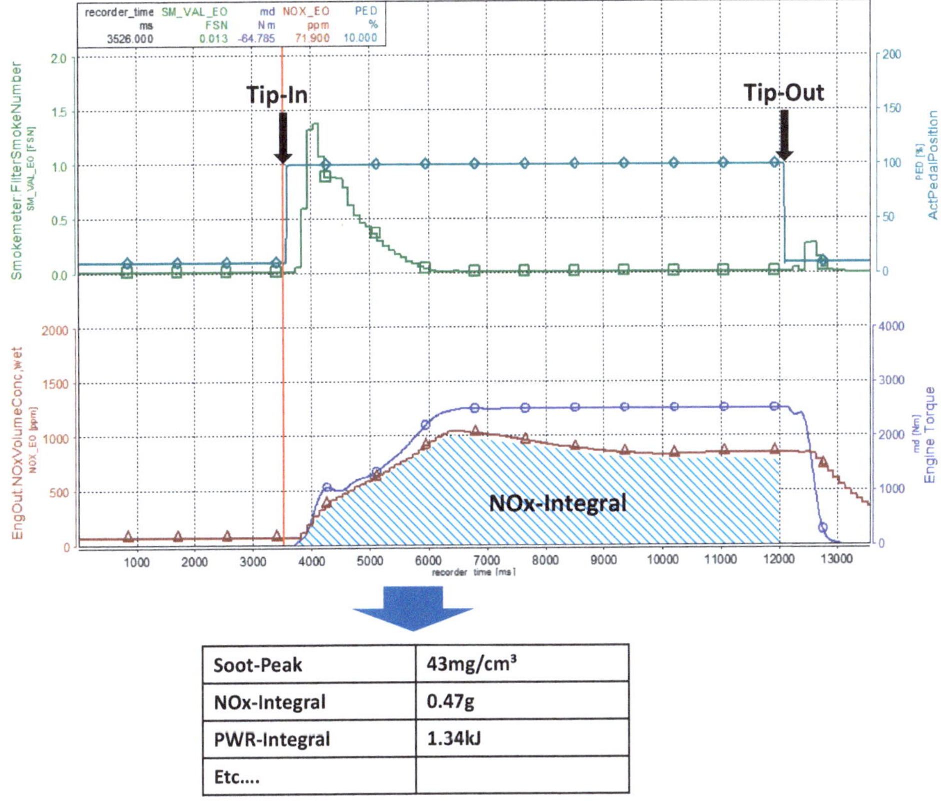

Soot-Peak	43mg/cm³
NOx-Integral	0.47g
PWR-Integral	1.34kJ
Etc....	

Abb. 8.13 Tip-In-Messung mit zugehöriger KPI-Berechnung. (Quelle: AVL)

8.4 Anforderungen an die Regelung der Abgasnachbehandlung

Die Hauptfunktionen der Regelung der Abgasnachbehandlung sind in der folgenden Abb. 8.16 dargestellt.

Verbrauchsoptimierte Verbrennungskonzepte ohne oder mit geringer Abgasrückführrate fordern eine SCR-Abgasnachbehandlung für EUVI mit Konvertierungsraten von mehr als 95 % der Stickoxide. Diese müssen über die Periode der Emissionsdauerhaltbarkeit erhalten werden. Dazu ist ein modellbasiertes Dosierungssystem notwendig, bei dem im Fahrzyklus die Ammoniak-Einspeicherung errechnet und geregelt werden kann. Dadurch wird die notwendige Einlagerung erreicht, um im spezifischen Betriebspunkt eine ausreichende Konvertierungsrate zu erreichen. Zusätzlich wird auch eine Überdosierung an Harnstoff verhindert.

Um die hohen Konvertierungsraten für jedes Fahrzeug und auch über die Lebensdauer jedes Fahrzeuges garantieren zu können, werden Adaptierungsfunktionen implementiert. Dabei werden Reaktionen des SCR-Systems beobachtet, die auf den Zustand der

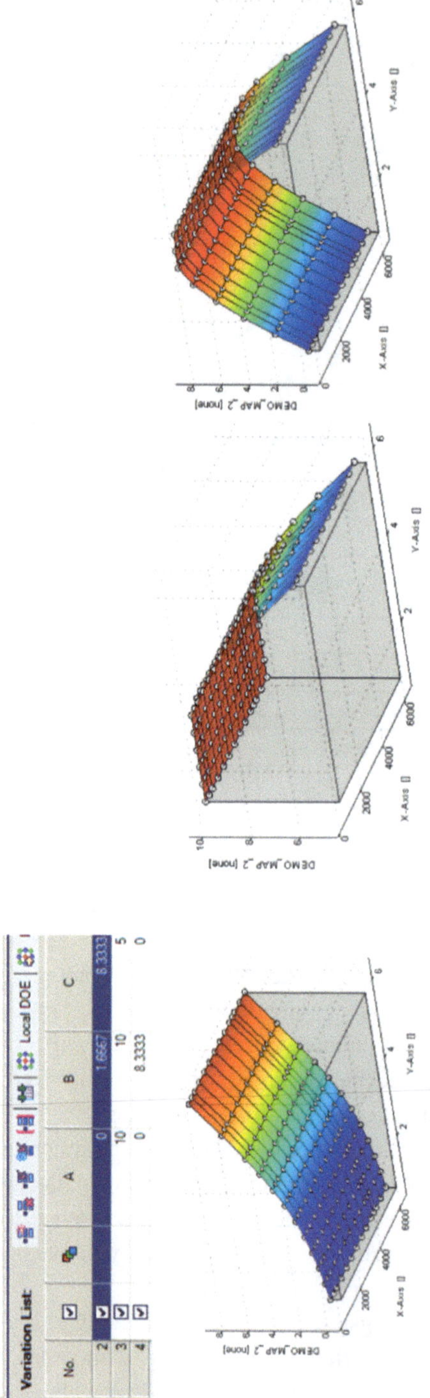

Abb. 8.14 Kennfeld-Variation für transiente Optimierung anhand von Spline-Funktionen. (Quelle: AVL)

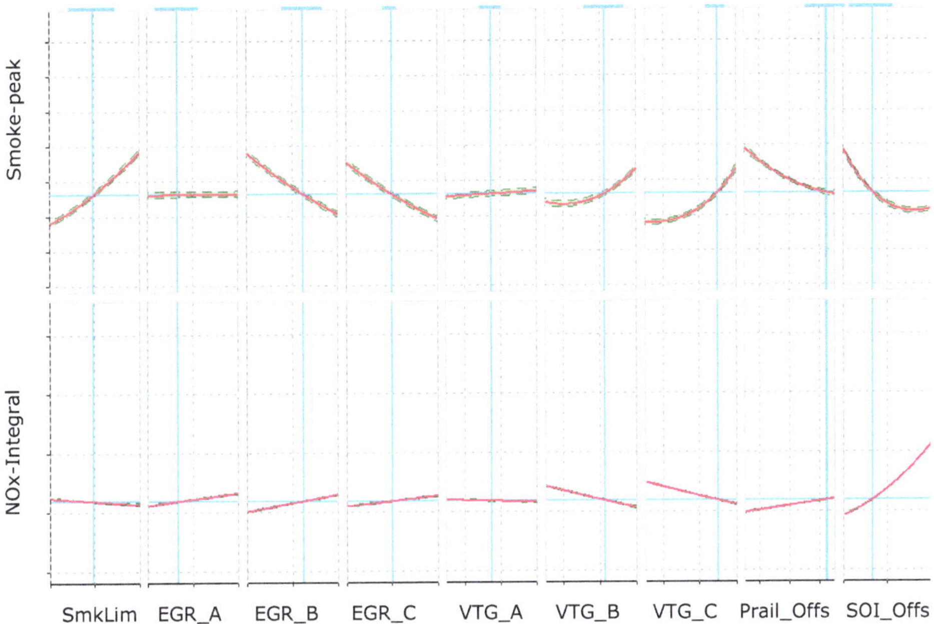

Abb. 8.15 Resultierende Modelle mit Abhängigkeiten von NO_x- und Smoke-Werten auf Kennfeld-Variationen. (Quelle: AVL)

Konvertierungsqualität im SCR und der Qualität der Harnstoffaufbereitung schließen lassen. Auf der Basis dieser Information können entsprechende Adaptierungsfunktionen die Dosierungsmenge anpassen und so höchste Konvertierungsraten ohne Ammoniakschlupf sicherstellen.

8.5 Robustheit und TCO

Im Rahmen der Überprüfungen der ISC werden beliebige Fahrzeuge aus dem Feld mit PEMS gemessen. Es ist notwendig, ausreichend robuste Systeme zu entwickeln, die auch unter dem Einfluss von Produktionstoleranzen und der Alterung von Bauteilen ein positives ISC-Testergebnis erreichen können.

Die große Anzahl der Einflussfaktoren stellt die Entwickler vor Herausforderungen hinsichtlich der Entwicklungsmethodik. Mit dem konventionellen Motor- oder Fahrzeugprüfstand ist es praktisch nicht realisierbar, den wechselseitigen Einfluss der variablen Faktoren auf die Emissionen mittels einer Vielzahl an Prüfläufen zu untersuchen. Daher benötigt man neue, modellbasierte Entwicklungsmethoden.

Eine robuste Motorkonfiguration zeichnet sich dadurch aus, dass seine Emissionen unter externen und internen Einflussfaktoren unkritisch bleiben. Mit der Verwendung von Modellansätzen für den Motor und die Abgasnachbehandlung können diese Fak-

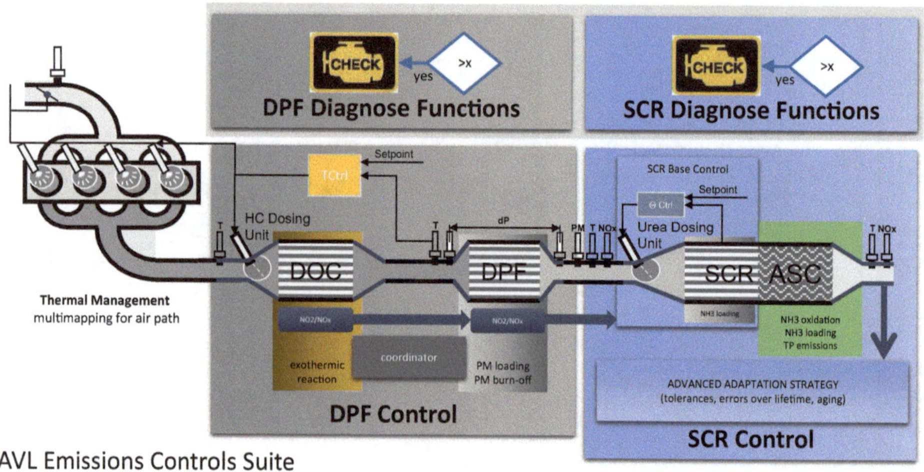

Abb. 8.16 Funktionen der Regelung der Abgasnachbehandlung. (Quelle: AVL)

toren durch Eingabeparameter variiert werden. Im Wesentlichen sind externe Faktoren zum einen die Startbedingungen eines Fahrzyklus, wie zum Beispiel Substrat- bzw. Flüssigkeitstemperaturen oder die eingespeicherte Ammoniakmenge (NH_3) in einem SCR. Andererseits sind damit alle Faktoren gemeint, die während einer Fahrt auf den Motor wirken, wie zum Beispiel der Fahrer durch Fahrpedalstellung aber auch die Umgebungsbedingungen, Abb. 8.17.

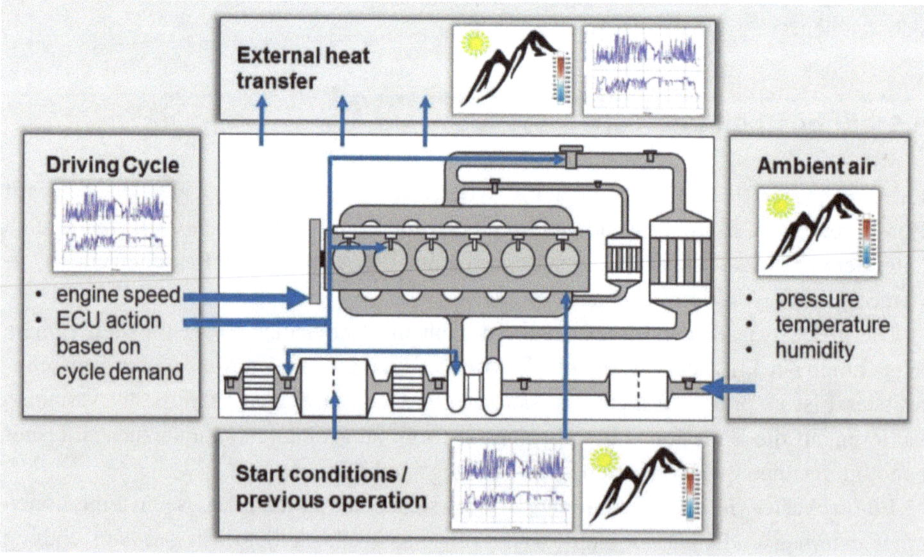

Abb. 8.17 Motormodell mit externen Einflussfaktoren. (Quelle: AVL)

Es sind auch interne Einflussfaktoren zu berücksichtigen, die das ISC-Testergebnis im Fahrzyklus beeinflussen können. Dazu zählen Bauteiltoleranzen, z. B. vom Turbolader, sowie Messtoleranzen von Sensoren. Bauteile wie Katalysatoren, Kühler und Einspritzkomponenten sind einer Alterung ausgesetzt, bzw. zeigen einen Drift über die Laufzeit, Abb. 8.18.

Um eine robuste Konfiguration zu erreichen, müssen eine Reihe von Faktoren und deren Kombinationen getestet werden, z. B. Fahrzyklen, Umgebungsbedingungen und der Zustand von Komponenten. Um dies zu erreichen, werden physikalische und semi-physikalische Modelle verwendet, bei denen man die oben genannten Parameter einstellen kann. Die Verwendung von physikalischen Ansätzen hat den Vorteil, dass das Modell im gesamten Versuchsraum und damit auch außerhalb der zugrundeliegenden Prüfstandsdaten gute Vorhersagen liefert.

Trotz der effektiven Organisation von Prüfläufen am virtuellen Prüfstand stellt die Gesamtheit der möglichen Kombinationen der Einflussfaktoren eine Herausforderung dar. So ist zum Beispiel eine voll-faktorielle Untersuchung bei einer Vielzahl von Einflussfaktoren nicht zielführend. Um solche Robustheitsuntersuchungen in einer passenden Zeitdauer möglich zu machen, wurde die AVL Multi-Stage Method entwickelt. Bei dieser Methode werden aufeinanderfolgende Prüfpläne simuliert, deren Ergebnisse auf den Zusammenhang zwischen variabler Faktoren und Zielvariablen schließen lassen. Dabei werden sogenannte Metamodelle, also empirische Modelle der Motormodellumgebung, erzeugt. Diese erlauben es, das Zyklusergebnis der Zielvariablen ohne Durchlaufen des Zyklus selbst, sofort und mit hoher Genauigkeit zu bestimmen, Abb. 8.19.

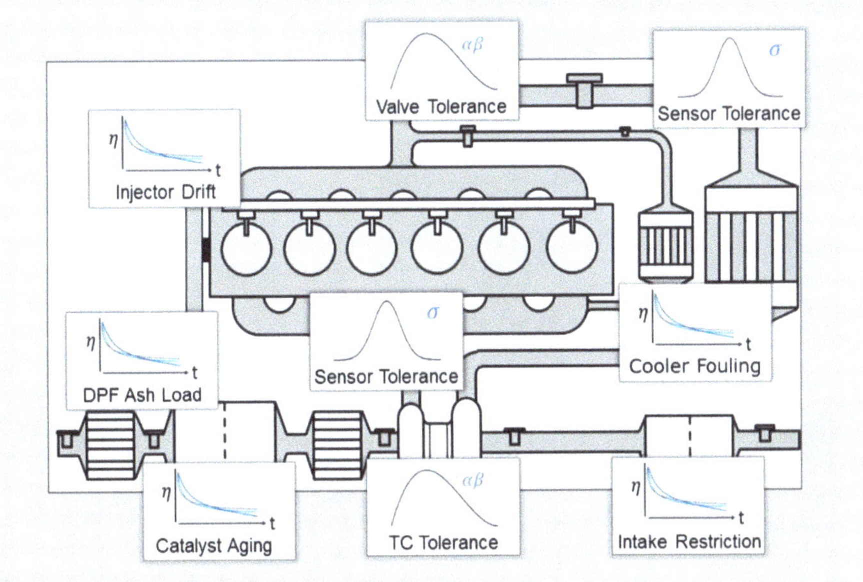

Abb. 8.18 Motormodell mit internen Einflussfaktoren. (Quelle: AVL)

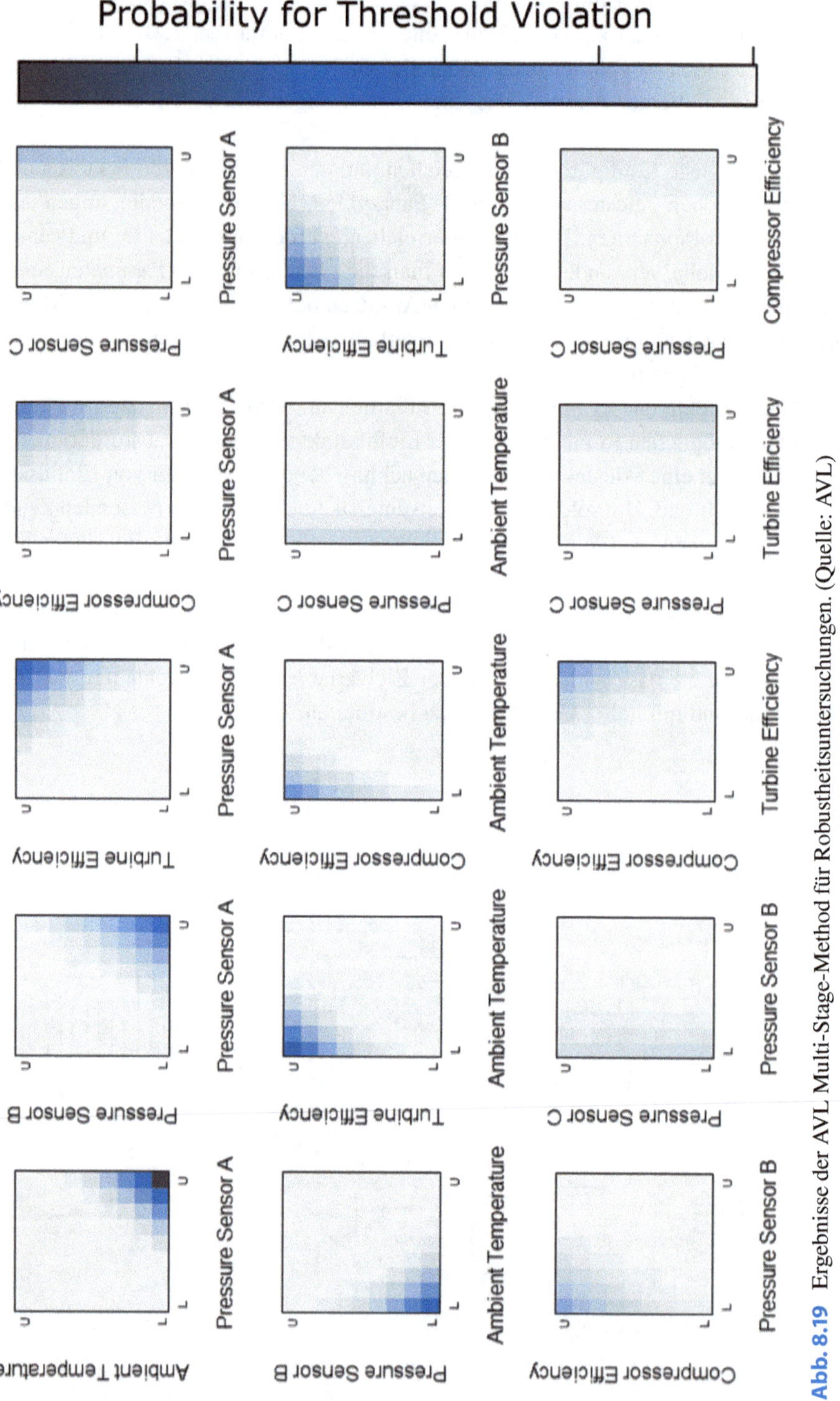

Abb. 8.19 Ergebnisse der AVL Multi-Stage-Method für Robustheitsuntersuchungen. (Quelle: AVL)

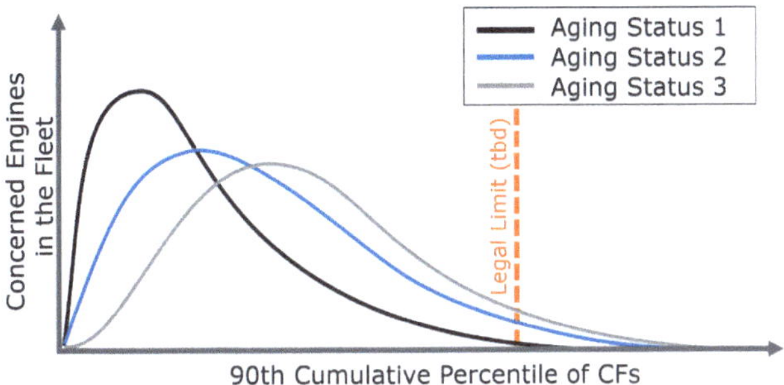

Abb. 8.20 Analyse des Conformity Factors. (Quelle: AVL)

Damit können alle ausgewählten Faktoren und deren Kombinationen unter verschiedensten Randbedingungen und Zyklen auf deren Robustheit im System untersucht werden. Abb. 8.19 zeigt ein Beispiel für Ergebnisse über die Auswirkung von Turbolader- und Sensorabweichungen auf die On-Board Diagnose, durchgeführt mit der AVL Statistical Fleet Modeling Method.

Damit wurde eine Herangehensweise geschaffen, die trotz der hohen Anzahl an Einflussfaktoren, ein ausreichend robustes Gesamtsystem für ISC und die dafür notwendigen Fahrzyklen über Useful Life sicherstellt.

Ein typisches Ergebnis dieser Methode ist die Erzeugung ist die Erzeugung der Streuung der zu analysierenden Zielgröße, wie zum Beispiel dem 90 % Perzentil aller Conformity-Faktoren bezüglich einer regulierten Emission während einer ISC-Testfahrt, Abb. 8.20.

Abhängig von der Alterung eines Systems zeigt die Analyse die Wahrscheinlichkeit, einer Überschreitung des CF im Feld. Da in dieser Analyse die Komponenten und Variationsparameter des Systems abgebildet sind, kann man die Ursache für Überschreitungen gewisser Schwellwerte oder einen spezifischen Alterungszustand darstellen.

Abhängig vom Toleranzintervall der berücksichtigten Komponenten wird die Wahrscheinlichkeit einer Überschreitung des CF für ISC angezeigt, Abb. 8.21.

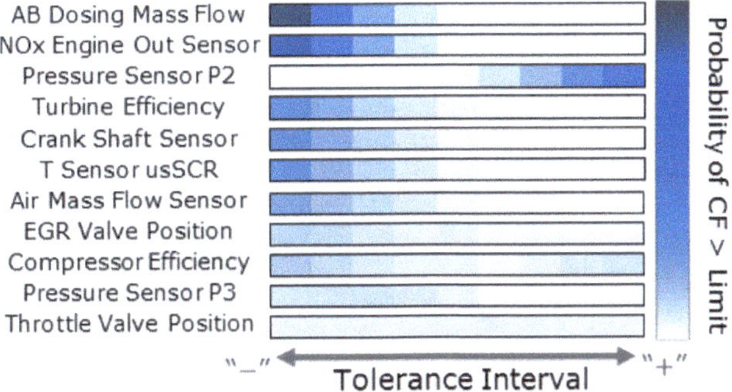

Abb. 8.21 Root Cause Analyse für CF Überschreitung. (Quelle: AVL)

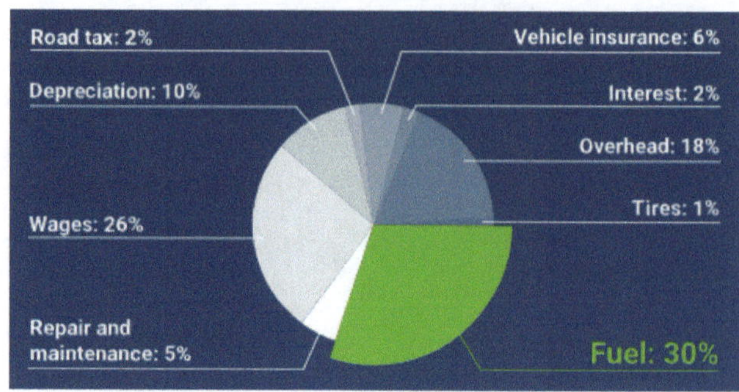

Abb. 8.22 Verteilung der Betriebskosten. (Quelle: AVL)

Für den Betreiber von Nutzfahrzeugen ist der wirtschaftliche Betrieb des Fahrzeuges der wichtigste Optimierungsparameter. Daher sind die Total Cost of Ownership (TCO) auch für den Fahrzeughersteller ein führendes Optimierungsziel.

Die größten Anteile der TCO sind Kraftstoff, Personal und Verwaltung. Danach zählen die Abschreibungskosten für den Anschaffungspreis sowie die Instandhaltung zu den erheblichen Kostentreibern, Abb. 8.22.

Im Rahmen der Optimierung der TCO auf der Basis der oben genannten AVL Statistical Fleet Modeling Method, können die Komponenten des Systems im Rahmen der ISC ausgewählt werden.

Eine oft für die Kostenoptimierung herangezogene Komponente sind Sensoren. Diese haben erhebliche Anschaffungskosten, sind toleranzbehaftet und können im Feld zu Problemen bezüglich der Zuverlässigkeit führen. Ein Weg, die Anzahl der verwendeten Sensoren zu reduzieren, ist die Modellierung des Sensorsignals, Abb. 8.23.

Ein Ersatz eines Sensors durch ein Modell kann hinsichtlich Produktionskosten mehrere hundert Euro einsparen. Ein Modell könnte allerdings hinsichtlich Diagnose aufwändi-

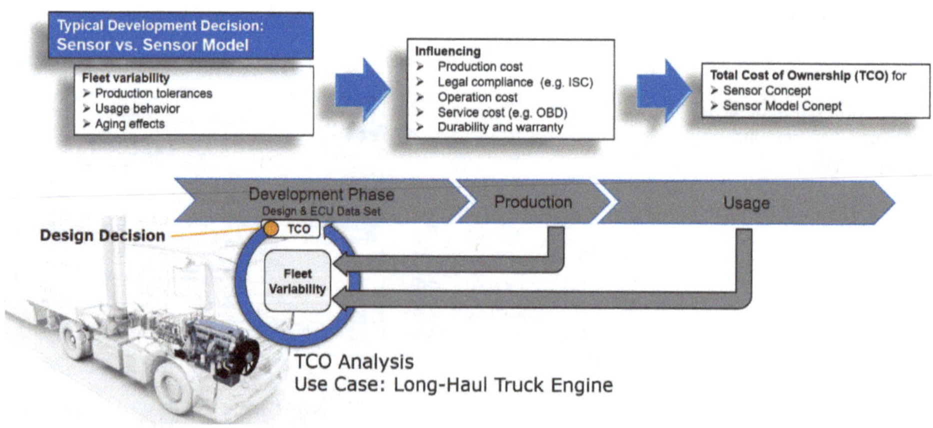

Abb. 8.23 Beispiel TCO-Kette für Sensorkonzepte. (Quelle: AVL)

ger sein, wodurch sich die Kosten für Wartung und Instandhaltung erhöhen würden. Auch in der Kalibrierung muss man die Charakteristika, z. B. die Genauigkeit des Modells in allen Betriebsbereichen, berücksichtigen. Damit könnte die Reduktion der Produktkosten durch den Entfall des Sensors im Hinblick auf TCO überkompensiert werden.

Mittels einer modellbasierten Entwicklungsumgebung kann man zu einem sehr frühen Zeitpunkt der Entwicklung die Einflussfaktoren eines Systems hinsichtlich dessen Robustheit optimieren und die Kosten bis zum Einsatz im Feld für TCO bewerten.

Literatur

1. Schüßler, M., Piffl, M., et al.: Real Driving – Robustheit im Feld durch virtuelle Entwicklungsumgebung, Fortschritt-Berichte VDI, Reihe 12, Nr. 802, Band 2, p. 242–254 (2017)

9 Immissionen

Helmut Tschöke

Mit *Immission* wird die *Luftqualität* an einem bestimmten (lokalen) Ort definiert. Dabei betrachten wir hier ausschließlich die Luftbelastung durch Partikel, d. h. Partikelmasse PM_{10} oder $PM_{2,5}$ und Stickstoffoxiden, d. h. als NO_2-Massenäquivalent. Für beide Schadstoffkomponenten sind maximal zulässige Konzentrationen festgelegt (s. Abschn. 1.1 „Emissionen und Luftqualität"). Die Immissionen werden an zahlreichen Messstellen in Deutschland erfasst. In [1] werden beispielsweise in 2017 für PM_{10} 377 Messstellen für $PM_{2,5}$ 178 Messstellen sowie 523 für Stickoxide genannt, mit folgenden zusammenfassenden Ergebnissen:

Partikelimmission Sowohl 2016 als auch 2017 wurde an keiner Messstelle eine Überschreitung des Jahresmittelwertes von 40 µg/m³ für PM_{10} und 25 µg/m³ für $PM_{2,5}$ festgestellt. Der Hotspot Stuttgart/Neckartor ist die einzige Messstelle in Deutschland, an der 2016 und 2017 58- bzw. 41-mal der Tagesmittelwert von 50 µg/m³ für PM_{10} im Jahr überschritten wurde, zulässig sind 35-mal. Bis einschließlich November 2018 wurden 20 Überschreitungen gezählt, die sich auf die Monate Januar, Februar, März und April sowie Oktober und November verteilen. Damit bestehen gute Chancen, im Jahr 2018 auch an diesem kritischen Standort erstmals seit 2005 die Feinstaubgrenzwerte einzuhalten.

Stickstoffdioxidimmission Der Jahresmittelwert wurde 2016 an 144 Messstellen (von 519) überschritten, das sind etwa 28 % und in 2017 an 111 Messstellen (von 523), das sind etwa 21 %. Der Ein-Stunden-Grenzwert von 200 µg/m³ wurde 2016 an zwei Messstellen mehr als die zulässigen 18-mal überschritten: in Stuttgart Neckartor 35-mal und in Darmstadt/Hügelstraße 28-mal. Im Jahr 2017 gab es keine unzulässigen Überschreitungen mehr (Stuttgart: 3-mal; Darmstadt: 6-mal).

H. Tschöke (✉)
Institut für Mobile Systeme, Otto-von-Guericke-Universität
Magdeburg, Deutschland

H. Tschöke (Hrsg.), *Real Driving Emissions (RDE)*, ATZ/MTZ-Fachbuch,
https://doi.org/10.1007/978-3-658-21079-3_9

Grundsätzlich ist es schwierig, einen direkten Zusammenhang zwischen den Emissionen einzelner Quellen, z. B. dem Verbrennungsmotor, und den Immissionen herzustellen, weil zahlreiche weiter Parameter und Randbedingungen die lokal gemessene Luftqualität stark beeinflussen. Dies soll am Beispiel der PM_{10}-Immission dargestellt werden (s. auch Kap. 1 „Hintergrund und Motivation").

Abb. 9.1 zeigt beispielhaft die Luftbelastung durch PM_{10} in einer Großstadt. Die nicht direkt beeinflussbaren Einträge aus dem sog. Hintergrund machen mehr als 50 % der Immissionsbelastung aus. Diese wirken sich lokal besonders durch die Topografie, die Wetterlage, die Bebauungssituation und die Gesamtverkehrssituation aus. Der verbrennungsmotorisch bedingte Anteil (Abgaspartikel) ist sowohl als direkte Quelle (ca. 6 %) als auch als Anteil im Hintergrund (ca. 1 %) unbedeutend. Er beinhaltet alle Partikelemissionen von Otto- und Dieselfahrzeugen. Grund hierfür sind innermotorische Maßnahmen wie z. B. verbesserte Einspritztechnik (Druck und Mehrfacheinspritzung) und Aufladung sowie die Einführung des Partikelfilters für Dieselfahrzeuge zu Beginn des 20. Jahrhunderts und zukünftig auch für Benzinmotoren mit Direkteinspritzung. Wesentlich stärker gehen die direkten Emissionen des Fahrzeugs, wie Bremsbelag-, Reifen- und Straßenabrieb, sowie die Aufwirbelung abgelagerter Partikel durch den Verkehr und das Wetter in die Luftqualität ein. Will man über verkehrstechnische Maßnahmen die Partikelimmission weiter signifikant reduzieren, sind weitere abgasseitige Maßnahmen nur noch wenig hilfreich. Grundsätzlich kann eine allgemeine Verkehrsvermeidungsstrategie helfen.

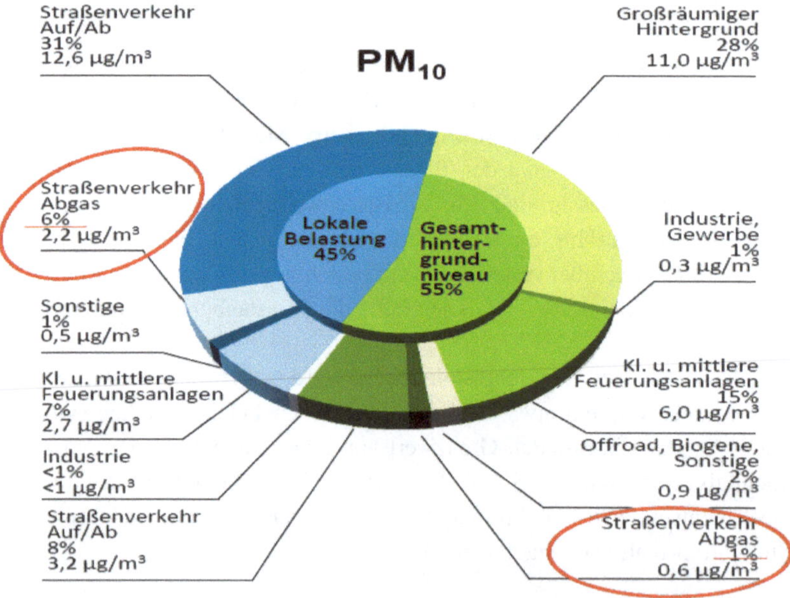

Abb. 9.1 Ursachen und Zusammensetzung der PM_{10}-Immission [2]

Feinstaubbedingte Fahrverbote für Dieselfahrzeuge werden deshalb wirkungslos bleiben, wenn dafür andere Fahrzeuge eingesetzt werden. Nicht das Verbot einer Technik, sondern z. B. die Reduzierung der Verkehrsdichte kann die verkehrsbedingte Partikelimmission reduzieren.

Für die Stickstoffdioxidimmission sind, anders als bei der Partikelimmission, die Emissionen aus dem Straßenverkehr und hier besonders die der Dieselfahrzeuge verantwortlich (Abb. 9.2).

Die direkte lokale Emission ist stärker an der NO_2-Immission beteiligt als der Eintrag aus dem Hintergrund. Der Straßenverkehr hat insgesamt einen Anteil von etwa 65 % an den NO_2-Immissionen. An den straßenverkehrsbedingten NO_2-Emissionen ist der Diesel-Pkw nach [3] mit etwa 72 % beteiligt, 19 % entfallen auf Transportfahrzeuge und 4 % auf Busse. Aus diesem Grund steht die Verringerung der Emissionen der Stickstoffoxide von dieselmotorisch betriebenen Fahrzeugen – nach der Lösung des Partikelproblems durch den Partikelfilter – eindeutig im Fokus. Die innermotorischen Maßnahmen und die Optimierung der Abgasnachbehandlung, besonders der $DeNO_x$-Systeme, sind in Kap. 6. „RDE-Konzepte Personenkraftwagen“ und Kap. 8 „RDE-Konzepte Nutzfahrzeuge“ sowie in [4] zusammenfassend beschrieben.

Trotz der deutlichen Verschärfung der Grenzwerte für die Schadstoffemissionen von Euro 3 bis Euro 6 (z. B. Diesel-Pkw: NO_x von 500 auf 80 mg/km) hat sich die Luftqualität

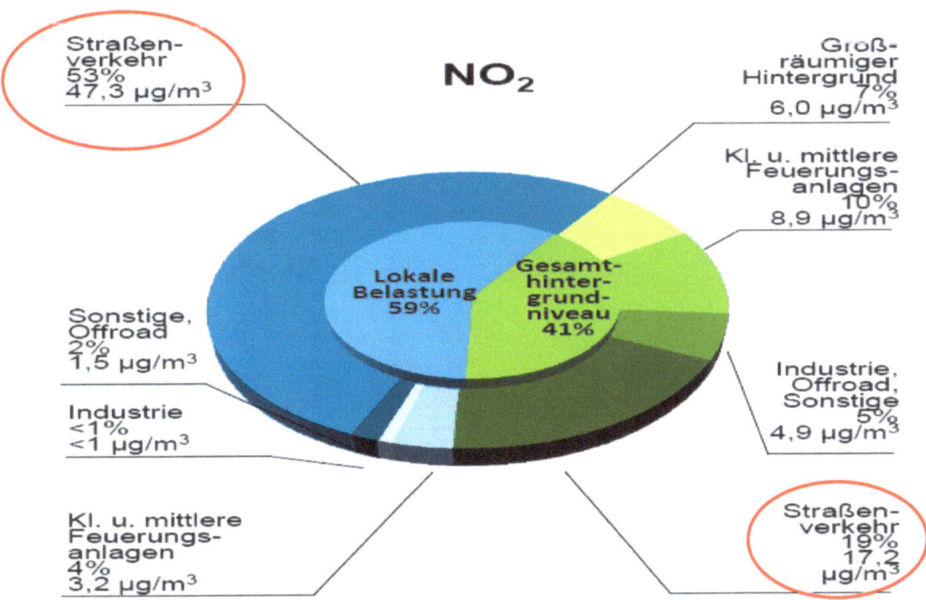

Abb. 9.2 Ursachen und Zusammensetzung der NO_2-Immission [2]

bezüglich Stickstoffoxide nicht im erwarteten Maße verbessert. Ursachen sind der stark wachsende Verkehr und der hohe Anteil an Diesel-Pkw (etwa 1/3 im Feld); hinzu kommen weitere dieselbetriebene Fahrzeuge wie Kleintransporter und Lkws sowie Offroad-Fahrzeuge an zahlreichen Baustellen in den Städten. Natürlich spielen die topografischen und wetterbedingten Einflüsse auch für die gasförmigen NO_x-Emissionen und deren Verteilung eine wichtige Rolle, es bleibt aber eine starke Korrelation zwischen den NO_x-Emissionen von Dieselfahrzeugen und den NO_2-Immissionen. Ein weiterer wichtiger Grund ist die Bestimmung der Emissionswerte nach dem bisherigen, wenig realitätsnahen synthetischen Fahrzyklus auf der Abgasrolle.

Durch die Einführung des praxisnäheren WLTC und der Emissionsmessung auf der Straße unter Realbedingungen (RDE) und Beibehaltung der Grenzwerte (für RDE gibt es zunächst Konformitätsfaktoren; s. Kap. 2. „RDE Gesetzgebung-Grundlagen") wird sich die Luftqualität deutlich verbessern. Um dies abzuschätzen, werden Modellrechnungen auf der Basis verschiedener Szenarien durchgeführt [5–7].

In [8] wurde ein Fahrzeug der Kompaktklasse innermotorisch (Einspritzung, Aufladung, Kennfeldoptimierung) auf RDE appliziert und die Abgasnachbehandlung über die Anwendung verschiedener Komponentenkombinationen (DOC–SCR sowie NSC–SCR) optimiert. Es wurden grundsätzlich nur bereits in der Serie angewandte Technologien eingesetzt, was aber nicht heißt, dass diese Optimierungsstrategie als Nachrüstlösung zur Verfügung steht. Mit diesem Fahrzeug konnten signifikante NO_x-Reduzierungen während einer Stadtfahrt im Bereich Neckartor in Stuttgart erreicht werden (Abb. 9.3).

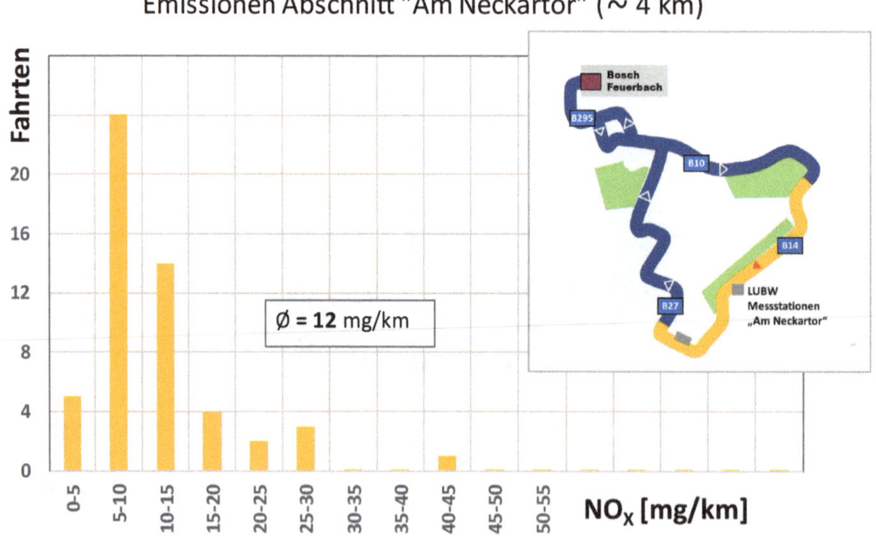

Abb. 9.3 Stickstoffoxidemissionen währen einer Stadtfahrt im Bereich Neckartor/Stuttgart, mit und ohne Kaltstarteinfluss [8]

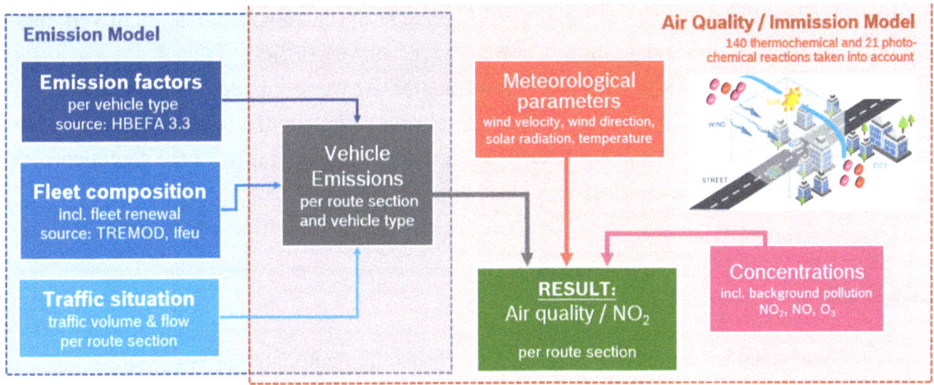

Abb. 9.4 Schematische Darstellung der Simulation von Immissionskomponenten [8]

Auf Basis dieser Erkenntnisse wurde ein Szenario („Close to Zero“) mit deutlich geringeren Grenzwerten (10 mg/km für alle Pkw) simuliert. Das Referenzszenario A leitet sich aus der Situation am Neckartor im Jahr 2015 mit einem Jahresmittelwert von 87 µg/m^3 ab. Die Simulation erfolgte nach Abb. 9.4 mithilfe eines sog. Chemie-Boxmodells und wurde von der Firma AVISO durchgeführt.

Das Ergebnis dieser Immissionssimulation zeigt Abb. 9.5. Im Szenario „Close to Zero“ beträgt der fahrzeugspezifische Anteil nur noch etwa 20 % bei insgesamt 22 µg/m^3. Der zulässige Grenzwert von 40 µg/m^3 wird deutlich unterschritten. Dies gilt auch, wenn man

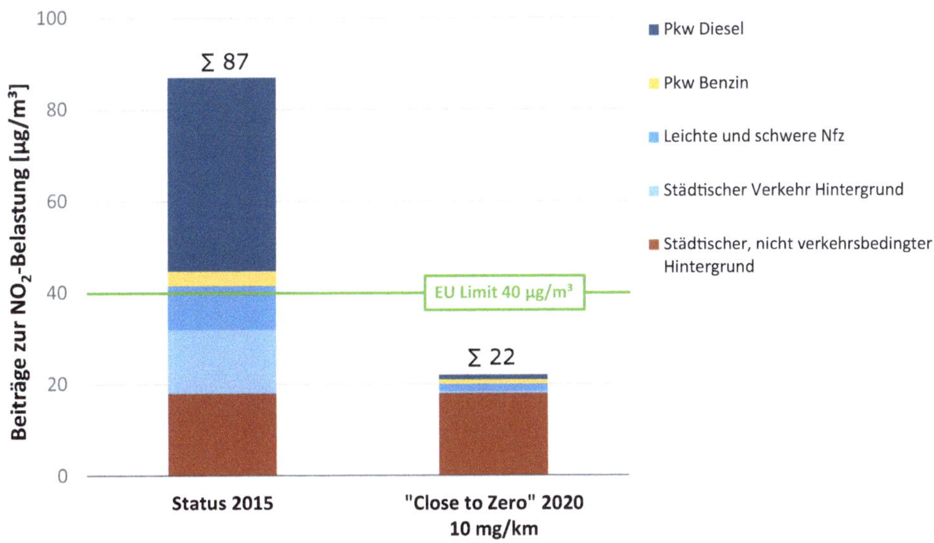

Abb. 9.5 Prognostizierte NO_2-Immissionen am Neckartor in Stuttgart [8]

die Euro 6d final Grenzwerte zugrunde legt (hier nicht dargestellt) [8]. Die nicht verkehrsbedingte städtische Hintergrundimmission ist hauptverantwortlich.

Dies zeigt einmal mehr, dass bei konsequenter Anwendung der technischen Möglichkeiten zur Schadstoffreduzierung der Dieselmotor auch unter Realbedingungen alle heutigen und absehbaren Grenzwerte unterschreiten kann. Dabei muss der Verbrauch bzw. die CO_2-Emission nicht steigen [5].

Literatur

1. www.Umweltbundesamt.de/Themen/Luft/Luftschadstoffe/Feinstaub%20oder%20Stickstoffoxide, Zugriff: 24.06.2018
2. Koch, T. et al.: Eine Bewertung des dieselmotorischen Umwelteinflusses, 10. Int. AVL Abgas- und Partikelforum 2018, Ludwigsburg
3. Mönch, L. et al.: Tagung Motorische Stickoxidbildung, HdT Essen, Ettlingen 2018
4. Tschöke, H. et al. (Hrsg.): Handbuch Dieselmotoren, 4. Aufl., Springer Vieweg, Wiesbaden 2018
5. Kufferath, A. et al.: Verbrauch im Einklang mit Realemissionen-Die Zukunft für den Diesel Pkw, 38. Internationales Wiener Motorensymposium 2017, Fortschrittsbericht VDI Reihe 12
6. Lahl, U.: Tagung Motorische Stickoxidbildung, HdT Essen, Ettlingen 2018
7. Schneider, C.: Tagung Motorische Stickoxidbildung, HdT Essen, Ettlingen 2018
8. Kufferath, A. et al.: Der Diesel Powertrain auf dem Weg zu einem vernachlässigbaren Beitrag bei den NO_2 – Immissionen in den Städten. 39. Internationales Wiener Motorensymposium 2018, VDI Fortschrittsbericht Reihe 12

Reale gesundheitliche Gefährdung durch Feinstaub und NO_2

10

Dieter Köhler

Die heutigen Grenzwerte für NO_2 und auch Feinstaub fußen alle auf epidemiologischen Studien, meist Beobachtungsstudien [1]. Die WHO und die EU haben viele Studien finanziert und Arbeitsgruppen gebildet, welche die Ergebnisse zusammenfassen, um daraus Vorgaben zu machen [2].

Dabei werden Erkrankungshäufigkeit und Mortalität von Regionen verglichen, die unterschiedliche Immissionen von Schadstoffen haben. Um andere Einflussfaktoren (Confounder) zu minimieren, werden in der Regel mittels Fragebogen zahlreiche Faktoren wie Alter, Geschlecht, Ausbildung Einkommensverhältnisse, Rauchverhalten, Begleiterkrankungen, usw. verglichen.

Häufig findet sich dabei eine positive Korrelation zwischen der (meist auf Herz-Kreislauf-Erkrankungen zurückgehende; kardiovaskuläre) Mortalität und der Schadstoffbelastung. Allesamt sind die daraus errechneten *Risikoerhöhungen* (RR) sehr schwach und liegen in Metaanalysen etwa um 1,02 [2]. Aus diesen Zahlen werden dann mit mathematisch fragwürdigen Methoden vorzeitige Todesfälle oder Lebenszeitverkürzungen hochgerechnet. So ist beispielsweise von einer EU-Arbeitsgruppe für die Feinstaubbelastung eine Lebenszeitverkürzung in Deutschland von 10,2 Monaten [3] berechnet worden und NO_2 soll für 6000 vorzeitige Todesfälle/Jahr verantwortlich sein [4].

Um aus einer Korrelation eine Kausalität zu generieren, werden verschiedene Kriterien angewendet wobei Reproduzierbarkeit und Kohärenz (Plausibilität der krankhaften Veränderungen, Pathophysiologie) im Vordergrund stehen. Das stärkste Argument wäre jedoch, wenn die Hypothese eine Prüfung auf Widersprüchlichkeit (Falsifikation) übersteht [5]. Falsifikationsstudien gibt es aber nicht einmal im Ansatz zu diesem Thema.

Es lässt sich erstaunlich problemlos zeigen, dass die Grenzwerte für NO_2 und Feinstaub aufgrund der epidemiologischen Daten keine wissenschaftliche Grundlage haben,

D. Köhler (✉)
Schmallenberg, Deutschland

H. Tschöke (Hrsg.), *Real Driving Emissions (RDE)*, ATZ/MTZ-Fachbuch,
https://doi.org/10.1007/978-3-658-21079-3_10

im Gegenteil andere Daten zeigen eindeutig, dass in dem Dosisbereich der Grenzwerte keine Gefährlichkeit für eine Erkrankung bzw. erhöhte Todesrate besteht.

Reproduzierbarkeit
Man findet in vielen Studien eine sehr schwache Korrelation zwischen Schadstoffbelastung und vielen Erkrankungen bis zur Reduktion der Spermienmobilität [6]. Es gibt allerdings auch negative Beispiele wo eine hohe Partikelbelastung mit einem längeren Leben korreliert war (zum Beispiel in Sevilla [2]). Auch die häufig gefundene erhöhte kardiovaskuläre Mortalität ist in einer aktuellen sehr großen multinationalen Studie an über 300.000 Personen nicht mehr gefunden worden [7].

Alle diese Ergebnisse deuten darauf hin, dass immer nur mehr oder weniger ähnliche Confounder gemessen werden. Da die Confounder bis zu 1000-fach stärker sind als die Messgröße (z. B. Inhalationsrauchen, Bluthochdruck) ist es unmöglich, diese in den statistischen Berechnungen so zu adjustieren, dass sie herausfallen [8]. Bereits eine 1 ‰ starke Änderung der größten Confounder kann die in den Studien gefundene Risikoerhöhung erklären. Auch andere Faktoren wie Alkoholkonsum oder sportliche Aktivität, die einen erheblichen Einfluss auf die Lebenserwartung haben, werden in den Studien regelhaft nicht mitgemessen. Es ist also sehr viel wahrscheinlicher, dass Unterschiede in der Lebensart in schadstoffbelasteten Gebieten im Vergleich zu weniger schadstoffbelasteten Gebieten die unterschiedlichen Risiken erklären. Wenn man immer etwa die gleichen Confounder erfasst, findet man eben auch immer ähnliche Ergebnisse.

Kohärenz
Es ist pathophysiologisch nachvollziehbar bzw. biologisch plausibel, dass inhalierte Schadstoffe Lungenerkrankung verursachen. Die meisten Lungenerkrankungen werden sogar durch inhalierte Substanzen verursacht [9]. Es gibt eine große Anzahl experimenteller Belege, dass Reizgase und bestimmte Feststoffe (z. B. Quarz, Asbest, Allergene, usw.) zu chronischer Bronchitis, zum Asthma oder zum Lungenkrebs führen, um die häufigsten Lungenerkrankungen zu nennen. Hierzu sind aber Dosen erforderlich, die mehrere Zehnerpotenzen über den aktuellen Grenzwerten für NO_2 oder Feinstaub liegen, wobei das nicht für die Konzentration von Allergenen gilt.

Es ist aber ungleich schwerer, einen Zusammenhang zwischen Immission und Erkrankungen nachzuweisen, die außerhalb der Lunge liegen. Es gibt einzelne Experimente, die zeigen, dass durch Partikelbelastung Radikale und Mediatoren freigesetzt werden können. Eine solche Aktivierung findet aber auch bei einer Vielzahl auch von physiologischen Lebenssituationen statt, wie beispielsweise bei körperlicher Belastung [10].

Beim NO_2 ist es aber überhaupt nicht plausibel, warum dieses einfache Molekül beispielsweise einen Diabetes auslösen soll, wie in der aktuellen epidemiologischen Studie vom Bundesumweltamt gezeigt wird [4]. NO_2 erreicht praktisch nur die oberen Atemwege, da Gase eine hohe Diffusionsgeschwindigkeit haben und aufgrund ihrer Wasserlöslichkeit sofort in der Schleimhaut hydrolisieren. NO_2 führt bei der Inhalation von den Dosen im Grenzwertbereich nur zu einer minimalen pH-Verschiebung in der Bronchialschleimhaut, die aufgrund der Pufferwirkung des Bronchialschleims praktisch nicht messbar ist. Allein die Tatsache, dass man in Gegenden mit weniger NO_2-Belastung eine geringere Diabeteshäufigkeit findet, spricht sehr stark für nicht erfasste Confoundereffekte, denn es gibt keine Hypothese, warum diese minimale Ansäuerung die komplexe Diabeteserkrankung auslösen soll.

Im Übrigen zeigt die aktuelle Studie vom Umweltbundesamt erhebliche methodologische Fehler, die darauf hindeuten, dass die Daten sehr einseitig ausgewertet wurden. Unter Punkt 1.2 in der Pressemitteilung des Bundes [4] wird erwähnt, dass man bei der gefundenen erhöhten kardiovaskulären Mortalität bewusst den Herzinfarkt als Todesursache herausgenommen habe, denn dieser hätte in früheren Studien nur eine geringe Korrelation zum NO_2 gezeigt. Nun ist aber genau der Herzinfarkt die häufigste Todesursache bei den Herz-Kreislauf-Erkrankungen.

Falsifikation

Bei vielen fraglichen Umweltrisiken gibt es häufig keine belastbaren wissenschaftlichen Daten oder pathophysiologischen Erklärungen für ein reales Risiko, wie beispielsweise beim Elektrosmog. Grenzwerte entstehen dann mitunter trotzdem, da man auch vor potenziellen, möglicherweise derzeit nicht wissenschaftlich sicher erfassbaren Risiken schützen möchte.

Beim NO_2 und auch beim Feinstaub ist die Situation jedoch ganz anders, denn hier gibt es zufällig einen Großversuch an Millionen von Menschen mit exzellenter wissenschaftlicher Datenlage. Diese Ergebnisse widerlegen eindeutig die Hypothesen einer Gefährdung von Schadstoffimmissionen im Niedrigdosisbereich. Es handelt sich um das Inhalationsrauchen, zu dem es eine große Fülle von gesicherten Daten gibt. Allgemein ist bekannt, dass Inhalationsrauchen zu den stärksten Risiken zählt, die es aktuell gibt. Raucher mit über 40 „Packungsjahren" (eine Packung pro Tag über 40 Jahre) reduzieren ihre Lebenserwartung etwa um zehn Jahre [11]. Jeder zehnte Raucher erkrankt an Lungenkrebs und etwa jeder 5. langjährige Raucher erleidet eine chronisch obstruktive Bronchitis mit Obstruktion (dauerhafte Verengung der Atemwege) oder Emphysem (reduzierte Lungenoberfläche; COPD) [12]. Zudem werden durch zahlreiche toxische Substanzen im Zigarettenrauch [13] viele Systemerkrankungen begünstigt, wie z. B. die Arteriosklerose.

Nun enthält Zigarettenrauch ein außerordentlich dichtes Aerosol. Im Hauptstrom werden tatsächlich Konzentration bis zu $25\,g/m^3$ erreicht, also über 1/2 Mio. mal mehr als der aktuelle Grenzwert für Feinstaub. Auch Stickoxide entstehen in großer Menge. An vorderster Stelle NO, das dann später zu NO_2 oxidiert wird. Hier werden im Hauptstrom Werte von bis zu $1\,g/m^3$ erreicht [13]. Solche extrem hohen Konzentrationen sind im Tierversuch natürlich toxisch für die Bronchialschleimhaut [14]. Die Raucher vertragen das nur deswegen, weil der Hauptstrom aus der Zigarette durch Nebenluft etwa um den Faktor 20–100 verdünnt wird.

Die Inhalationsraucher nehmen quasi an einem riesigen Langzeitversuch für NO_2 und Feinstaubbelastung teil. Rechnet man nun die in den epidemiologischen Untersuchungen gefundenen Risiken auf die inhalierte Menge an NO_2 und Feinstaub um, so müssten

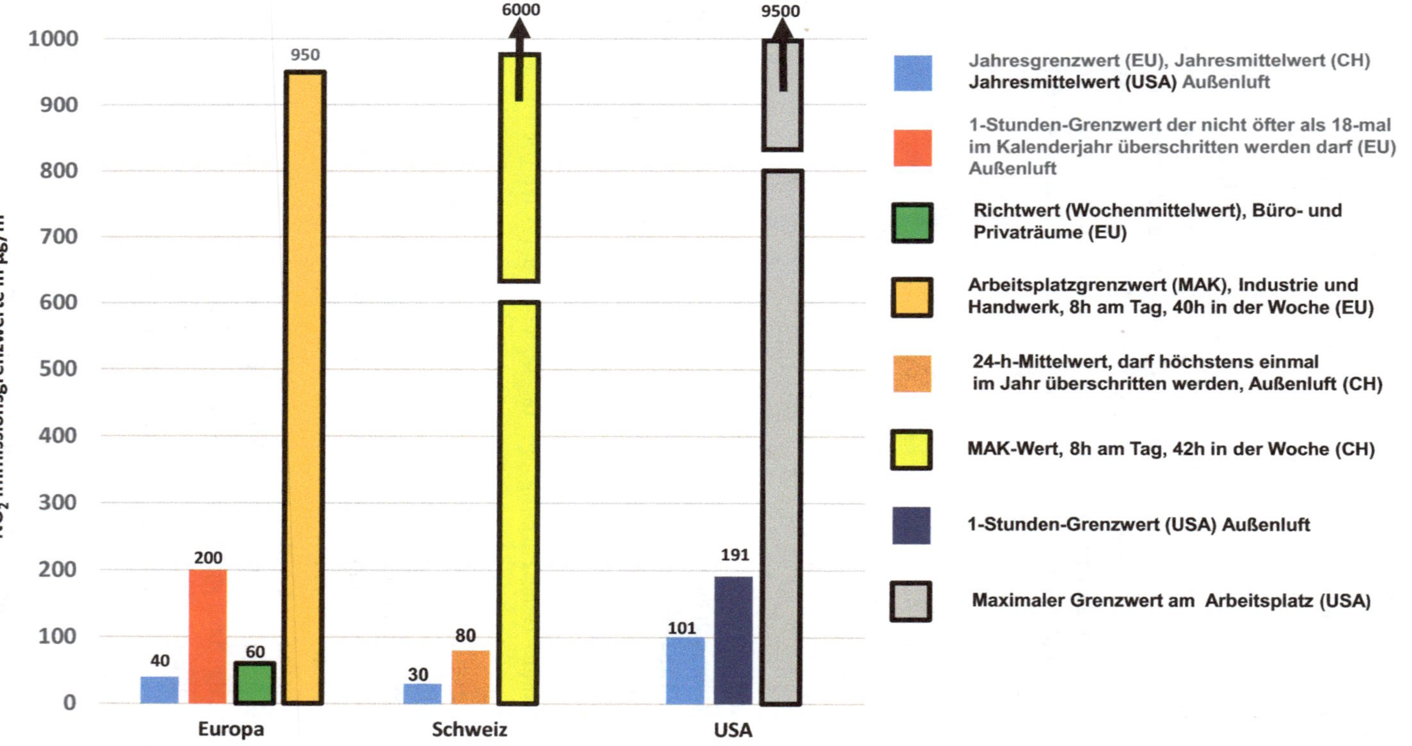

Abb. 10.1 Vergleich der Immissionsgrenzwerte in der EU, der Schweiz und den USA. (Quellen: www.umweltbundesamt.de/themen/luft/luftschadstoffe/stickstoffoxide, Zugriff 03.08.2018; www.suva.ch/de-CH/material/Richtlinien-Gesetzestexte/grenzwerte-am-arbeitsplatz-aktuelle-werte/#59317A47178F431595269A7BB5018B2A=%3Flang%3Dde-CH, Zugriff 03.08.2018; www.epa.gov/no2-pollution/primary-national-ambient-air-quality-standards-naaqs-nitrogen-dioxide, Zugriff 03.08.2018; https://www.dieselnet.com/standards/us/ohs.php, Zugriff 09.08.2018)

die Raucher alle nach wenigen Wochen an allen möglichen Erkrankungen sterben. Dabei ist ein Worst-Case-Szenario angenommen, bei dem ein gesunder Nichtraucher einer 24-stündigen, lebenslangen Belastung an NO_2 und Feinstaub im obersten Grenzwertbereich ausgesetzt ist.

Deswegen haben auch z. B. Untersuchungen an gesunden Menschen mit hohen NO_2-Werten bis 3000 $\mu g/m^3$ keinen messbaren Effekt gezeigt [15]. Entsprechend hoch ist auch die maximale Arbeitsplatzkonzentration, in Deutschland 950 $\mu g/m^3$ und in der Schweiz 6000 $\mu g/m^3$, s. Abb. 10.1.

Immer wieder wird gesagt, dass es eine lineare Dosis-Wirkungs-Beziehung bei den Schadstoffimmissionen gäbe. Auch kleinste Dosen, z. B. bei 1/10 des Grenzwertes, wären gefährlich. Das ist in keiner Weise plausibel, denn es gibt kein bekanntes Gift, das nicht einen atoxischen Grenzwert hätte. Die gefundene lineare Beziehung ist ungleich plausibler durch nicht erfassbare Confounder zu erklären.

Zusammenfassend ist es erstaunlich, welche große politische Bedeutung die Daten aus den epidemiologischen Studien bekommen haben, obwohl sie leicht und mit großer Deutlichkeit widerlegt werden können. In den aktuellen Grenzwertbereichen für NO_2 und Feinstaub ist ein Risiko für den Menschen nicht nachweisbar.

Kommentar des Verlages und des Herausgebers zu Kapitel 10 von Dieter Köhler

Die Diskussionen über Schadstoffgrenzwerte in der Luft (Luftqualität oder Immissionsgrenzwerte), speziell der Stickstoffoxide und der Partikel haben in den letzten Wochen und Monaten stark zugenommen. Nicht zuletzt aufgrund eines verständlichen Interesses der Medien und der Bevölkerung, hängen doch gerichtlich verordnete Fahrverbote direkt mit der Überschreitung dieser Grenzwerte zusammen. Dieter Köhler hat dabei, neben anderen Wissenschaftlern aus Medizin und Technik, die für die EU gesetzlich festgelegten Luftschadstoffgrenzwerte in Frage gestellt. Dies gilt sowohl für den Prozess der Einführung als auch besonders der gesundheitsschädlichen Relevanz dieser Grenzwerte. Da nach Ansicht des Herausgebers und des Verlags derzeit keine gesicherte wissenschaftliche Beurteilung dieser Grenzwerte vorliegt, halten wir es im Sinne einer offenen ideologiefreien Diskussion für richtig, mit diesem Beitrag eine ausschließlich fachorientierte Bewertung der Fakten zu unterstützen. Dabei sollten einerseits die unstrittigen Erkenntnisse dargestellt, aber eben auch die nicht eindeutigen Zusammenhänge transparent gemacht werden.

Literatur

1. https://www.aerzteblatt.de/archiv/64080/Studientypen-in-der-medizinischen-Forschung
2. http://www.euro.who.int/__data/assets/pdf_file/0006/78657/E88189.pdf
3. https://ec.europa.eu/jrc/en/news/air-quality-atlas-europe-mapping-sources-fine-particulate-matter
4. https://www.umweltbundesamt.de/sites/default/files/medien/479/publikationen/uba_factsheet_krankheitslasten_no2.pdf
5. Popper K (1934) Logik der Forschung. Julius Springer, Wien
6. Jurewicz J, Radwan M, Sobala W, Polańska K, Radwan P, Jakubowski L, Ulańska A, Hanke W. The relationship between exposure to air pollution and sperm disomy. Environ Mol Mutagen. 2015; 56(1):50–9.
7. Wang M, Beelen R, Stafoggia M, Raaschou-Nielsen O, et al. Long-term exposure to elemental constituents of particulate matter and cardiovascular mortality in 19 European cohorts: results from the ESCAPE and TRANSPHORM projects. Environ Int. 2014; 66:97–106.
8. Hammer GP, Prel JB, Btetter M. Dtsch Arztebl Int 2009; 106:664–8.
9. Köhler D, Schönhofer B, Voshaar T (2014) Pneumologie. Ein in Leitfaden für rationales Handeln in Klinik und Praxis, 2. Aufl. Thieme, Stuttgart
10. Lee EC, Fragala MS, Kavouras SA, Queen RM, Pryor JL, Casa DJ. Biomarkers in Sports and Exercise: Tracking Health, Performance, and Recovery in Athletes. J Strength Cond Res. 2017; 31:2920–2937.
11. Doll R, Peto R, Boreham J, Sutherland I. Mortality in relation to smoking: 50 years' observations on male British doctors. BMJ. 2004 Jun 26; 328:1519.
12. Decramer M, Janssens W, Miravitlles M. Chronic obstructive pulmonary disease. Lancet. 2012 Apr 7; 379(9823):1341–51.
13. Rodman A, Perfetti A. The Chemical Components of Tobacco and Tobacco Smoke, Second Edition (2012) CRC Press, London
14. Guth DJ, Mavis RD. Biochemical assessment of acute nitrogen dioxide toxicity in rat lung. Toxicol Appl Pharmacol. 1985 Oct; 81:128–38.
15. Brand P, Bertram J, Chaker A, Jörres RA, Kronseder A, Kraus T, Gube M. Biological effects of inhaled nitrogen dioxide in healthy human subjects. Int Arch Occup Environ Health. 2016; 89:1017–24.

Ausblick

11

Frank Bunar und Elisa-Maria Moser

11.1 Gesetzgebung RDE-Paket IV

Das RDE-Paket IV befasst sich im Wesentlichen mit den Hauptpunkten:

- Erarbeitung eines Testverfahrens zur Prüfung der Übereinstimmung in Betrieb befindlicher Fahrzeuge (In-Service Conformity – ISC),
- Erarbeitung von Sonderregeln für leichte Nutzfahrzeuge etc.,
- Überprüfung des Einflusses des Kraftstoffs auf die PN-Emissionen,
- Erarbeitung eines verbesserten Testverfahrens für Hybridfahrzeuge,
- Überprüfung der zusätzlichen NO_x-Messunsicherheiten,
- Überprüfung der Normalisierungstools.

Neben den aufgezählten Punkten, wurden während der RDE-Paket-IV-Arbeitsphase zusätzlich ein PEMS-Leitfaden und ein Q&A-Dokument erstellt. Alle genannten Themengebiete befinden sich zum Redaktionsschluss noch in der Diskussion. Die finalen Gesetzesentwürfe können von dem hier vorgestellten Diskussionsstand abweichen.

Um dem RDE-Messverfahren und dem neuen Prüfverfahren mit dem WLTC gerecht zu werden, ist das ISC-Vorgehen komplett überarbeitet worden. Die Abgasemissionen und die Verdunstungsemissionen sind dabei bis zu 5 Jahre oder 100.000 km einzuhalten, je nachdem, welches Kriterium früher eintritt. Ab 2020 sind mindestens 5 % der Zulassungen pro Jahr und Hersteller von den Genehmigungsbehörden zu testen. Das allgemeine

F. Bunar (✉) · E.-M. Moser
IAV GmbH
Berlin, Deutschland
E-Mail: frank.bunar@iav.de

E.-M. Moser
E-Mail: elisa-maria.moser@iav.de

H. Tschöke (Hrsg.), *Real Driving Emissions (RDE)*, ATZ/MTZ-Fachbuch,
https://doi.org/10.1007/978-3-658-21079-3_11

Vorgehen mit den Teilschritten sowie die dabei involvierten Parteien sind der Abb. 11.1 zu entnehmen.

Der erste Schritt besteht aus einer Datensammlung und -analyse zur Erkennung von Fahrzeugen, welche möglicherweise die Anforderungen nicht erfüllen, und der anschließenden Auswahl möglicher ISC-Kandidaten. Hauptverantwortlich sind dafür die Genehmigungsbehörden der Typzulassung; Hersteller und Dritte Parteien können jedoch zusätzliche Informationen liefern. Der zweite Teil beinhaltet den eigentlichen ISC-Testvorgang, in dem der Hersteller mindestens für den Test Typ 1 (andere wie z. B. Typ 6/4 sind ebenfalls freiwillig möglich) festzustellen hat, ob die Fahrzeuge den ISC-Test bestehen oder nicht. Test Typ I ist in Anhang XXI von Verordnung 2017/1151 zu finden und beinhaltet die Prüfung der Emissionswerte gasförmiger Verbindungen, der Partikelmasse und -anzahl, der CO_2-Emissionen, des Kraftstoffverbrauchs, des Stromverbrauchs und der elektrischen Reichweite. Zusätzlich hat die Genehmigungsbehörde jedes Jahr eine angemessene Anzahl zusätzlicher ISC-Tests durch ein akkreditiertes Labor durchzuführen. Erfüllen die getesteten Fahrzeuge die Anforderungen nicht, so erfolgt innerhalb von 10 Tagen im nächsten Schritt eine detaillierte Analyse der Ursachen durch Genehmigungsbehörde und Hersteller. In dieser maximal 60 Tage dauernden Untersuchung wird festgestellt, ob für die ISC-Familie weitere Maßnahmen ergriffen werden müssen und wie diese ausfallen. Abschließend werden die ISC-Testergebnisse von der Genehmigungsbehörde veröffentlicht und der Bevölkerung zugänglich gemacht. Es ist möglich, sich für ISC-Tests zu einem Pool zusammenzuschließen. Hierbei ist zwischen den Pools für Abgasemissionen und Verdunstungsemissionen zu unterscheiden. Essenziell ist, dass diese Poolbildung vor Testbeginn zu erfolgen hat. Die RDE-Tripbedingungen für Fahrzeuge, welche eine geringere Leistung aufweisen, werden zusätzlich geprüft und bei Auffälligkeiten angepasst. Für Fahrzeuge mit besonderer Nutzung und Multi-Stage-Zulassung

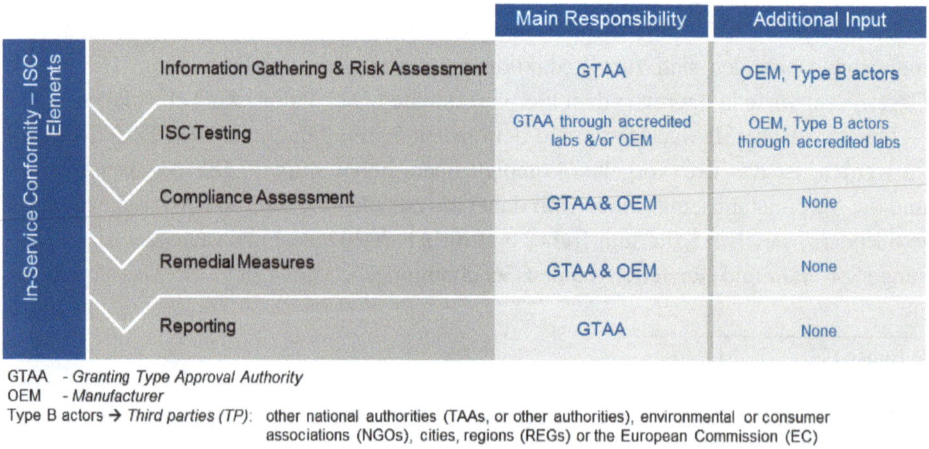

In-Service Conformity – ISC Elements	Main Responsibility	Additional Input
Information Gathering & Risk Assessment	GTAA	OEM, Type B actors
ISC Testing	GTAA through accredited labs &/or OEM	OEM, Type B actors through accredited labs
Compliance Assessment	GTAA & OEM	None
Remedial Measures	GTAA & OEM	None
Reporting	GTAA	None

GTAA - *Granting Type Approval Authority*
OEM - *Manufacturer*
Type B actors → *Third parties (TP)*: other national authorities (TAAs, or other authorities), environmental or consumer associations (NGOs), cities, regions (REGs) or the European Commission (EC)

Abb. 11.1 Vorläufige Verpflichtungen von Herstellern und Typgenehmigungsbehörde für das ISC-Verfahren. (Quelle: IAV)

werden gesonderte Regelungen festgelegt. Die Häufigkeit der ISC-Testdurchführung basiert auf einer Risikoabschätzungsmethode und sollte für eine ISC-Familie 24 Monate nicht überschreiten. Zur Auswahl der ISC-Testfahrzeuge ist ein Fragebogen auszufüllen, an welchem bewertet wird, ob das Fahrzeug geeignet ist.

Die bisherigen Kraftstoffuntersuchungen auf der gewonnenen Datenbasis haben bis Redaktionsschluss zu keinem abschließenden Ergebnis geführt und sollen fortgeführt werden. Ein erhöhter PN-Ausstoß aufgrund der Nutzung schwerer Kraftstoffe, die noch zulässig sind, soll über eine mögliche Anpassung des CF adressiert werden.

Die gemachten Erfahrungen sollen zu einer Anpassung hinsichtlich der RDE-basierten Bekanntmachung der Kommission vom 26.01.2017 führen: „Leitlinien für die Bewertung zusätzlicher Emissionsstrategien und des Vorhandenseins von Abschalteinrichtungen im Hinblick auf die Anwendung der Verordnung (EG) Nr. 715/2007 über die Typgenehmigung von Kraftfahrzeugen hinsichtlich der Emissionen von leichten Personenkraftwagen und Nutzfahrzeugen (Euro 5 und Euro 6)“. Die wichtigsten Änderungen wären, dass die Bewertungsmethode für zusätzliche Emissionsstrategien (Auxiliary Emission Strategy, AES) in die WLTP-Verordnung übernommen werden soll und somit nicht mehr nur im Leitfaden zu finden wäre. Zusätzlich soll die AES bis zu einem Jahr vor Typzulassung angenommen werden können und eine Limitierung von 100 Seiten durch eine neue Vorlage einführen.

Die Auswertung mit der bisher gültigen Moving-Average-Window- und der Power-Binning-Methode (CLEAR/EMROAD) hat zu unzulässig vielen ungültigen Tests und starken, teilweise auffälligen Abweichungen geführt. Des Weiteren ist für Hybridfahrzeuge eine alternative Auswertungsmethode anzuwenden, was im Idealfall vermieden werden soll. Die bisherige Anwendung beider Methoden bietet keine zuverlässige Auswertungsmethode für alle Fahrzeugtypen mit konsistenten Ergebnissen, weswegen diese komplett überarbeitet wurde. Da bis Redaktionsschluss der Entwurf noch nicht veröffentlich wurde und Änderungen nicht auszuschließen sind, soll auf die Änderungen nicht im Detail eingegangen werden. Er sieht im Allgemeinen vor, die Rohemissionen abhängig von den CO_2-Emissionen zu normalisieren und ist wesentlich simpler in der Anwendung. Dennoch soll die neu entwickelte Methode auch in Zukunft auf ihren technischen Nutzen hin geprüft und angepasst werden.

Der bei Redaktionsschluss noch nicht veröffentlichte Gesetzesentwurf sieht eine Anpassung des bisher endgültigen Conformity Factor von 1,5 für NO_x auf 1,43 vor, da nachgewiesen werden konnte, dass die Messabweichung aktueller Messgeräte nicht über 0,43 liegt. Des Weiteren soll in 2018 die Untersuchung der Messungenauigkeiten fortgesetzt werden, um zu prüfen ob eine weitere Absenkung technisch umsetzbar ist. Eine Anpassung des CF für PN soll aufgrund der nicht ausreichend nachweisbaren Entwicklung der PN-PEMS-Geräte seit Ende 2016 nicht erfolgen, dieser bleibt bei dem bisher endgültigem Wert von 1,5.

Der Entwurf für das RDE-Paket IV wurde bis Anfang 2018 abgeschlossen und am 3. Mai bei dem 73. Technical-Committee-Motor-Vehicles(TCMV)-Treffen zur finalen Abstimmung eingereicht. Im Anschluss kann eine Übersetzung in die jeweiligen Landessprachen erfolgen, welche wiederum veröffentlicht werden [1].

11.2 Antriebskonzepte

Systemansätze NO_x CF ≪ 1,5 und PN CF < 1,5

Die vorerst absehbare und abschließende Ausbaustufe der Technologiepakete, erfordert eine robustere Einhaltung der gesetzlich vorgegebenen NO_x- und PN-Emissionen sowohl im Prüflabor (Abgasrollenprüfstand) bei Typzulassung, als auch unter weitreichenden Realfahrbedingungen auf öffentlichen Straßen unter extremeren klimatischen Umgebungsbedingungen als aktuell definiert, mittels Einsatz mobiler PEMS-Emissionsmesstechnik. Abb. 11.2 beschreibt schematisch die langfristigen systemischen Anforderungen an zukunftsfähige Verbrennungsmotoren unter Realfahranforderungen im Hinblick auf ökologische und ökonomische Nachhaltigkeit. Neben den klassischen Entwicklungsaspekten rückt speziell für den Innenstadtbereich das lokal emissionsfreie Fahren immer mehr in das gesellschaftliche Interesse und damit verbunden auch in den Entwicklungsfokus. Möglicherweise kann die Definition eines emissionsfreien Fahrens an eine messtechnisch darstellbare Grenze auf solch niedrigem Niveau definiert werden, sodass es zu keinem nennenswerten Beitrag zu den Immissionen in den Innenstädten mehr kommt.

Die Einhaltung des Typzulassungsgrenzwerts muss nicht nur unter den gesetzlichen Rahmenbedingungen im Zyklus sowie im Hinblick auf die RDE-Regelung erfolgen, sondern in allen in der Praxis vorkommenden Fahrsituationen. Das betrifft auch jene Nutzungsszenarien, die durch die aktuelle RDE-Gesetzgebung ausgeschlossen werden. Nur so kann der Dieselantrieb einen nachhaltigen Beitrag zur Minderung des CO_2-Ausstoßes leisten. Daher müssten beispielsweise auch extreme Niedriglastzyklen im innerstädtischen Betrieb in Kombination mit einer „digitalen" Fahrweise, sowie Höchstlastzyklen auf der Autobahn berücksichtigt werden. Des Weiteren sollte ein zukünftiger Antriebstrang das Potenzial haben, anspruchsvollere Grenzwerte als die aktuell gültigen EU6-Grenzwerte

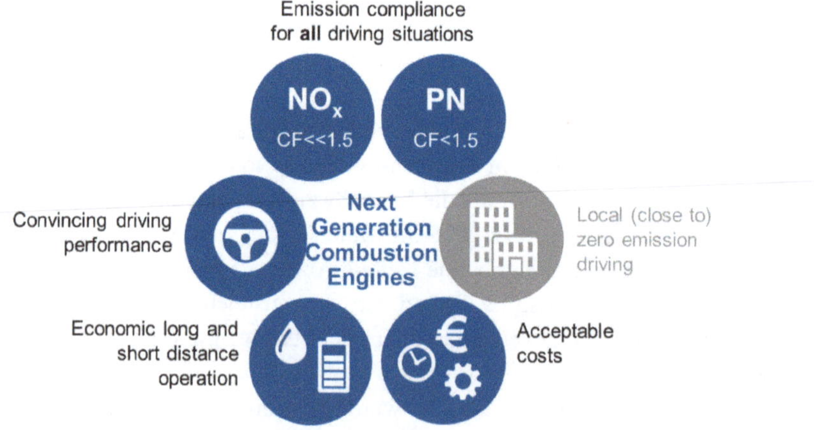

Abb. 11.2 Langfristige systemische Anforderungen an zukunftsfähige Dieselmotoren unter Realfahranforderungen [2]

zu erfüllen und sollte gegenüber einem modernen Ottomotor in keinerlei Hinsicht erhöhte Emissionen aufweisen [2]. Somit wäre bezüglich der NO_x- und PN-Emissionen eine gleichwertige Behandlung aller Verbrennungsmotoren realisiert.

- **Lokal emissionsfreies Fahren.**
  Um das Immissionsniveau in besonders belasteten Innenstädten weiterhin nachhaltig zu reduzieren, sollte der Antrieb das Potenzial haben, vollständig bzw. nahezu emissionsfrei betrieben zu werden. Dies kann bei verbrennungsmotorischen Antrieben zum Beispiel durch eine konsequente Plug-in-Hybridisierung (PHEV) mit einer zweckmäßigen Reichweite für Innenstädte realisiert werden [2].
- **Niedrigste CO_2-Emissionen.**
  Die CO_2-Emissionen in der lebenszyklusorientierten Gesamtbetrachtung (d. h. Well-to-Wheel-Emissionen zuzüglich Emissionen aus Produktion und Verwertung) müssen unter denen eines elektromotorischen Antriebstrangs liegen. Dies kann kurzfristig durch das große Kraftstoffverbrauchspotenzial der Hybridisierung geschehen. Da die CO_2-Emissionen von Elektrofahrzeugen beim aktuellen Strommix noch vergleichsweise hoch sind, bedarf es mittel- bis langfristig aber regenerativ erzeugter Kraftstoffe (z. B. synthetische Kraftstoffe, Bio-Kraftstoffe, e-Kraftstoffe), wobei auch hier eine maximale Effizienz des Antriebstrangs notwendig ist [2].
- **Überzeugende Fahrdynamik und Leistung.**
  Bei Betrachtung des bisherigen Marktanteils des Dieselmotors sowie der erwähnten weiteren Fokussierung wird deutlich, dass der Pkw-Dieselmotor insbesondere im mittleren Leistungssegment von 90 bis 120 kW sinnvoll ist. Hohes Drehmoment über ein breites Drehzahlband bleibt von großer Bedeutung – die Anforderungen weiten sich im Vergleich zu elektrischen Antrieben sogar noch weiter zu geringen Drehzahlen aus. Wird der Dieselantrieb ebenfalls elektrifiziert, wird das maximale Drehmoment bei niedrigen Drehzahlen (Low-End-Torque) weitgehend unbedeutend und ermöglicht dadurch weitere Freiheitsgrade bei der Turboladerauslegung und bei der Kosteneinsparung des Motors [2].
- **Marktfähige Kosten.**
  Im Vergleich zum Ottomotor weist der Dieselmotor insbesondere Kostennachteile im Einspritzsystem, der ANB, der Sensorik sowie im Luftsystem auf. Bisher konnte der Diesel trotz dieses Kostennachteils sowohl für den Hersteller gewinnbringend verkauft, als auch für den Endkunden wirtschaftlich sinnvoll betrieben werden [2]. Zur Erreichung der CO_2-Flottenziele sind bei Ottomotoren vergleichbare technologische Optimierungen wie bei Dieselmotoren zu erkennen. Insbesondere die Aufladung in Kombination mit Direkteinspritzung und drosselfreier Laststeuerung sind hierbei zu nennen. Diese wirken jedoch kostenerhöhend auf den Antrieb. Beide Motortypen zeigen hinsichtlich der Verminderung des CO_2-Austoßes und bezüglich ihrer Herstellkosten im jeweiligen Antriebsverbund weiteres Potenzial zur Optimierung.

11.3 Internationalisierung

Die Europäische Union ist bei der Betrachtung von Schadstoffemissionen unter Realfahrbedingungen bei Personenkraftwagen und Nutzfahrzeugen eine treibende Kraft. Durch die zügige Einführung gesetzlicher Regelungen, wird die Überprüfung und Bewertung der Realfahremissionen unmittelbarer Bestandteil der WLTP-Typzulassung ab der Stufe EU6d-Temp. Es ist naheliegend, dass sich durch die Übernahme bzw. Anlehnung an die europäische Gesetzgebung, die Betrachtung der Realfahremissionen global weiter ausbreiten wird. Beispielsweise sind in China, Indien, Japan und Korea erste Diskussionen im Gange.

Etwas anders gelagert ist die Situation in Nordamerika. Die aktuell geltenden Tier3- und LEVIII-Gesetzgebungen sind klar fixiert und enthalten bereits einige Elemente, welche Realfahremissionen abbilden sollen. Insbesondere berücksichtigen die Fahrprofile FTP75, US06, SC03 und HFET unterschiedliche Fahrweisen und den Einsatz der Klimaanlage. Ebenfalls ist in den USA ein In Use Compliance Testing mittels Not-to-Exceed(NTE)-Methode etabliert, jedoch könnte eine Anpassung auf Basis der Erfahrungen in Europa möglich sein. Ein Einsatz von PEMS-Messgeräten ist in Diskussion und konkurriert mit dem etablierten Prüfverfahren im Abgaslabor und alternativen Messverfahren wie zum Beispiel dem Remote Sensing auf öffentlichen Straßen.

Literatur

1. Diskussionsunterlagen bezüglich RDE Paket IV, https://circabc.europa.eu/faces/jsp/extension/wai/navigation/container.jsp?FormPrincipal:_idcl=FormPrincipal:_id1&FormPrincipal_SUBMIT=1&id=3e989049-5afa-45f5-a79c-0da8e074496e&javax.faces.ViewState=8Dc0bLIkfWexNH4mLKQTm0AHa2V91KTn8MrZMfif43178Ds90LO%2Bn1r1eFCAJmYX9WW5q7RU0ZVQv1kUY2HB3ACihZPwUF8VexrzAKInAZDkZ5cI5jQFWbcfPvNMEYrZiCcuj2LM7P80C%2BUDymDE9%2B4nFhhBuCSY50zVUg%3D%3D, Zugriff: 15.10.2017
2. Severin, Ch. et al.: Potential of Highly Integrated Exhaust Gas Aftertreatment for Future Passenger Car Diesel Engines, 38. Internationales Wiener Motorensymposium 2017

Erratum zu: Real Driving Emissions (RDE)

Helmut Tschöke

Der ursprüngliche Buchtitel „Real Drive Emissions (RDE)“ wurde geändert in „Real Driving Emissions (RDE)“.

Die Korrektur wurde auf dem Umschlag vorgenommen sowie auf den Seiten III, VII, 95 und in der Quellenangabe am Fuß der Kapitelanfangsseiten.

Die korrigierte Version des Buches ist verfügbar unter https://doi.org/10.1007/978-3-658-21079-3.

H. Tschöke (✉)
Institut für Mobile Systeme, Otto-von-Guericke-Universität
Magdeburg, Deutschland

H. Tschöke (Hrsg.), *Real Driving Emissions (RDE)*, ATZ/MTZ-Fachbuch,
https://doi.org/10.1007/978-3-658-21079-3_12

Anhang

H. Tschöke (Hrsg.), *Real Driving Emissions (RDE)*, ATZ/MTZ-Fachbuch,
https://doi.org/10.1007/978-3-658-21079-3

Tab. A.1 Entwicklung der Abgasgrenzwerte der Euro-Norm für Pkw

EU Norm	OBD Norm	Fahrzeug Klasse	Einführungsdatum			Test Zyklus	Emissionsgrenzen in mg/km													
			Typzulassung	Erstzulassung	Letzte Zulassung		CO		THC		NMHC		NO_x		THC + NO_x		PM		PN	
							PI	CI	PI	CI	PI	CI	PI	CI	PI	CI	PI [8]	CI	PI	CI
EU 1	-	M	01.07.1992	31.12.1992	31.12.1996	NEFZ 1992	2720	2720	-	-	-	-	-	-	970	970 [3]	-	140 [3]	-	-
EU 2	-	M	01.01.1996	01.01.1997	31.12.2000	NEFZ 1992	2200	1000	-	-	-	-	-	-	500	700 (900[2])	-	80 (100[2])	-	-
EU 3	-	M	01.01.2000	01.01.2001	31.12.2005	NEFZ 2000	2300	640	200	-	-	-	150	500	-	560	-	50	-	-
EU 4	EU4	M	01.01.2005	01.01.2006	31.12.2010	NEFZ 2000	1000	500	100	-	-	-	80	250	-	300	-	25	-	-
EU 5a	EU 5	M	01.09.2009	01.01.2011	31.12.2012	NEFZ 2000	1000	500	100	-	68	-	60	180	-	230	5,0/4,5 [9]	5,0/4,5 [9]	-	-
EU 5b	EU 5	M	01.09.2011	01.01.2013	31.12.2013	NEFZ 2000	1000	500	100	-	68	-	60	180	-	230	4.5	4.5	-	$6{,}0*10^{11}$
EU 5b	EU 5+	M	01.09.2011	01.01.2014	31.08.2015	NEFZ 2000	1000	500	100	-	68	-	60	180	-	230	4.5	4.5	-	$6{,}0*10^{11}$
EU 6a	EU 6-	M	-	-	31.12.2012	NEFZ 2000	1000	500	100	-	68	-	60	80	-	170	5,0/4,5 [9]	5,0/4,5 [9]	$6{,}0*10^{11}$	-
EU 6b	EU 6-1 [1]	M	01.09.2014	01.09.2015	31.08.2018	NEFZ 2000	1000	500	100	-	68	-	60	80	-	170	4.5	4.5	$6{,}0*10^{11}$	$6{,}0*10^{11}$
EU 6c	EU 6-1	M	-	-	31.08.2018	NEFZ 2000	1000	500	100	-	68	-	60	80	-	170	4.5	4.5	$6{,}0*10^{11}$	$6{,}0*10^{11}$
EU 6c	EU 6-2	M	-	01.09.2018	31.08.2019	NEFZ/ WLTC	1000	500	100	-	68	-	60	80	-	170	4.5	4.5	$6{,}0*10^{11}$	$6{,}0*10^{11}$
EU 6d-TEMP [5]	**EU 6-2**	**M**	**01.09.2017 [4]**	**01.09.2019**	**31.08.2019**	**WLTC/ RDE**	**1000**	**500**	**100**	**-**	**68**	**-**	**60**	**80**	**-**	**170**	**4.5**	**4.5**	$6{,}0*10^{11}$	$6{,}0*10^{11}$
Euro 6d- TEMP-EVAP [6]	**EU 6-2**	**M**	**01.09.2019**	**01.09.2019**	**31.12.2020**	**WLTC/ RDE**	**1000**	**500**	**100**	**-**	**68**	**-**	**60**	**80**	**-**	**170**	**4.5**	**4.5**	$6{,}0*10^{11}$	$6{,}0*10^{11}$
EU 6d [7]	**EU 6-2**	**M**	**01.01.2020**	**01.01.2021**	**n.a.**	**WLTC/ RDE**	**1000**	**500**	**100**	**-**	**68**	**-**	**60**	**80**	**-**	**170**	**4.5**	**4.5**	$6{,}0*10^{11}$	$6{,}0*10^{11}$

PI = Fremdzündungsmotor, CI = Selbstzündungsmotor

[1] Es gibt zwei weitere OBD Kombinationen: Euro 6- & 6- plus IUPR, bei denen sind die Einführungsdaten unterschiedlich, die Emissionsgrenzen gleich

[2] Diesel mit direkt Einspritzung bis 30.09.1999

[3] Diesel mit direkt Einspritzung bis 01.07.1994 zur Typzulassung/ 31.12.1994 zur Erstzulassung: mit Faktor 1,4 multiplizieren

[4] Gilt nicht, falls die Typgenehmigung gemäß Verordnung (EG) Nr. 715/2007 & dazugehörigen Durchführungsrechtsvorschriften bei Fahrzeugen der Klasse M vor dem 1. September 2017 erfolgt ist

[5] RDE-NO_x-Prüfung mit **vorläufigen Übereinstimmungsfaktoren**, vollständige Auspuffemissionsanforderungen der Emissionsnorm „Euro 6" (einschließlich PN-RDE)

[6] RDE-NO_x-Prüfung mit **vorläufigen Übereinstimmungsfaktoren**, vollständige Auspuffemissionsanforderungen der Emissionsnorm „Euro 6" (einschließlich PN-RDE) & **überarbeitetes Prüfverfahren für Verdunstungsemissionen**

[7] RDE-Prüfung mit **endgültigen Übereinstimmungsfaktoren**, vollständige Auspuffemissionsanforderungen der Emissionsnorm „Euro 6", **überarbeitetes Prüfverfahren für Verdunstungsemissionen**

[8] Gilt nur für Fahrzeuge mit Direkteinspritzung

[9] Für Fahrzeuge die vor dem 1.9.2011 mit dem vorherigen Messverfahren für die Partikelmasse typgenehmigt wurden, gilt ein Emissionsgrenzwert von 5,0 mg/km

Sachverzeichnis

W

Z

Zeitfracht Medien GmbH
Ferdinand-Jühlke-Straße 7
99095 Erfurt, Deutschland
produktsicherheit@kolibri360.de